U0182946

液压与气压传动

主　编　张玉莲　郑雄胜　陈仙明

ZHEJIANG UNIVERSITY PRESS

浙江大学出版社

·杭州·

内容简介

全书共分两篇,共 16 章。第一篇为液压部分内容,共 9 章。第 1 章、第 2 章介绍液压传动的基本知识和液压流体力学的基本理论;第 3 章至第 6 章分别介绍各类液压元件(泵、缸、马达、阀、辅件)的结构、原理、性能、特点与选用;第 7 章介绍常用液压基本回路的组成、功能、特点以及应用情况;第 8 章介绍液压传动系统典型实例;第 9 章介绍液压传动系统的安装调试与故障分析。第二篇为气压部分内容,共 7 章。第 10 章介绍气压传动的基本知识;第 11 章至第 13 章介绍气动元件的结构、原理、性能、特点与选用;第 14 章介绍气动基本回路组成、功能、特点以及应用情况;第 15 章介绍气动回路的应用实例;第 16 章介绍气压传动系统的安装调试与故障分析。

图书在版编目（CIP）数据

液压与气压传动 / 张玉莲等主编. —杭州：浙江大学出版社，2023.11
ISBN 978-7-308-23407-8

Ⅰ.①液… Ⅱ.①张… Ⅲ.①液压传动 ②气压传动
Ⅳ.①TH137 ②TH138

中国版本图书馆 CIP 数据核字（2022）第 245732 号

液压与气压传动

张玉莲　郑雄胜　陈仙明　主编

责任编辑　王　波
责任校对　吴昌雷
封面设计　续设计
出版发行　浙江大学出版社
　　　　　（杭州市天目山路 148 号　邮政编码 310007）
　　　　　（网址：http://www.zjupress.com）
排　　版　杭州青翊图文设计有限公司
印　　刷　广东虎彩云印刷有限公司绍兴分公司
开　　本　787mm×1092mm　1/16
印　　张　20.75
字　　数　518 千
版 印 次　2023 年 11 月第 1 版　2023 年 11 月第 1 次印刷
书　　号　ISBN 978-7-308-23407-8
定　　价　58.00 元

版权所有　侵权必究　印装差错　负责调换

浙江大学出版社市场运营中心联系方式：0571-88925591；http://zjdxcbs.tmall.com

前　　言

　　本书是根据 2006 年 12 月在浙江大学出版社的《液压和气压传动与控制》第
1 版以及 2012 年 5 月出版的《液压和气压传动与控制》第 2 版的基础上修订改
编的,可作为普通高等学校工科类机械设计制造及其自动化、机械电子工程、车
辆工程等专业本科生的"液压与气压传动"课程教材。全书共分两篇 16 章。第
一篇为液压部分内容,共 9 章。第 1 章、第 2 章介绍液压传动的基本知识和液压
流体力学的基本理论;第 3 章至第 6 章分别介绍各类液压元件(泵、缸、马达、阀、
辅件)的结构、原理、性能、特点与选用;第 7 章介绍常用液压基本回路的组成、
功能、特点以及应用情况;第 8 章介绍液压传动系统典型实例;第 9 章介绍液压
传动系统的安装调试与故障分析。第二篇为气压部分内容,共 7 章。第 10 章介
绍气压传动的基本知识;第 11 章至第 13 章介绍气动元件的结构、原理、性能、特
点与选用;第 14 章介绍气动基本回路的组成、功能、特点以及应用情况;第 15 章
介绍气动回路的应用实例;第 16 章介绍气压传动系统的安装调试与故障分析。

　　在编写过程中,我们本着突出应用、易教易学的原则,以培养高素质应用型
人才的目标为主线,采用以任务为导向的编写模式,加强了实践教学内容,增加
了液压和气压系统的安装、调试与故障分析及较多的实训课题。根据当前气动
技术的广泛应用和发展,适当增加了气动技术的内容。教学内容向"重基本理
论、基本概念,淡化过程推导,突出工程应用"的方向转变,贯彻少而精和理论联
系实际的原则。在文字的表述上,力求准确、通俗、简洁,便于学生自学。考虑
到知识的系统性、连续性与相对独立性,本书将液压传动部分与气压传动部分
分开讲述。本书附录中的元件图形符号、回路以及系统原理图,全部按照最新
的图形符号国家标准绘制。

　　本书由浙江海洋大学、浙江海洋大学东海科学技术学院张玉莲,浙江海洋
大学郑雄胜和浙江水利水电学院陈仙明共同担任主编,浙江海洋大学江世龙、
舟山市污水处理有限公司邬时飞、浙大城市学院夏春林担任副主编,参加编写

的有宁波大学科学技术学院黄方平、浙大宁波理工学院林蹟。其中,第 1、2 章由张玉莲编写,第 3 章由张玉莲、郑雄胜编写,第 9、10 章由郑雄胜编写,第 4 章由郑雄胜和林蹟编写,第 5、8 章由郑雄胜和夏春林编写,第 6、7 章由黄方平和张玉莲编写,第 11～16 章由郑雄胜、陈仙明、黄方平、林蹟编写,陈仙明、江世龙负责实训部分的编写,郊时飞、江世龙负责全书图表的绘制。全书由郑雄胜、陈仙明统稿并负责全书的修改和文字的校对。

本书在编写过程中得到了浙江大学出版社的大力支持与帮助,编者在此一并表示衷心感谢。

由于编者水平有限,书中难免存在缺点和错误,恳请广大读者批评指正。

编　者

2023 年 3 月于浙江舟山

目　录

本章资源

第1章　液压与气压传动概述

【本章内容提要】

　　液压与气压传动是属于自动控制领域的一门重要学科,它是以流体(液体或压缩空气)为工作介质,以液体和气体的压力能进行能量传递和控制的一种传动形式。本章主要叙述了液压与气压传动的概念,揭示了液压与气压传动的基本原理,论述了压力与负载、速度与流量、液压功率与输出功率之间的关系。讲述了液压与气压传动系统的组成和系统图的表示方法,以及液压与气压传动的优缺点。最后介绍了液压与气压传动的应用及发展前景。通过本章学习,学生可对液压与气压传动这门技术有一个初步的了解。

【基本要求、重点和难点】

　　基本要求:①掌握液压与气压传动的定义,区分和其他传动形式的不同。了解液压与气压传动的工作原理和传动实质。②了解液压与气压传动系统的组成和系统图的表示方法。③了解液压与气压传动系统的优缺点。④了解液压与气压传动的应用情况及以后发展前景。

　　重点:掌握与运用"系统压力取决于外负载"和"外负载的运动速度取决于流量"这两个重要特征。

　　难点:正确理解液压与气压传动两个重要特征的互相独立性。

1.1　液压与气压传动的定义及工作原理

　　液压与气压传动系统是由一些功能不同的液压和气压元件组成,在密闭的回路中依靠运动的液体或气体进行能量传递,通过对液体或气体的相关参数(压力、流量)进行调节和控制,以满足工作装置输出力、速度(或转矩、转速)的一种传动装置。液压传动和气压传动在工作原理、系统构成等方面极其相似,所不同的是作为液压传动工作介质的液体几乎不可压缩,作为气压传动工作介质的空气有较大的压缩性。液压与气压传动系统的类型很多,应用范围也十分广泛,下面以图 1-1 所示的液压千斤顶为例说明其工作原理。当向上提手柄 5 时,小缸 4 内的小活塞上移,小缸下部因容积增大形成真空,此时排油单向阀 3 关闭,油箱 1 内的液压油通过油管和吸油单向阀 2 被吸入小缸下腔并充满。当向下压手柄 5 时,小活塞下移,液压油被挤出,压力升高,此时吸油单向阀 2 关闭,小缸 4 内的液压油顶开排油单向阀 3 进入大缸 7 的下腔,迫使大活塞向上移动举起重物 6。经过反复提升和下压手柄,就能将油箱的液压油不断吸入小缸,压入大缸,推动大活塞逐渐上移而将重物举起。为把重物从举高的位置顺利放下,系统设置了截止阀(放油螺塞)8。

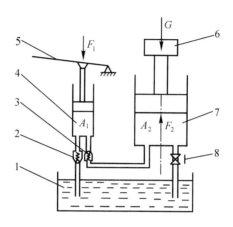

1—油箱；2—吸油单向阀；3—排油单向阀；4—小缸；5—手柄；6—重物（负载）；7—大缸；8—截止阀。

图 1-1　液压千斤顶的工作原理

图 1-1 中如果两根通油箱的管道与大气相通，则变成了气动系统的原理图。在这种情况下，上下按动手柄 5 一次，空气就通过阀 2 被吸入一次，经阀 3 输到大缸 7 的下腔一次。反复按动手柄，同样可以把重物举起。与液压系统不同的是，因气体有压缩性，不会一按手柄重物就立即相应上移，而是手柄需被按动多次，使进入大缸 7 下腔中的气体逐渐增多，压力逐渐升高，一直到气体压力达到使重物上升所需的压力值时，重物才开始上升。在重物上升过程中，也不像液压系统那样，压力值基本保持不变（重物负载不变），因气体的压缩性较大，气压值会发生波动。图 1-1 所示的系统不能对重物的上升速度进行调节，也没有防止压力过高的安全措施，是一个简单的液压或气压系统，但同样充分揭示了液压或气压传动的压力与负载、速度与流量、输入功率与输出功率之间的关系。

1.1.1　压力与负载的关系

在图 1-1 中，设大、小活塞（也称大、小液压缸）的面积分别为 A_2 和 A_1，作用在大活塞上的外负载为 G，大活塞下端的受力为 F_2，施加于小活塞上的作用力为 F_1，则在大腔（缸 7）中所产生的液体压力（压强）为（忽略活塞自重、摩擦力等）$p_2 = G/A_2 = F_2/A_2$，小腔（缸 4）的压力为 $p_1 = F_1/A_1$。根据帕斯卡原理：加在密封连通容器中的压力（压强）能够按照原来的大小无损失地向液体的各个方向传递，即 $p_1 = p_2 = p$。若忽略压力损失，则可以表示为

$$p = \frac{G}{A_2} = \frac{F_2}{A_2} = \frac{F_1}{A_1} \tag{1-1}$$

或

$$F_2 = F_1 \cdot \frac{A_2}{A_1} \tag{1-2}$$

式(1-1)说明，在 A_1、A_2 一定时，负载 F_2 越大，系统中的压力 p 也越高，外界对系统的作用力 F_1 也越大，所以系统的压力 p 取决于外负载的大小。式(1-2)表明，当 $A_2/A_1 \gg 1$ 时，作用在小活塞上一个很小的力 F_1，便可以在大活塞上产生一个很大的力 F_2，以举起重物（负载）。

1.1.2　速度与流量的关系

在图 1-1 中，若不计液体的泄漏、可压缩性和系统的弹性变形等因素，则从小缸中排出的

液体体积一定等于大缸中的液体体积,供活塞上升。设大、小缸活塞的位移分别为 s_2、s_1,则有

$$s_1 A_1 = s_2 A_2 \tag{1-3}$$

或

$$\frac{s_2}{s_1} = \frac{A_1}{A_2} \tag{1-4}$$

式(1-4)表明两活塞的位移与两活塞的面积成反比。将式(1-3)两边同除以活塞运动的时间 t,得

$$q_1 = A_1 v_1 = A_2 v_2 = q_2 = q \tag{1-5}$$

式中:v_1,v_2——小活塞和大活塞的平均运动速度;

　　q_1,q_2——小缸输出的平均流量和大缸输入的平均流量。

从式(1-5)可以得到一般公式

$$v = \frac{q}{A} \tag{1-6}$$

式(1-6)是液压传动中速度调节的基本公式,其说明调节进入液压缸的液体流量,即可调节活塞的运动速度。由此可见,液压传动系统中,执行机构的运动速度取决于输入流量的大小。

1.1.3　能量转换关系

由图 1-1 可知,大活塞(液压缸)工作时输出的瞬时功率为负载与速度的乘积,即

$$P = F_2 v_2 = F_2 \cdot \frac{q_2}{A_2} = \frac{F_2}{A_2} \cdot q_2 = p_2 q_2 \tag{1-7}$$

式中:P——液压缸所输出的功率。

式(1-7)表明,液压传动的功率等于液体的压力 p 和流量 q 的乘积,所以压力和流量是液压传动中的两个重要的基本参数,它们相当于机械传动中直线运动中的力和速度,旋转运动中的转矩和转速。

1.2　液压和气压系统的组成和表示方法

1.2.1　液压和气压系统的组成

为了对液压和气压系统有一个更加清楚的了解,下面给出一个工程实际中的液压和气压系统。图 1-2 所示是磨床液压传动系统,该液压系统能实现磨床工作台的往复运动及运动过程中的换向、调速及进给力的控制。为了实现这些功能,需要在液压泵和液压缸之间设置一些装置。其工作原理如下:电动机驱动液压泵 3 旋转,从油箱 1 经过滤器 2 吸油,向系统中提供具有一定流量的压力油。当换向阀 5 的阀芯处于图示位置时,压力油经流量控制阀 4、换向阀 5 和管道 9 进入液压缸 7 的左腔,推动液压缸 7 的活塞向右运动。液压缸 7 右腔的油液经管道 6、换向阀 5 和管道 10 流回油箱。当改变换向阀 5 阀芯的工作位置,使其处于左端位置时,液压缸 7 的活塞将反向运动。换向阀 5 的作用是实现磨床工作台的换向运动。流量控制阀 4(节流阀)的作用是用来调节磨床工作台的运动速度。溢流阀 11(压

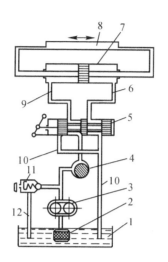

1—油箱;2—过滤器;3—液压泵;4—流量控制阀;5—换向阀;
6,9,10,12—管道;7—液压缸;8—工作台;11—溢流阀。
图 1-2 磨床液压系统工作原理

力控制阀)的作用是根据负载的不同来调节并稳定液压系统工作压力,同时放掉液压泵 3 排出的多余压力油,对整个液压系统起稳压和过载保护作用。工作台的移动速度是由流量控制阀 4 来调节的,开大流量控制阀的开口,进入缸 7 的流量增多,工作台的移动速度增大;反之,工作台的移动速度减慢。此时液压泵 3 排出的多余油液经溢流阀 11 和管道 12 流回油箱 1。系统工作时,缸 7 工作压力的大小取决于磨削工件所需的进给力的大小。液压泵 3 的工作压力由溢流阀 11 调定。

图 1-3 所示是气压传动系统,在气压发生装置和气缸之间有控制压缩空气的压力、流量和方向的各种控制元件和逻辑运算、检测、自动控制等信号控制元件,和使压缩空气净化、润滑、消声、传输所需要的一些装置。

从上面的例子可以看出,液压与气压传动系统主要由以下五部分组成。

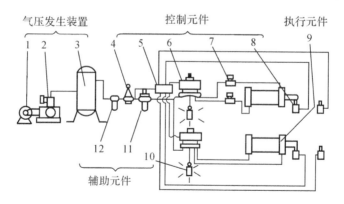

1—电动机;2—空气压缩机;3—气罐;4—压力控制阀;5—逻辑元件;6—方向控制阀;
7—流量控制阀;8—行程阀;9—气缸;10—消声器;11—油雾器;12—分水滤气器。
图 1-3 气压传动系统的组成

（1）动力元件。动力元件是一种能量转换装置,将机械能转换成压力能。它们包括液压泵、气压发生装置。

（2）执行元件。执行元件也是一种能量转换装置,将流体的液压能转换成机械能输出。这种元件可以是做直线运动的液压缸、气缸,也可以是做旋转运动的液压马达、气动马达,还可以是做往复摆动的液压或气压缸(马达)。

（3）控制元件。控制元件是对液压或气压系统中流体的压力、流量及流动方向等参数进行控制和调节,或实现信号转换、逻辑运算和放大等功能的元件。这些元件对流体相关参数进行调节、控制、放大,不进行能量转换。

（4）辅助元件。辅助元件是指除上述三种元件以外的其他元件,即保证系统正常工作所需的辅助元件。如液压系统中的油箱、蓄能器、过滤器等;气压系统中的分水滤气器、油雾器、消声器等;液压与气压系统中的管道、管接头、压力表等。辅助元件对液压与气压系统的正常工作是必不可少的。

（5）工作介质。工作介质用来进行能量和信号的传递,是液压或气压能的载体。液压系统以液压油液或高水基液体作为工作介质,气动系统以压缩空气作为工作介质。

1.2.2　液压和气压系统的表示方法

图 1-2 和图 1-3 所示为半结构式的液压和气压系统的工作原理图,这样的图直观性强,容易理解,读图方便,但绘制起来较为麻烦,元件多时几乎不可能绘制出来。为了简化液压、气动系统的表示方法,通常采用图形符号来绘制系统的原理图,如图 1-4 和图 1-5 所示。各类元件的图形符号完全脱离了其具体结构形式,只表示其职能,由它们组成的系统原理图能简明表达系统的工作原理及各元件在系统中的作用,为此国家专门制定了相关的液压与气压传动常用图形符号的标准(见 GB/T 786.1—2021)。图 1-4 和图 1-5 所示是图 1-2 和图 1-3 采用图形符号绘制的液压与气压系统的工作原理图。

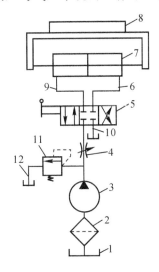

1—油箱;2—过滤器;3—液压泵;4—流量控制阀;5—换向阀;
6,9,10,12—管道;7—液压缸;8—工作台;11—溢流阀。

图 1-4　用图形符号表示的磨床液压系统工作原理图

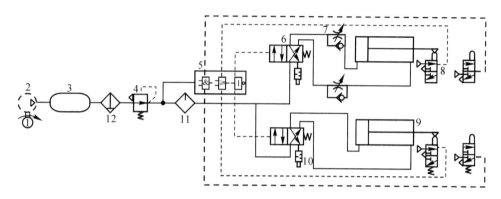

1—电动机;2—空气压缩机;3—气罐;4—压力控制阀;5—逻辑元件;6—方向控制阀;
7—流量控制阀;8—行程阀;9—气缸;10—消声器;11—油雾器;12—分水过滤器。

图 1-5　用图形符号表示的气压传动系统工作原理图

1.3　液压与气压系统的优缺点

1.3.1　液压传动的优缺点

1.液压传动的优点

(1)易于实现无级调速。通过调节流量系统可在运行过程中方便地实现无级调速,调速范围可达 2000∶1,容易获得极低的运动速度。

(2)传递运动平稳。靠液压油的连续流动传递运动,液压油几乎不可压缩,且具有吸振能力,因此执行元件运动平稳。

(3)承载能力大。液压传动是将液压能转化为机械能驱动执行元件做功的,系统很容易获得很大的液压能,因此驱动执行元件做功的机械能可很大,可以很方便地实现低速大扭矩传动或低速大推力传动。

(4)元件使用寿命长。因元件在油中工作,润滑条件充分,可延长其使用寿命。

(5)易于实现自动化。系统的压力、流量和流动方向容易实现调节和控制,特别是与电气、电子和气动控制联合起来使用时,能使整个系统实现复杂的程序动作,也可方便地实现远程控制。

(6)易于实现过载保护。液压传动采取了多种过载保护措施,能自动防止过载,避免发生事故。

(7)易于实现标准化、系列化和通用化。液压元件属机械工业基础件,在国内外有许多专门从事液压元件制造的厂家,除油箱和少量的专用件外,一般的液压元件都能直接购买到,且规格齐全、品种多样。

(8)系统的布局和安装灵活。液压元件的布置不受严格的空间位置限制,各元件之间用管道连接,布局和安装有较大的灵活性。

(9)体积小、质量轻、惯性小、反应快,结构紧凑,易于实现快速启动、制动和频繁的换向。

2. 液压传动的缺点

(1)不能实现严格的传动比。由于传动介质的可压缩性和泄漏等因素的影响,从而导致传动比不如机械传动精确。

(2)传动效率偏低。在液压传动中,系统需经两次能量转换,因而相对于机械和电气系统而言其传动效率偏低。

(3)油温变化时,液压油黏度的变化会影响系统的稳定工作。系统在高温工作时,采用石油基液压油为工作介质的系统还需注意防火问题。

(4)液压油中混入空气,容易产生振动和噪声。

(5)发生故障不易检查与排除。且工作介质被污染后,会造成液压元件阀芯卡死等现象,使系统不能正常工作。

(6)液压元件制造精度要求高,系统维护技术水平要求高。

1.3.2　气压传动的优缺点

1. 气压传动的优点

(1)工作介质获取容易。工作介质为空气,可以从大气中获取,同时用过的空气可以直接排放到大气中去。万一空气管路有泄漏,也不会污染环境,处理方便。而且可以利用空气的可压缩性储存能量,集中供气和远距离输送。

(2)输出力和速度调节容易。气缸动作速度一般为 50～500mm/s,比液压和电气装置动作速度快。

(3)气动系统结构简单、维修方便,管路不易堵塞,也不存在介质变质、补充更换等问题。因气动系统的压力较低(一般为 0.3～0.8MPa),所以气动元件的材料和制造精度要求低。

(4)使用安全。气动装置具有防火、防爆、防潮等特点,使用温度范围广,便于实现过载自动保护。

2. 气压传动的缺点

(1)由于空气具有可压缩性,因此传递运动的平稳性差。

(2)系统工作压力低(0.3～0.8MPa),又因结构尺寸不宜过大,因此气缸的输出推力不可能很大。

(3)气信号传递速度较慢,仅限于声速范围内,因此气压传动不宜用于要求高速度的复杂回路中。

(4)排气声音大,需加消声器。

(5)气压传动的传递效率比较低。

综上所述,液压与气压传动中,优点是主要的,而其缺点随着科学技术的进步会不断地被克服和改善。

1.4　液压与气压传动的应用

工农业各部门使用液压与气压传动的出发点是不同的。如机床上采用液压传动是利用其无级变速方便、运动平稳、易于实现自动化控制、易于实现频繁的换向等优点;工程机械、压力机械主要是利用其结构简单、输出功率大的特点;航空工业主要是利用其体积小、重量轻、动态性能好、有良好的操纵控制性能的特点；采矿、钢铁和化工工业等采用气压传动主要是利用其空气工作介质具有防爆、防火等特点。

液压传动在某些机械工业部门的应用情况如表 1-1 所示。

表 1-1　液压传动在各个行业的应用

行业名称	应用场合举例
机床工业	磨床、铣床、拉床、刨床、压力机、自动车床、组合车床、数控机床、加工中心等
工程机械	挖掘机、装载机、推土机、压路机、铲运机等
起重运输机械	起重机、叉车、装卸机械、皮带运输机、液压千斤顶等
矿山机械	开采机、凿岩机、开掘机、破碎机、提升机、液压支架等
建筑机械	打桩机、平地机等
农业机械	联合收割机的控制系统、拖拉机和农用机的悬挂装置等
冶金机械	电炉控制系统、轧钢机控制系统等
轻工机械	注塑机、打包机、校直机、橡胶硫化机、造纸机等
汽车工业	自卸式汽车、平板车、高空作业车、汽车转向器、减振器等
船舶港口机械	起货机、起锚机、舵机等
铸造机械	砂型压实机、加料机、压铸机等
智能机械	折臂式小汽车装卸器、数字式体育锻炼机、模拟驾驶舱、机器人等

1.5　液压与气压传动的发展前景

液压与气压传动相对于机械等传动来说是一门新兴技术。虽然从 17 世纪中叶帕斯卡提出静压传递原理，到 18 世纪末英国制造出世界上第一台水压机算起，已有几百年的历史了，但液压与气压传动在工业上被广泛采用和有较大幅度的发展却是 20 世纪中期以后的事情。

近代液压传动是由 19 世纪崛起并蓬勃发展的石油工业推动起来的，最早实践成功的液压传动装置是舰艇上的炮塔转位器，其后才在其他方面得到应用。第二次世界大战期间，各参战国为了打赢战争，投入了大量的人力、物力和财力来发展新式武器，制造出反应迅速、动作准确、输出功率大的液压传动及控制装置，促使液压技术迅速发展。战后，液压技术很快转到民用工业，并随着各种液压元件的标准化、规格化、系列化，液压系统在机床、工程机械、冶金机械、塑料机械、农林机械、汽车、船舶等行业得到了广泛的应用和发展。20 世纪 60 年代以后，随着原子能技术、空间技术、深海探测技术、计算机技术等方面的发展，液压技术向更广阔的领域渗透，发展成为包括传动、控制和检测在内的一门完整的自动化技术。现今，采用液压传动的程度已成为衡量一个国家工业水平的重要标志之一。如发达国家生产的 95% 的工程机械、90% 的数控加工中心、95% 以上的自动化流水线都采用了液压传动。

我国的液压工业始于 20 世纪 50 年代，其产品最初只用于机床和锻压设备，后来才用到拖拉机和工程机械上。自从 1964 年从国外引进一些液压元件生产技术，同时自行设计液压产品以来,我国的液压件生产已从低压到高压形成系列,并在各种机械设备上得到了广泛的应用。80 年代起更加速了对国外先进液压产品和技术(主要是德国、美国、意大利等)的有计划引进、消化、吸收和国产化工作,以确保我国的液压技术能在产品质量、经济效益、研究开发等各个方面全方位地赶上世界先进水平。

随着液压机械自动化程度的不断提高,液压元件应用数量急剧增加,元件小型化、系统集成化是必然的发展趋势。机电技术迅速发展,液压技术与传感技术、微电子技术密切结合,许多新型元件不断出现,如电液比例控制阀、数字阀、数字缸、电液伺服液压缸等机(液)电一体化元器件,使液压技术向高压、高速、大功率、节能高效、低噪声、长寿命、高度集成化等方向发展。同时,液压元件和液压系统的计算机辅助设计(CAD)、计算机辅助制造(CAM)、计算机辅助试验(CAT)和计算机实时控制也是液压技术的发展方向。

由于空气具有无污染、防火、防爆、防电磁干扰、吸收振动和冲击等优点,在 20 世纪 60 年代末,人们用空气作为工作介质来传递动力做功,出现了各种气动系统,如利用自然风力推动风车带动水车提水灌田,近代用于汽车的自动开关门、火车的自动抱闸、采矿用的风钻等。气动技术的应用领域已从交通运输、采矿、钢铁、机械等工业部门迅速扩展到化工、轻工、食品、军事等工业部门。和液压技术一样,当今气动技术亦发展成包含传动、控制与检测在内的自动化技术,作为柔性制造系统(FMS),在包装设备、自动生产线和机器人等方面成为不可缺少的重要手段。由于工业自动化以及 FMS 的发展,要求气动技术以提高系统的可靠性和智能化,降低总成本并与电子工业相适应为目标,进行系统控制技术和机电液气综合技术的研究和开发。显然,气动元件的微型化、节能化、无油化是当前的发展特点,与电子技术相结合产生的自适应元件,如各类比例阀和电气伺服阀,使气动系统从开关控制进入反馈控制阶段。计算机的广泛普及与应用为气动技术的发展提供了更加广阔的前景。

本章小结

本章通过液压千斤顶和磨床液压系统实例,运用帕斯卡原理,叙述了液压与气压传动的工作原理;强调了系统的工作压力取决于外负载、系统的运动速度取决于流量这两个重要特征的互相独立性。一个完整的液压与气压传动系统由动力元件、执行元件、控制元件、辅助元件、工作介质等五部分组成。本章还介绍了液压与气压传动的优缺点、系统图的表示方法、优缺点、应用领域及发展过程。

思考与练习

1-1　什么是液压与气压传动?液压与气压传动和机械传动相比,有哪些优缺点?

1-2　液压与气压传动系统由哪几部分组成?每部分的功能是什么?

1-3　液压传动中液体的压力是由什么决定的?

1-4　液压传动系统的基本参数是什么?它们与哪些因素有关?

第 2 章　液压传动流体力学基础

【本章内容提要】

液压传动是属于自动控制领域的一门重要学科,它是以液体为工作介质,利用液体的压力能进行能量传递和控制的一种传动形式。液压传动中的工作介质在液压传动及控制中不仅起传递能量和信号的作用,还起润滑、冷却和防锈的作用。工作介质的性能好坏、选择是否得当,对液压系统能否可靠、有效地工作有很大的影响。本章主要叙述了液压传动工作介质的性质,揭示了工作介质的污染原因及控制方法,论述了液体静力学、动力学的性质,阐述了液体动力学的三个运动方程、管道中液流的特性、液压冲击和气穴现象。通过本章的学习,学生可对工作介质在管道中流动的流体力学特性有一个较全面的了解。

【基本要求、重点和难点】

基本要求:①掌握工作介质的基本性质。了解工作介质的污染原因、危害及其控制方法。②掌握压力的表示方法和本质。③了解三个运动方程的推导过程,掌握三个运动方程的运用。④掌握液流在管道中流动的特性及压力损失的计算方法。⑤了解液体流经小孔和缝隙的流量压力特性。⑥了解液压冲击和气穴现象产生的原因和危害。

重点:①工作介质的基本性质。②液体静力学基础知识以及压力的表示方法和本质。③三个运动方程的运用。

难点:三个运动方程和小孔、缝隙液流方程的推导。

2.1　液压传动工作介质的物理性质

工作介质的物理性质有多项,现选择与液压传动性能密切相关的三项逐一介绍。

1. 密度

单位体积的液体所具有的质量为该液体的密度,用公式表示为

$$\rho = \frac{m}{V} \tag{2-1}$$

式中:ρ——液体的密度,kg/m^3;

　　　m——液体的质量,kg;

　　　V——液体的体积,m^3。

严格来说,液体的密度随着压力或温度的变化而变化,但变化量一般都很小,在工程计算中可以忽略不计。在进行液压系统相关的计算时,通常取液压油的密度为 $900kg/m^3$。

2. 可压缩性

液体受增大的压力作用而使体积缩小的性质称为液体的可压缩性。设容器中液体原来压力为 p_0，体积为 V_0，当液体压力增大 Δp 时，体积缩小 ΔV，则液体的可压缩性可用压缩系数 k 来表示，它是指液体在单位压力变化下的体积的相对变化量，用公式表示为

$$k = -\frac{1}{\Delta p}\frac{\Delta V}{V_0} \tag{2-2}$$

式中：k——压缩系数，m^2/N。

由于压力增大时液体的体积减小，为了使 k 为正值，在上式右边须加一负号。

液体压缩系数 k 的倒数，称为液体的体积弹性模量，简称体积模量，用 K 表示，即

$$K = \frac{1}{k} = -\frac{\Delta p}{\Delta V}V_0 \tag{2-3}$$

表 2-1 列举了各种工作介质的体积模量。因钢的体积模量为 $2.1 \times 10^5 MPa$，由表可见，石油基液压油的可压缩性是钢的 $100 \sim 150$ 倍。液体的体积模量与温度、压力有关。温度升高时，K 值减小，在液压油正常工作范围内，K 值会有 $5\% \sim 25\%$ 的变化；压力增大时，K 值增大，但这种增大不呈现线性关系，当 $p \geqslant 3MPa$ 时，K 值基本上不再增大。由于空气的压缩性很大，当液压油液中混有游离气泡时，K 值将大大减小。比如，当油中混有 1% 空气气泡时，体积模量则降低到纯油的 5% 左右；当油中混有 5% 空气气泡时，体积模量则降低到纯油的 1% 左右。故液压系统在设计和使用时，要采取措施尽量减少工作介质中的游离气泡的含量。

一般情况下，工作介质的可压缩性在研究液压系统静态（稳态）条件下工作的性能时，影响不大，可以不予考虑；但在高压下或研究系统动态性能及计算远距离操纵的液压系统时，必须予以考虑。

表 2-1　各种工作介质的体积模量（20℃，0.1MPa）

介质种类	体积模量 K/MPa	介质种类	体积模量 K/MPa
石油基液压油	$(1.4 \sim 2.0) \times 10^3$	水-乙二醇基型	3.45×10^3
油包水乳化液	2.3×10^3	膦酸酯基型	2.65×10^3
水包油乳化液	1.95×10^3		

3. 黏性

（1）黏性的定义。液体在外力作用下流动（或有流动趋势）时，液体分子间内聚力要阻止分子间的相对运动，在液层相互作用的界面之间会产生一种内摩擦力，这一特性称为液体的黏性。液体只有在流动（或有流动趋势）时才会呈现出黏性，静止液体是不呈现黏性的。黏性是液压油的各项物理性质中最重要的特性，也是选择液压油的一个很重要的依据。

（2）黏性的度量。度量黏性大小的物理量称为黏度。常用的黏度有三种：动力黏度、运动黏度、相对黏度。下面分别讨论之。

①动力黏度。在图 2-1 中，设两平行平板间充满液体，下平板不动，上平板以速度 u_0 向右平动。液体的黏性和液体与固体壁面间作用力的共同影响，导致液体流动时

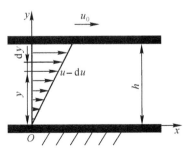

图 2-1　液体的黏性

各层的速度大小不等,紧贴下平板的液体黏附于下平板上,其速度为零,紧贴上平板的液体黏附于上平板上,其速度为 u_0,中间各层的速度分布从上到下按线性规律变化。可以把这种流动看作无限薄的油层在运动,速度快的液层带动速度慢的液层;速度慢的液层阻止速度快的液层。

实验测定指出:液体流动时相邻液层间的内摩擦力 F_f 与液层接触面积 A、液层间的相对速度梯度 du 成正比,与液层的距离 dy 成反比,du/dy 称为两液层间的速度梯度或剪切率,即

$$F_f = \mu A \frac{du}{dy} \tag{2-4}$$

式中:μ 为比例系数,称为黏性系数或动力黏度,也称绝对黏度。

以 $\tau = \dfrac{F_f}{A}$ 表示液层间的切应力,即单位面积上的内摩擦力,则有

$$\tau = \mu \frac{du}{dy} \tag{2-5}$$

式(2-5)即为牛顿液体的内摩擦定律,在式中,液体静止时,$du/dy = 0$,故内摩擦力为零,因此液体在静止状态下是不呈现黏性的。

动力黏度的物理意义就是液体在单位速度梯度下,单位面积上的内摩擦力大小。μ 的单位为 Pa·s(帕·秒)或 N·s/m²(牛·秒/米²)。μ 具有力、长度、时间的量纲,即具有动力学的量纲,故叫动力黏度。

②运动黏度。在同一温度下,液体的动力黏度 μ 与它的密度 ρ 之比称为运动黏度,即

$$\nu = \frac{\mu}{\rho} \tag{2-6}$$

在国际单位制和我国的法定计量单位中,ν 的单位为 m²/s;在 CGS 制中,ν 的单位为 cm²/s,通常称为 St(斯)。St 的单位较大,工程上常用 cSt(厘斯)来表示,1St = 100cSt。运动黏度具有长度和时间的量纲,即具有运动学的量纲,故叫运动黏度。

运动黏度 ν 没有明确的物理意义,是一个在液压传动计算中经常遇到的物理量,习惯上常用来标示液体的黏度。例如,全损耗系统用油的牌号,就是这种油液在 40℃ 时的运动黏度 ν 的平均值,如 40 号全损耗系统用油就是指这种全损耗系统用油在 40℃ 时的运动黏度 ν 的平均值,为 40cSt(厘斯)。

③相对黏度。动力黏度和运动黏度是理论分析和推导中常使用的黏度单位,但它们难以直接测量。实际中,要先求出相对黏度,然后再换算成动力黏度和运动黏度。相对黏度是特定测量条件下制定的,又称为条件黏度。测量条件不同,各国采用的相对黏度单位也不同。如中国、德国、俄罗斯用恩氏黏度(°E),美国、英国采用通用赛氏秒(SUS)或商用雷氏秒(R₁S),法国采用巴氏度(°B)等。

恩氏黏度的测定方法:将 200mL 温度为 $t℃$ 的被测液体装入恩氏黏度计的容器内,测出让此液体从底部 $\phi 2.8mm$ 的小孔流尽所需时间 t_1,再测出相同体积且温度为 20℃ 的蒸馏水在同一黏度计中流尽所需的时间 t_2,这两个时间之比即为被测液体在 $t℃$ 下的恩氏黏度,即

$$°E_t = \frac{t_1}{t_2} \tag{2-7}$$

恩氏黏度与运动黏度(m²/s)间的换算关系式为

$$\nu = \left(7.31°E - \frac{6.31}{°E}\right) \times 10^{-6} \tag{2-8}$$

（3）黏度与温度的关系。温度对油液黏度的影响很大，如图 2-2 所示，当油温升高时，其黏度显著下降，这一特性称为油液的黏温特性，它直接影响液压系统的性能和泄漏量，因此希望油液的黏度随温度的变化越小越好。

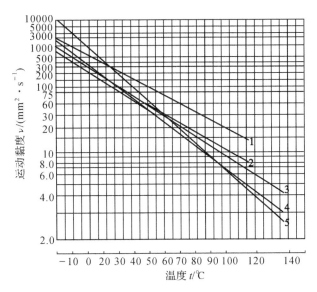

1—水包油乳化液；2—水 - 乙二醇液；3—石油基高黏度指数液压油；4—石油基普通液压油；5—磷酸酯液。

图 2-2　黏温特性曲线

（4）压力对黏度的影响。当油液所受的压力加大时，其分子间的距离就缩小，内聚力增加，黏度也会变大。但是这种变化在低压时并不明显，可以忽略不计；在高压情况下，这种变化不可忽略。

4. 液压系统对工作介质的性能要求

液压系统虽都由泵、阀、缸等元件组成，但不同工作机械、不同使用条件的不同液压系统对工作介质的要求有很大不同。为了使液压系统能正常地工作、很好地运动和传递动力，因此使用的工作介质应具备以下主要性能：

（1）要有合适的黏度和较好的黏温特性，要有良好的润滑性能。

（2）防腐性、防锈性要好，抗泡沫性、抗乳化性、抗磨性要好。

（3）抗氧化性、抗剪切稳定性、抗空气释放性、抗水解安定性要好，抗低温性也要好。

（4）与金属和密封件、橡胶软管、涂料等的相容性要好。

（5）流动点和凝固点要低，闪点和燃点要高，比热容和热导率要大，体积膨胀要小。

5. 工作介质的类型与选用

（1）工作介质的类型。工作介质要同时满足上述五项要求是不可能的，一般根据需要满足一项或几项要求。按国际标准化组织（ISO）的分类，工作介质的类型详见表 2-2 所示，主要有石油基液压油和难燃液压油。现在，有 90% 以上的液压设备采用石油基液压油。石油基液压油以全损耗系统用油为基料，这种油价格低，但物理化学性能较差，只能用在压力较低和要求不高的场合。为了改善全损耗系统用油的性能，往往要加入各种添加剂。添加剂有两类：一类是改善油液化学性能的，如抗氧化剂、防腐剂、防锈剂等；另一类是改善油液物理性能的，如增黏剂、抗磨剂、防爬剂等。

表 2-2　工作介质的类型

类别		组成与特性		代　　号	
石油基液压油		无添加剂的石油基液压液		L-HH	
		HH+抗氧化剂、防锈剂		L-HL	
		HL+抗磨剂		L-HM	
		HL+增黏剂		L-HR	
		HM+增黏剂		L-HV	
		HM+防爬剂		L-HG	
难燃液压油	含水液压油	高含水液压油	水包油乳化液	L-HFA	L-HFAE
			水的化学溶液		L-HFAS
		油包水乳化液		L-HFB	
		水-乙二醇		L-HFC	
	合成液压油	膦酸酯		L-HFDR	
		氯化烃		L-HFDS	
		HFDR+HFDS		L-HFDT	
		其他合成液压油		L-HFDU	

(2)工作介质的选用。在选择工作介质时,需考虑的因素主要是:

①液压系统的环境条件。如气温的变化情况,系统的冷却条件,有无高温热源和明火,抑制噪声能力,废液再生处理及环保要求。

②液压系统的工作条件。如压力范围、液压泵的类型和转速、温度范围、与金属及密封和涂料的相容性、系统的运转时间和工作特点等。其中,液压泵的工作条件是选择液压油的重要依据,应尽可能地满足液压泵要求中提出的油品要求,系统压力和执行装置工作速度也是选择液压油的重要依据。

③液压油的性质。如液压油的理化指标和使用性能,各类液压油的特性等。

④经济性和供货情况。如液压油的价格、使用寿命、对液压元件寿命的影响、当地油品的货源以及维护、更换的难易程度等。

2.2　液压油的污染及其控制

据调查统计可知,液压油被污染是系统发生故障的主要原因,它严重影响着液压系统的可靠性及元件的寿命。所以了解液压油的污染途径,控制液压油污染程度是非常重要的。

2.2.1　污染产生的原因

凡是液压油成分以外的任何物质都可以认为是污染物。液压油中的污染物主要是固体颗粒物、空气、水及各种化学物质。另外,系统的静电能、热能、磁场能和放射能等以能量形式存在的也是对液压油危害的污染物质。液压油污染物的来源主要有以下两方面:

(1)外界侵入物的污染。它主要指液压油在运输过程中带进的和从周围环境中混入的空气、水滴、尘埃等。另外还有液压装置在制造、安装和维修时残留下来的沙石、铁屑、型纱、磨粒、焊渣、铁锈、棉纱、清洗溶剂等。

(2)工作过程中产生的污染。它主要指液压元件相对运动磨损时产生的金属微粒、锈斑、密封材料磨损颗粒、涂料剥离片、水分、压力变化产生的气泡、液压油和密封材料等变质后产生的胶状生成物等。

2.2.2　污染的危害

液压油被污染后,将会对系统及元件产生以下不良后果:

(1)固体颗粒及胶状生成物会加速元件磨损,堵塞泵及过滤器,堵塞元件相对运动缝隙,使液压泵和阀性能下降,使泄漏增加,产生气蚀和噪声。

(2)空气的侵入会降低液压油的弹性模量,使系统响应变差,刚性下降,系统更易产生振动、爬行等现象。

(3)水和悬浮气泡显著削弱运动副间的油膜强度,降低液压油的润滑性。油液中的空气、水、热量、金属磨粒等加速了液压油液的氧化变质,同时产生气蚀,使液压元件加速损坏。

2.2.3　污染测定的方法与标准

1. 污染测定的方法

液压油污染程度是指单位体积油液中固体颗粒物的含量,即液压油中固体颗粒物的浓度。对于其他污染物,如水和空气,则用水含量和空气含量表述。下面仅讨论油液中固体颗粒污染物的测定问题。目前采用的液压油污染程度测量方法如下:

(1)质量分析法。将一定体积样液中的固体颗粒全部收集在微孔滤膜上,通过测量滤膜过滤前后的质量,来计算污染物的含量。

(2)显微镜计数法。将一定体积样液中的滤膜在光学显微镜下观察,对收集在滤膜上的颗粒物按给定的尺寸范围计数。

(3)显微镜比较法。在专用显微镜下,将过滤样液的滤膜和标准污染度样片(具有不同等级)进行比较,从而判断污染度等级。

(4)自动颗粒计数法。利用自动颗粒计数器对油液中颗粒的大小和数量进行自动检测。

(5)滤膜(网)堵塞法。通过检测颗粒物对滤膜(网)堵塞而引起的流量或压差的变化来确定油液的污染度。

(6)扫描电子显微镜法。利用扫描电子显微镜和统计学方法对收集在滤膜上的颗粒物进行尺寸和数量的测定。

(7)图像分析法。利用摄像机将滤膜上收集的颗粒物或直接将液流中的颗粒物转换为显示屏上的影像,并利用计算机进行图像分析。

2. 污染测定的标准

我国制定的液压油液颗粒污染度等级标准采用 ISO 4406 标准。在 1987 年颁布的国际标准 ISO 4406 中规定,固体颗粒污染度等级代码,按照颗粒含量大小划分为 26 个等级,分成 0.9,0,1,…,24。根据液压油分析的颗粒计数结果,用不小于 $5\mu m$ 和不小于 $15\mu m$ 两个尺寸的颗粒含量等级数码表示液压油的污染度。前面的数码代表 1mL 液压油中尺寸不小于 $5\mu m$ 的颗粒数等级,后面的数码代表 1mL 液压油中尺寸不小于 $15\mu m$ 的颗粒数等级,两个数码用一斜线分隔。例如污染度等级为 18/15 的液压油,表示在每毫升液压油内不小于 $5\mu m$ 的颗粒数在 1300~2500 范围,不小于 $15\mu m$ 的颗粒数在 160~320 范围。具体数据见表 2-3。

表 2-3　ISO 4406 标准中的污染度等级

每毫升颗粒数		等级数码	每毫升颗粒数		等级数码
大于	上限值		大于	上限值	
80000	160000	24	10	20	11
40000	80000	23	5	10	10
20000	40000	22	2.5	5	9
10000	20000	21	1.3	2.5	8
5000	10000	20	0.64	1.3	7
2500	5000	19	0.32	0.64	6
1300	2500	18	0.16	0.32	5
640	1300	17	0.08	0.16	4
320	640	16	0.04	0.08	3
160	320	15	0.02	0.04	2
80	160	14	0.01	0.02	1
40	80	13	0.005	0.01	0
20	40	12	0.0025	0.005	0.9

ISO 4406 在 1999 年进行了修订。修订后的标准规定:对于颗粒计数器计数采用不小于 $4\mu m$、不小于 $6\mu m$、不小于 $14\mu m$ 三个尺寸的颗粒含量等级数码表示液压油的污染度,还增加了 25、26、27、28 和大于 28 五个等级数码。

2.2.4　防止污染的措施

为了延长液压元件的使用寿命,保证液压传动系统的正常工作,应将油的污染控制在规定范围内。一般常用以下措施:

(1)使用前严格清洗元件和系统。液压元件在加工的每道工序后都应净化,液压系统在装配前后必须严格清洗,用机械的方法除去残渣和表面氧化物,最好用系统工作时使用的油液清洗,不能用煤油、汽油、酒精和蒸汽等作为清洗介质,以免腐蚀元件。清洗时要用绸布或乙烯树脂海绵等,不能用棉布或棉纱。

(2)防止污染物从外界侵入。在贮存、搬运和加注的各个阶段都应防止液压油被污染。给油箱加油时要用过滤器,油箱通气孔要加空气过滤器,对外露件应进行防尘密封,保持系统所有部位有良好的密封性,并经常检查,定期更换,防止运行时尘土、磨粒和冷却物侵入系统。

(3)用合适的过滤器。这是控制液压油污染的重要手段。根据系统的不同使用要求选用不同过滤精度、不同结构的过滤器,并定期检查、清洗或更换滤芯。

(4)控制液压油的工作温度。液压油的工作温度过高对液压装置将产生不利影响,也会加速油液的氧化变质,产生各种生成物,缩短它的使用期限。所以液压装置必须具有良好的散热条件,限制液压油的最高使用温度。

(5)定期检查和更换液压油。每隔一定时间,对系统中的液压油进行抽样检查、分析。如发现污染度超过标准,必须立即更换。更换液压油时也必须清洗整个系统。

2.3　液体静力学

液体静力学是研究液体处于静止状态下的力学规律。实际上物质世界是运动的,没有绝对静止的东西。这里所谓的静止液体,是指液体宏观质点之间没有相对运动,达到了相对的平衡。在这种相对平衡状态下,液体的黏性在力学问题中不起作用。

2.3.1　液体静压力(压强)的性质和单位

作用在液体上的力有两种,即质量力和表面力。质量力是作用于液体内部任何一个质点上的力,与质量成正比,由加速度引起,如重力、惯性力、离心力等。单位质量力就是加速度,垂直方向的单位质量力就是重力加速度。表面力是作用在所研究液体的外表面上的力,与所受液体作用的表面积成正比,单位面积上作用的表面力称为应力。表面力有两种,即法向表面力和切向表面力。切向表面力与液体表面相切。流体黏性引起的内摩擦力即为切向表面力。静止液体质点间没有相对运动,不存在摩擦力,所以静止液体没有切向表面力。法向表面力总是指向液体表面的内法线方向作用,即压力。

单位面积上所受的法向力称为静压力。静压力在液体传动中简称压力,在物理学中称为压强。本书以后只用"压力"一词。静止液体中某点处微小面积 ΔA 上作用有法线力 ΔF,则该点的压力定义为

$$p = \lim_{\Delta A \to 0} \frac{\Delta F}{\Delta A} \tag{2-9}$$

若法向作用力 F 均匀地作用在面积为 ΔA 上,则压力可表示为

$$p = \frac{F}{A} \tag{2-10}$$

1. 压力的单位

(1)国际单位制单位。国际单位制单位为 Pa(帕)、N/m^2(我国法定计量单位)或 MPa(兆帕),$1MPa = 10^6 Pa$。

(2)工程制单位为 kgf/cm^2。国外也有用 bar(巴),$1bar = 10^5 Pa$。

(3)标准大气压为 1 标准大气压=101325Pa。

(4)液体柱高度为 $h = p/(\rho g)$,常用的有水柱、汞柱等,如 1 个标准大气压约等于 10m 水柱高。

2. 液体静压力的几个重要特性

(1)液体静压力的作用方向始终向着作用面的内法线方向。由于液体质点间内聚力很小,液体不能受拉只能受压。

(2)静止液体中,任何一点所受到各个方向的液体静压力都相等。如果在液体中某点受到各个方向的压力不等,那么液体就要运动,这就破坏了静止的条件。所以任意一点处的液体静压力,其大小与作用面在空间上与方向无关,而与该点在空间的位置有关。

(3)在密封容器内,施加于静止液体上的压力将以等值传递到液体中所有各点,这就是帕斯卡原理,或静压传递原理。

2.3.2 液体压力的表示方法

压力根据度量基准的不同有两种表示方法:以绝对零压力为基准所表示的压力,称为绝对压力;以当地大气压力为基准所表示的压力,称为相对压力,也称为表压力。

绝大多数测压仪表,因其外部均受大气压力的作用,大气压力并不能使仪表指针回转,即在大气压力下指针指在零点,所以仪表指示的压力是相对压力或表压力(指示压力),即高于大气压力的那部分压力。在液压传动中,如不特别指明,所提到的压力均为相对压力。如果某点的绝对压力比大气压力低,说明该点具有真空,把该点的绝对压力比大气压力小的那部分压力值称为真空度。绝对压力总是正的,相对压力可正可负,负的相对压力就是真空度。它们的关系如图 2-3 所示,用式子表示为

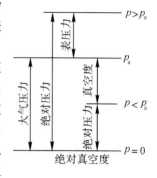

图 2-3 相对压力与绝对压力间的关系

$$绝对压力 = 表压力 + 大气压力 \tag{2-11}$$
$$真空度 = 大气压力 - 绝对压力 \tag{2-12}$$

2.3.3 静压力方程及其物理本质

1. 静压力方程

在一容器中盛着连续均质绝对静止的液体,上表面受到压力 p_0 的作用。在液体中取出一个高为 h,上表面与自由液面相重合,上下底面积均为 ΔA 的垂直微元柱体作为研究对象,如图 2-4 所示。这个柱体除了在上表面受到压力 p_0 作用外,下底面上还受到 p 作用,侧面除受到垂直于液柱侧面大小相等、方向相反的液体静压力外,还有作用于液柱重心上的重力 G,若液体的密度为 ρ,则 $G = \rho g h \Delta A$。

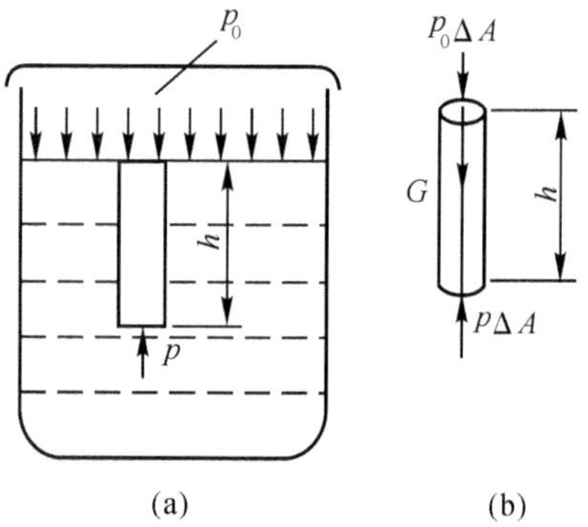

该微液柱在重力及周围液体的压力作用下处于平衡状态,其在垂直方向上的力平衡方程式为

$$p \Delta A = p_0 \Delta A + \rho g h \Delta A \tag{2-13}$$

图 2-4 重力作用下的静止液体

上式化简后得

$$p = p_0 + \rho g h \tag{2-14}$$

如上表面受到大气压力作用,则

$$p = p_a + \rho g h \tag{2-15}$$

式(2-14)即为静压力基本方程。

从式(2-14)可以看出:静止液体在自重作用下任何一点的压力随着液体深度呈线性规律递增。液体中压力相等的液面叫等压面,静止液体的等压面是一水平面。

当不计自重时,液体静压力可认为是处处相等的。在一般情况下,液体自重产生的压力与液体传递压力相比要小得多,所以在液压传动中常忽略不计。

2. 静压力方程的物理本质

如将图 2-5 中盛有液体的容器放在基准面(xOz)上,则静压力基本方程可写成

$$p = p_0 + \rho g h = p_0 + \rho g(z_0 - z) \qquad (2\text{-}16)$$

式中:z_0——液面与基准水平面之间的距离;

　　z——离液面高为 h 的点与基准水平面之间的距离。

上式整理后可得

$$z + \frac{p}{\rho g} = z_0 + \frac{p_0}{\rho g} = 常数 \qquad (2\text{-}17)$$

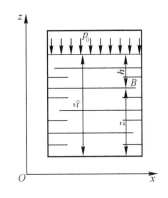

图 2-5　静压力方程的物理本质

式(2-17)是液体静压力方程的另一种表示形式。式中 z 表示单位质量液体的位能,常称为位置水头;$p/(\rho g)$ 表示单位重力液体的压力能,常称为压力水头。所以静压力基本方程的物理本质为:静止液体内任何一点具有位能和压力能两种能量形式,且其总和在任意位置保持不变,但两种能量形式之间可以互相转换。

2.3.4　液体静压力对固体壁面的作用力

静止液体与固体壁面接触时,固体壁面将受到由静止液体的静压力所产生的作用力。要计算这个作用力的大小,须分两种情况考虑(不计重力作用,即忽略 $\rho g h$ 项)。当固体壁面为平面时,作用在该平面上的静压力大小相等,方向垂直于该平面,故作用在该平面上的总力 F 等于液压力 p 与承压面积 A 的乘积,即

$$F = pA \qquad (2\text{-}18)$$

当固体壁面是曲面时,由于作用在曲面上各点的压力的作用线彼此不平行,所以求作用总力时要说明是沿哪一方向,对于任何曲面通过证明(略)可以得到如下结论:静压力在曲面某一方向上的总力 F_1 等于压力 p 与曲面在该方向投影面积 A_1 的乘积,即

$$F_1 = pA_1 \qquad (2\text{-}19)$$

下面以液压缸缸筒为例加以说明。

例 2-1　已知有一液压缸两端封闭,缸中充满压力为 p 的油液,缸筒半径为 R,长度为 l,如图 2-6 所示。求在 x 方向上压力油作用在液压缸右半壁上的总力 F_x。

解　液压力作用于整个缸筒内表面上的力是平衡的,液压力作用于内壁上各点的静压力大小相等,都为 p,但方向不平行。现在液压缸壁上取一狭长条微小面积

$$dA = l\,ds = lR\,d\theta$$

压力油作用在这微小面积上的力

$$dF = plR\,d\theta$$

dF 在 x 方向上的分力为

$$dF_x = dF\cos\theta = plR\cos\theta\,d\theta$$

压力油在 x 方向上作用在液压缸右半壁上的总力 F_x

可由上式积分后求得:

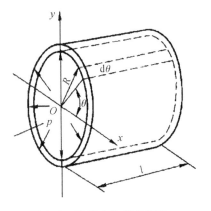

图 2-6　静压力作用在液压缸内壁面上的力

$$F_x = \int_{-\frac{\pi}{2}}^{\frac{\pi}{2}} plR\cos\theta \mathrm{d}\theta = 2lRp = pA_x$$

上述计算结果与式(2-19)的结论完全相符。

2.3.5 帕斯卡原理

加在密闭液体上的压力 p_0，能够按照原来的大小向液体的各个方向传递。根据静压力基本方程($p = p_0 + \rho gh$)，放在密闭容器内的液体，其外加压力 p_0 发生变化时，只要液体仍保持其原来的静止状态不变，液体中任一点的压力均将发生同样大小的变化。

2.4 液体动力学

本节主要讨论液体在流动时的运动规律、能量转换和流动液体对固体壁面作用力等问题。重点研究三个基本方程：连续方程、能量方程(伯努利方程)、动量方程及其应用。

在液体的动力学研究中，由于重力、惯性力、黏性摩擦力的影响，液体中不同质点的运动状态是变化的，同一质点的运动状态也随时间、空间的不同而不同，速度、压力、密度等都是时间、空间位置的函数，即 $u = u(x,y,z,t)$，$\rho = \rho(x,y,z,t)$，$p = p(x,y,z,t)$。但在液压技术研究中，研究的是整个液体在空间某特定点处或特定区域内的平均运动情况。另外，液体流动的状态还与液体的温度、黏度等参数有关。为了便于分析，往往简化条件，假定温度为常量以及不考虑惯性力、黏性摩擦力的影响。并且在研究时，通常取某一部分液体为控制体作为研究对象。

2.4.1 基本概念

1. 理想液体

既无黏性又不可压缩的假想液体称为理想液体。

实际生活中，理想液体几乎是没有的。某些液体黏性很小，也只是近似于理想液体。对于液压传动的油液来说，黏性往往较大，更不能作为理想液体。但由于液体运动的复杂性，如果一开始就把所有因素都考虑在内，会使问题非常复杂。为了使问题简化，在研究中往往假设液体没有黏性，之后再考虑黏性的作用并通过实验验证等办法对理想化的结论进行补充或修正。

2. 恒定流动、非恒定流动、一维流动、二维流动、三维流动

液体中任何一点的压力、速度、密度等参数都不随时间变化而变化的流动称为恒定流动。

液体中任何一点的压力、速度、密度有一个参数随时间变化而变化的流动称为非恒定流动。非恒定流动研究比较复杂，有些非恒定流动的液体可以近似地当作恒定流动来考虑。一般在研究液压系统静态性能时，认为液体在做恒定流动；在研究其动态性能时，则必须按非恒定流动来考虑。

液体在管道中整个地作线形流动时，称为一维流动。

液体在管道中整个地作平面流动时，称为二维流动。

液体在管道中整个地作空间流动时，称为三维流动。

一维流动在实际中很少见，一般断面用平均流速来描述时，则可用一维流动来处理，然后再用实验数据修正。

3. 流线、流管、流束、平行流动、缓变流动、通流截面

某一瞬时液流中一条条标志其各处质点运动状态的曲线称流线。在流线上各点处的瞬时液流方向与该点的切线方向重合,在恒定流动状态下流线的形状不随时间而变化。对于非恒定流动来说,由于液流通过空间点的速度随时间而变化,因而流线形状也随时间变化而变化。液体中的某个质点在同一时刻只能有一个速度,所以流线不能相交,不能转折,但可相切,是一条条光滑的曲线,如图2-7(a)所示。

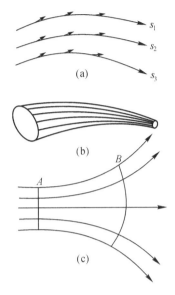

在流场的空间划出一任意封闭曲线,此封闭曲线本身不是流线,则经过该封闭曲线上每一点作流线,这些流线组合成一表面,称为流管,如图 2-7(b)所示。

流管内的流线群称为流束,如图 2-7(c)所示。流管是流束的几何外形。根据流线不会相交的性质,流线不能穿越流管表面,所以流管与真实管道相似,在恒定流动时流管与真实管道一样。如果将流管的断面无限缩小趋近于零,就获得微小流管或流束。微小流束截面上各点处的流速可以认为是相等的。

图 2-7　流线、流管、流速和通流截面

流线彼此平行的流动称为平行流动。

流线间的夹角很小,或流线曲率半径大的流动称为缓变流动。平行流动和缓变流动都可以算是一维流动。

流束中与所有流线垂直的横截面称为通流截面,可能是平面或曲面,如图2-7(c)所示。

2.4.2　连续性方程

1. 流量与平均流速

流量有质量流量和体积流量两种。在液压传动中,一般把单位时间内流过某通流截面的液体体积称为流量,常用 q 表示,即

$$q = \frac{V}{t} \tag{2-20}$$

式中:q——流量,在液压传动中流量常用单位 $\mathrm{m^3/s}$ 或 $\mathrm{L/min}$;

V——液体的体积;

t——流过液体体积 V 所需的时间。

由于实际液体具有黏度,液体在某一通流截面流动时截面上各点的流速可能是不相等的。比如液体在管道内流动时,管壁处的流速为零,管道中心处流速最大。对微小流束而言,其通流截面 $\mathrm{d}A$ 很小,可以认为在此截面上流速是均匀的。如每点的流速均等于 u,则通过其截面上的流量为

$$\mathrm{d}q = u\mathrm{d}A \tag{2-21}$$

通过整个通流截面 A 的总流量为

$$q = \int_A u \, \mathrm{d}A \tag{2-22}$$

即使在稳定流动时，同一通流截面内不同点处的流速大小也可能是不同的，并且在截面内的分布规律并非都是已知的，所以按式(2-22)来求流量 q 就有很大的困难。为方便起见，在液压传动中用平均流速 v 来求流量，并且认为平均流速流过通流截面 A 的流量与以实际流速流过通流截面 A 的流量相等，即

$$q = \int_A u \, \mathrm{d}A = vA \tag{2-23}$$

所以 $$v = \frac{q}{A} \tag{2-24}$$

2. 连续性方程

在两端通流截面积为 A_1、A_2 的管中取一微小流束，如图 2-8 所示，其两端的截面积为 $\mathrm{d}A_1$、$\mathrm{d}A_2$，通过这两个微小截面的流速和密度分别为 u_1、ρ_1 和 u_2、ρ_2，在 $\mathrm{d}t$ 时间内经过这两个通流截面的液体质量为 $\rho_1 u_1 \mathrm{d}A_1 \mathrm{d}t$ 和 $\rho_2 u_2 \mathrm{d}A_2 \mathrm{d}t$。

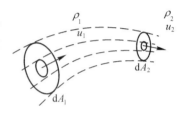

考虑到：

(1)液流是恒定流动，所以流束形状将不随时间变化。

(2)不可能有液体经过微小流束的侧面流入或流出。

图 2-8　连续性方程推导简图

(3)假设液体是不可压缩的，即 $\rho_1 = \rho_2 = \rho$，并且在液体内部不形成空隙。在上述条件下，根据质量守恒定律，有如下关系式

$$\rho_1 u_1 \mathrm{d}A_1 \mathrm{d}t = \rho_2 u_2 \mathrm{d}A_2 \mathrm{d}t$$

因为 $\rho_1 = \rho_2$ 故上式简化为

$$u_1 \mathrm{d}A_1 = u_2 \mathrm{d}A_2 \tag{2-25}$$

对上式等号两端进行积分，则

$$\int_{A_1} u_1 \mathrm{d}A_1 = \int_{A_2} u_2 \mathrm{d}A_2$$

根据式(2-23)，上式可写成

$$q_1 = q_2$$

或 $$v_1 A_1 = v_2 A_2 \tag{2-26}$$

式中：q_1，q_2——分别为液体流经通流截面 A_1、A_2 的流量；

　　　v_1，v_2——分别为液体在通流截面 A_1、A_2 上的平均速度。

因为两通流截面的选取是任意的，故有

$$q = Av = 常数 \tag{2-27}$$

这就是液流的流量连续性方程，是质量守恒定律的另一种表示形式。这个方程式表明，不管平均流速和液流的通流截面面积沿着流程怎样变化，流过不同截面的液体流量仍然相同。在液压传动设计计算时，连续性方程可作为一个已知条件进行计算。

2.4.3　伯努利方程

由于在液压传动系统中是利用有压力的流动液体来传递能量的，故伯努利方程也称为能量方程，它实际上是流动液体的能量守恒定律。由于流动液体的能量问题比较复杂，为

了理论上研究方便,把液体看作理想液体处理,然后再对实际液体进行修正,得出实际液体的能量方程。

1. 理想液体的伯努利方程

假设从理想液流中沿流束方向取出一段长度为 ds、面积为 dA 的微元体,如图 2-9 所示,在一维流动情况下,作用在此微元体上的力有:两截面上所受的压力 $p\mathrm{d}A$,$\left(p+\dfrac{\partial p}{\partial s}\mathrm{d}s\right)\mathrm{d}A$,它们的方向为垂直于端面的内法线方向;重力 mg。上述各力在 ds 方向上的分力产生加速度。

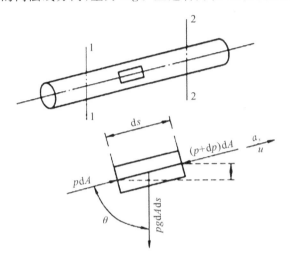

图 2-9　理想液体的伯努利方程推导简图

由牛顿第二定律 $\sum F = ma$ 得

$$p\mathrm{d}A - \left(p + \frac{\partial p}{\partial s}\mathrm{d}s\right)\mathrm{d}A - mg\cos\theta = ma = m\frac{\mathrm{d}u}{\mathrm{d}t} \tag{2-28}$$

因为速度 u 是时间和空间的函数,所以

$$\frac{\mathrm{d}u}{\mathrm{d}t} = \frac{\partial u}{\partial s}\frac{\mathrm{d}s}{\mathrm{d}t} + \frac{\partial u}{\partial t}\frac{\mathrm{d}t}{\mathrm{d}t} = u\frac{\partial u}{\partial s} + \frac{\partial u}{\partial t} \tag{2-29}$$

因为是恒定流动,所以 $\dfrac{\partial u}{\partial t} = 0$

式(2-29)变成

$$\frac{\mathrm{d}u}{\mathrm{d}t} = u\frac{\partial u}{\partial s} \tag{2-30}$$

又因为

$$\cos\theta = \frac{\partial z}{\partial s}, \quad m = \rho\mathrm{d}s\mathrm{d}A \tag{2-31}$$

把式(2-30)、式(2-31)代入式(2-28)后整理得

$$-\frac{1}{\rho}\frac{\partial p}{\partial s} - g\frac{\partial z}{\partial s} = u\frac{\partial u}{\partial s} \tag{2-32}$$

将上式沿流线 s 从截面 1 到截面 2 进行积分,得

$$\int_1^2 \left(-\frac{1}{\rho}\frac{\partial p}{\partial s} - g\frac{\partial z}{\partial s}\right)\mathrm{d}s = \int_1^2 \frac{\partial u}{\partial s}\left(\frac{u^2}{2}\right)\mathrm{d}s$$

上式两边同除以 g，移项后整理得

$$z_1 + \frac{p_1}{\rho g} + \frac{u_1^2}{2g} = z_2 + \frac{p_2}{\rho g} + \frac{u_2^2}{2g} \tag{2-33}$$

因为截面 1、2 是任意取的，故上式也可写成

$$z + \frac{p}{\rho g} + \frac{u^2}{2g} = 常数 \tag{2-34}$$

式(2-33)或式(2-34)就是只受重力作用的理想液体作恒定流动时的伯努利方程。

2. 理想液体伯努利方程的物理本质

只受重力作用下的理想液体作恒定流动时具有压力能、位能和动能三种能量形式，在任一截面上这三种能量形式之间可以互相转换，但这三种能量在任意截面上的形式之和为一定值，即能量守恒。将 z 称为比位能，$\frac{p}{\gamma}$ 称为比压能，$\frac{u^2}{2g}$ 称为比动能。

3. 实际液体的伯努利方程

实际液体流动时，要克服由于黏性所产生的摩擦阻力，存在能量损失，所以当液体沿着流束流动时，液体的总能量在不断减少。

设 h'_w 为如图 2-9 中的微元体从截面 1 流到截面 2 因黏性而损耗的能量，则实际液体微小流束作恒定流动时的能量方程为

$$z_1 + \frac{p_1}{\rho g} + \frac{u_1^2}{2g} = z_2 + \frac{p_2}{\rho g} + \frac{u_2^2}{2g} + h'_w \tag{2-35}$$

上式中的 h'_w 常被叫作阻力水头，它是单位重量的实际液体由截面 1 到截面 2 运动过程中克服阻力所做的功。

工程实际中要解决总流(即管道或其他有一定大小通流截面的液体流动)的情况，需要将微小流束的伯努利方程式扩展到实际液体的整个截面中去。实际流动中，由于液体的黏性和液体与管壁之间的附着力的影响，当实际液体沿着管道壁流动时，接触管壁一层的流速为零；随着距管壁的距离增大，流速也逐渐增大，到管子中心达到最大流速，其实际流速为抛物线分布规律。假设用平均流速动能来代替真实流速的动能计算，将引起一定的误差。可以用动能修正系数来纠正这一偏差。动能修正系数 α 是指单位时间内通流截面 A 处液流的实际动能和平均动能之比，即

$$\alpha = \frac{\int_A \frac{1}{2} u^2 \,\mathrm{d}m}{\frac{1}{2} v^2 m} = \frac{\frac{1}{2} \int_A \frac{1}{2} u^2 \rho u \,\mathrm{d}A}{\frac{1}{2} v^2 \cdot \rho v A} = \frac{\int_A u^3 \,\mathrm{d}A}{v^3 A} \tag{2-36}$$

设液体流动从 1 到 2 截面，实际液体流动时的能量损失为 h_w，动能修正系数为 α(一般紊流时约取 1，层流时取 2，后面会讲述)，实际液体的伯努利方程为

$$z_1 + \frac{p_1}{\rho g} + \frac{\alpha_1 v_1^2}{2g} = z_2 + \frac{p_2}{\rho g} + \frac{\alpha_2 v_2^2}{2g} + h_w \tag{2-37}$$

式(2-37)就是仅受重力作用的实际液体在流管中流动时的能量方程，它是单位重量液体的能量守恒方程。在应用式(2-37)时必须注意以下几点：

(1)液流是只受重力作用和不可压缩，密度在流动中保持不变。

(2)液流是恒定流动，如不是恒定流动，则要加入惯性项。

(3)要取在平行流或缓变流上，至于两截面是什么流动没有关系，只影响能量损失的多

少,并且 $z+\dfrac{p}{\rho g}=$ 常数,p 和 z 为通流截面的同一点上的两个参数,通常把这两个参数都取在通流截面的轴心处,公式中的速度取平均速度。

（4）因为是单位重量液体的能量方程,所以有分流时,伯努利方程要分别列写,不能错误地认为总流等于各分流之和。

（5）方程两边的压力要取同一种形式,即要么都取相对压力,要么都取绝对压力。

（6）方程中的动能修正系数 α,在层流时为 2(可计算),在紊流时约为 1(由实验测定)。

例 2-2　如图 2-10 所示,液体在管道内作连续流动,截面 1-1 和 2-2 处的通流面积分别为 A_1 和 A_2,在 1-1 和 2-2 处接一水银测压计,其读数差为 Δh,液体密度为 ρ,水银的密度为 ρ',若不考虑管路内能量损失,试求:(1)截面 1-1 和 2-2 哪一处压力高? 为什么?(2)通过管路的流量 q 为多少?

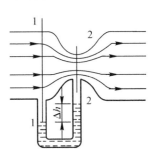

图 2-10　液体在截面不等的管道内作连续流动

解 1　截面 1-1 处的压力比截面 2-2 处高。理由是:由伯努利方程的物理意义知道,在密闭管道中做稳定流动的理想液体的位能、动能和压力能之和是个常数,但互相之间可以转化。因管道水平放置,位置水头（位能）相等,所以各截面的动能与压力能互相转换。因截面 1 的面积大于截面 2 的面积,根据连续性方程可知,截面 1 的平均速度小于截面 2 的平均速度,所以截面 2 的动能大,压力能小;截面 1 的动能小,压力能大。

解 2　以 1-1 和 2-2 的中心为基准列伯努利方程。由于 $z_1=z_2=0$,所以

$$\frac{p_1}{\rho g}+\frac{v_1^2}{2g}=\frac{p_2}{\rho g}+\frac{v_2^2}{2g} \tag{2-38}$$

根据连续性方程

$$A_1 v_1 = A_2 v_2 = q \tag{2-39}$$

U 形管内的压力平衡方程为

$$p_1 + \rho g h = p_2 + \rho' g h \tag{2-40}$$

将上述三个方程联立求解,则得

$$q=A_2 v_2 = \frac{A_2}{\sqrt{1-\left(\dfrac{A_2}{A_1}\right)^2}}\sqrt{\frac{2}{\rho}(p_1-p_2)}=\frac{A_2}{\sqrt{1-\left(\dfrac{A_2}{A_1}\right)^2}}\sqrt{\frac{2g(\rho'-\rho)}{\rho}h}=k\sqrt{h}$$

例 2-3　如图 2-11 所示,液压泵的流量为 $q=32\mathrm{L/min}$,吸油管通道 $d=20\mathrm{mm}$,液压泵吸油口距离液面高度 $h=500\mathrm{mm}$,液压油的运动黏度 $\nu=20\times10^{-6}\mathrm{m^2/s}$,密度 $\rho=900\mathrm{kg/m^3}$。不计压力损失,求液压泵吸油口的真空度。

解　吸油管的平均速度为:$v_2=\dfrac{q}{A}=\dfrac{4q}{\pi d^2}=1.7\mathrm{m/s}$

油液运动黏度:$\nu=20\times10^{-6}\mathrm{m^2/s}=0.2\mathrm{cm^2/s}$

油液在吸油管中的流动:$Re=\dfrac{v_2 d}{\nu}=\dfrac{2\times170}{0.2}=1700$

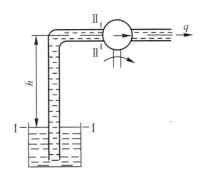

图 2-11　泵从油池中吸油

由手册可查得液体在吸油管中的运动为层流状态。选取自由截面Ⅰ-Ⅰ和靠近吸油口的截面Ⅱ-Ⅱ列伯努利方程,以Ⅰ-Ⅰ截面为基准面,因此$z_1=0$,$v_1\approx0$(截面大,油箱下降速度相对于管道流动速度要小得多),$p_1=p_a$(液面受大气压力的作用),即得如下伯努利方程

$$\frac{p_a}{\rho g}=z_2+\frac{p_2}{\rho g}+\frac{v_2^2}{2g}$$

因　　$z_2=h$

所以泵吸油口(Ⅱ-Ⅱ截面)的真空度为

$$p_a-p_2=\rho gh+\frac{\rho v_2^2}{2}=0.057\text{MPa}$$

2.4.4　动量方程

流动液体的动量方程式是研究液体动量变化与作用在液体上的外力之间的关系,它是动量定理在流体力学中的具体应用。动量定理认为:作用在物体上的合力的大小应等于物体在力作用方向上的动量变化率,即

$$\sum \boldsymbol{F}=\frac{\mathrm{d}I}{\mathrm{d}t}=\frac{\mathrm{d}(m\boldsymbol{u})}{\mathrm{d}t} \tag{2-42}$$

如图 2-12 所示,设在时间 t,有一液体作稳定流动,从总流中取出一个由通流截面 A_1 和 A_2 围起来的控制体,A_1 的通流截面为 1-1,A_2 的通流截面为 2-2,在此控制体内取一微小流束,其通流截面为 $\mathrm{d}A_1$、$\mathrm{d}A_2$,流速为 u_1、u_2。过了一段时间 $\mathrm{d}t$ 后,1-2 段的流束移动到 $1'-2'$,因此动量发生了变化。这样,动量的增量为

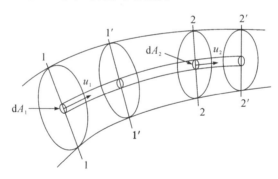

图 2-12　液流动量方程推导简图

$$\mathrm{d}(m\boldsymbol{u})=(m\boldsymbol{u})_{1'2'}-(m\boldsymbol{u})_{12} \tag{2-43}$$

式中

$$(m\boldsymbol{u})_{1'2'}=(m\boldsymbol{u})_{1'2}+(m\boldsymbol{u})_{22'} \tag{2-44}$$

$$(m\boldsymbol{u})_{12}=(m\boldsymbol{u})_{11'}+(m\boldsymbol{u})_{1'2} \tag{2-45}$$

所以

$$\mathrm{d}(m\boldsymbol{u})=(m\boldsymbol{u})_{22'}-(m\boldsymbol{u})_{11'} \tag{2-46}$$

动量的增量等于流束段 $2-2'$ 与 $1-1'$ 动量的矢量差。因此通过微小流束的动量的变化可写成

$$\mathrm{d}(m\boldsymbol{u})=(m\boldsymbol{u})_{22'}-(m\boldsymbol{u})_{11'}=\mathrm{d}m\boldsymbol{u}_2-\mathrm{d}m\boldsymbol{u}_1=\rho \mathrm{d}q_2\mathrm{d}t\boldsymbol{u}_2-\rho \mathrm{d}q_1\mathrm{d}t\boldsymbol{u}_1 \tag{2-47}$$

根据液体的连续性方程,$q_1=q_2=q$

则通过总流的动量差

$$\sum \mathrm{d}(m\boldsymbol{u}) = \int_{A_2} \rho \mathrm{d}q_2 \, \mathrm{d}t\boldsymbol{u}_2 - \int_{A_1} \rho \mathrm{d}q_1 \, \mathrm{d}t\boldsymbol{u}_1$$

$$= \rho \mathrm{d}t \left(\int_{A_2} u_2 \boldsymbol{u}_2 \, \mathrm{d}A - \int_{A_1} u_1 \boldsymbol{u}_1 \, \mathrm{d}A \right) \tag{2-48}$$

在计算总流的动量方程时,假设将通流截面上的平均速度来代替真实流速的动量计算,将会引起一定的误差,需采用动量修正系数 β 进行修正。动量修正系数 β 为实际动量与平均动量之比,即

$$\beta = \frac{\int_A \boldsymbol{u} \, \mathrm{d}m}{m\boldsymbol{v}} = \frac{\int_A \boldsymbol{u}(\rho u \, \mathrm{d}A)}{(\rho v A)\boldsymbol{v}} = \frac{\int_A u\boldsymbol{u} \, \mathrm{d}A}{v\boldsymbol{v}A} \tag{2-49}$$

所以式(2-49)将变为如下形式

$$\sum \mathrm{d}(m\boldsymbol{u}) = \rho \mathrm{d}t \left(\int_{A_2} u_2 \boldsymbol{u}_2 \, \mathrm{d}A - \int_{A_1} u_1 \boldsymbol{u}_1 \, \mathrm{d}A \right)$$

$$= \rho \mathrm{d}t (\beta_2 v_2 \boldsymbol{v}_2 A_2 - \beta_1 v_1 \boldsymbol{v}_1 A_1) = \rho q \mathrm{d}t (\beta_2 \boldsymbol{v}_2 - \beta_1 \boldsymbol{v}_1) \tag{2-50}$$

上式再结合式(2-43)得

$$\sum \boldsymbol{F} = \rho q (\beta_2 \boldsymbol{v}_2 - \beta_1 \boldsymbol{v}_1) \tag{2-51}$$

在应用(2-51)式时必须注意以下几点:

(1)适当选取控制体。

(2)式中 $\boldsymbol{F}$、$\boldsymbol{v}_2$、$\boldsymbol{v}_1$ 均为向量,计算时应根据具体情况化为指定方向上的投影,即列出指定方向上的动量方程。

(3)等式左边的力是作用在被研究的流体段上的所有外力,如控制体内的液体只有与固体壁面间的相互作用力,则需求作用在固体壁面上的力时,要运用作用力与反作用力原理。

(4)等式右边的 $\boldsymbol{v}_2$ 为流出的速度,$\boldsymbol{v}_1$ 为流入的速度,并注意方向。

例 2-4 有一股流量为 q、密度为 ρ 的油流,以速度为 v_1 垂直射向平板,之后呈放射状,平行于平板射出,如图 2-13 所示。求射流对平板的作用力。

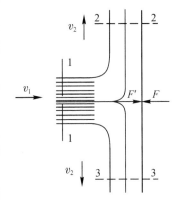

图 2-13 射流对平板的作用力

解 运用动量方程求作用力问题的关键是正确选用控制体。本题中以截面 1-1, 2-2, 3-3 所划出的区域为控制体,这三截面上的压力都为大气压力,相对压力为零。设平板对射流的作用力为 F,方向向左,不考虑其他力的作用,由动量方程可得

$$-F = \rho q(0 - v_1)$$

$$F = \rho q v_1$$

因此射流对平板的作用力

$$F' = -F = -\rho g v_1$$

方向向右。

例 2-5 有一锥阀的锥角为 2φ,如图 2-14 所示。当液体在相对压力 p 作用下以流量为 q 流经锥阀时,液流通过阀口处的速度为 v_2,出口为大气压。求作用在锥阀上的力的大小和方向。

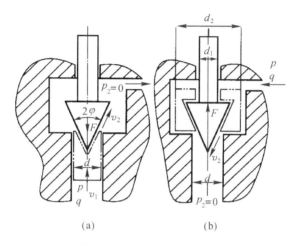

图 2-14　锥阀上的液动力

解 在图 2-14(a)情况下,取锥阀阀芯下面的双点画线部分的液体为控制体;在图 2-14(b)情况下,取锥阀阀芯上面的双点画线部分的液体为控制体。设锥阀作用在控制体上的力为 F,方向如图所示,沿液流方向对控制体列出动量方程。

对图 2-14(a):

$$p\,\frac{\pi}{4}d^2 - F = \rho q(\beta_2 v_2 \cos\varphi - \beta_1 v_1)$$

取 $\beta_1 \approx \beta_2 \approx 1$(详见后叙),因管道流速相对于阀口流速来说很小,即 $v_1 \ll v_2$,所以可忽略 v_1,故得

$$F = p\,\frac{\pi}{4}d^2 - \rho q v_2 \cos\varphi$$

对图 2-14(b):

$$p\,\frac{\pi}{4}(d_2^2 - d_1^2) - p\,\frac{\pi}{4}(d_2^2 - d^2) - F = \rho q(\beta_2 v_2 \cos\varphi - \beta_1 v_1)$$

同样,取 $\beta_1 = \beta_2 \approx 1$,$v_1 \ll v_2$,忽略 v_1,故得

$$F = p\,\frac{\pi}{4}(d^2 - d_1^2) - \rho q v_2 \cos\varphi$$

上述两种情况,液流对锥阀的作用力大小都等于 F,而作用方向各自与图示方向相反。

2.5　管道中液流的特性

19 世纪末,英国物理学家雷诺通过实验发现液体在管道中流动时,有两种完全不同的流动状态:层流和紊流。流动状态的不同直接影响液流的各种特性。下面介绍液流的两种流态以及判断两种流态的方法。

2.5.1　液体的两种流态及雷诺数判断

1. 层流和紊流

层流:液体流动时,液体质点间没有横向运动,且不混杂,作线状或层状的流动。

紊流:液体流动时,液体质点间有横向运动或产生小漩涡,作杂乱无章的运动。

2. 雷诺数判断

液体的流动状态是层流还是紊流,可以通过无量纲值雷诺数 Re 来判断。实验证明,液体在圆管中的流动状态可用下式来表示

$$Re = \frac{vd}{\nu} \tag{2-52}$$

式中: v——管道的平均速度;

　　　 ν——液体的运动黏度;

　　　 d——管道内径。

在雷诺实验中发现,液流由层流转变为紊流和由紊流转变为层流时的雷诺数是不同的,前者比后者的雷诺数要大。因为由杂乱无章的运动转变为有序的运动更慢、更不易。在理论计算中,一般都用小的雷诺数作为判断流动状态的依据,称为临界雷诺数,记作 Re_{cr}。当雷诺数小于临界雷诺数时,看作层流;反之,为紊流。

对于非圆截面的管道来说,雷诺数可用下式表示

$$Re = \frac{vd_k}{\nu} \tag{2-53}$$

式中: d_k——通流截面的水力直径;

　　　 v、ν 与式(2-52)相同。

水力直径可用下式来表示

$$d_k = \frac{4A}{x} \tag{2-54}$$

式中: A——管道的通流截面积;

　　　 x——湿周,即流体与固体壁面相接触的周长。

水力直径的大小直接影响液体在管道中的通流能力。水力直径大,说明液流与管壁接触少,阻力小,通流能力大,即使通流截面小也不易堵塞。一般圆形管道的水力直径比其他同通流截面的不同形状的水力直径大。

雷诺数的物理意义:由雷诺数 Re 的数学表达式可知,惯性力与黏性力的无因次比值是雷诺数;而影响液体流动的力主要是惯性力和黏性力。所以雷诺数大就说明惯性力起主导作用,这样的液流呈紊流状态;若雷诺数小就说明黏性力起主导作用,这样的液流呈层流状态。

2.5.2　沿程压力损失

实际液体是有黏性的,当液体流动时,这种黏性表现为阻力。要克服这个阻力,就必须消耗一定能量。这种能量消耗表现为压力损失。损耗的能量转变为热能,使液压系统温度升高,性能变差。因此在设计液压系统时,应尽量减少压力损失。

沿程压力损失,是指液体在直径不变的直管中流动时克服摩擦阻力的作用而产生的能量消耗。因为液体流动有层流和紊流两种状态,所以沿程压力损失也有层流沿程损失和紊

流沿程压力损失两种。下面分别讨论之。

1. 层流沿程压力损失

在液压系统中,液体在管道中的流动速度相对比较低,所以圆管中的层流是液压传动中最常见的现象。在设计和使用液压系统时,希望管道中的液流保持这种状态。

如图 2-15 所示,有一直径为 d 的圆管,液体自左向右地作层流流动。在管内取出一段半径为 r,长为 l,中心与管道轴心相重合的小圆柱体,作用在其两端的压力为 p_1、p_2,作用在侧面上的内摩擦力为 F_f。根据条件可知每一同心圆上的流速相等,通流截面上自中心向管壁的流速不等。中心速度大,靠近管壁速度最小,为零。小圆柱受力平衡方程式为

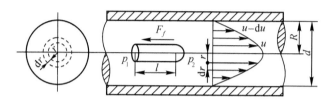

图 2-15　液体在圆管中作层流时的简图

$$(p_1 - p_2)\pi r^2 = F_f$$

由式(2-4)可知,内摩擦力 $F_f = -\mu A \dfrac{\mathrm{d}u}{\mathrm{d}r} = -\mu 2\pi r l \dfrac{\mathrm{d}u}{\mathrm{d}r}$(因管中流速 u 随 r 增大而减小,故 $\dfrac{\mathrm{d}u}{\mathrm{d}r}$ 为负值,为使 F_f 为正值,前面加一负号)。

令　　　　　$\Delta p = p_1 - p_2$

所以　　　　$\Delta p \pi r^2 = -2\pi r l \mu \dfrac{\mathrm{d}u}{\mathrm{d}r}$

上式整理后可得

$$\mathrm{d}u = -\frac{\Delta p}{2\mu l} r \, \mathrm{d}r$$

对上式等号两边进行积分,并利用边界条件,当 $r = R$ 时,$u = 0$,最后得

$$u = \frac{\Delta p}{4\mu l}(R^2 - r^2) \tag{2-55}$$

由式(2-55)可见,在通流截面中,流速相等的点至圆心的距离 r 相等,整个速度分布呈抛物面形状。当 $r = 0$ 时,速度达到最大 $u_{max} = \dfrac{\Delta p R^2}{4\mu l}$;当 $r = R$ 时,速度最小 $u_{min} = 0$。在半径为 r 的圆柱上取一微小圆环 $\mathrm{d}r$,此面积为 $\mathrm{d}A = 2\pi r \mathrm{d}r$,通过此圆环面积的流量

$$\mathrm{d}q = u \mathrm{d}A = 2\pi r u \mathrm{d}r$$

对上式进行积分得

$$q = \int_0^R 2\pi u r \, \mathrm{d}r = \int 2\pi \frac{\Delta p}{4\mu l}(R^2 - r^2) r \, \mathrm{d}r = \frac{\pi R^4}{8\mu l}\Delta p = \frac{\pi d^4}{128\mu l}\Delta p$$

即

$$q = \frac{\pi d^4}{128\mu l}\Delta p \tag{2-56}$$

式(2-56)就是计算液流通过圆管层流时的流量公式,说明液体在作层流运动时,通过

直管中的流量与管道直径的 4 次方、与两端的压差成正比,与动力黏度、管道长度成反比。也就是说,要使黏度为 μ 的液体在直径为 d、长度为 l 的直管中以流量 q 流过,则其两端必须有 Δp 的压力降。

根据平均速度的定义,可求出通过圆管的平均速度

$$v = \frac{q}{A} = \frac{1}{\pi R^2} \frac{\pi R^4}{8\mu l} \Delta p = \frac{R^2}{8\mu l} \Delta p = \frac{d^2}{32\mu l} \Delta p \tag{2-57}$$

v 与 u_{max} 比较可知,平均流速是最大流速的一半。

在式(2-57)中,$\Delta p = p_1 - p_2$ 就是液流通过直管时的压力损失,把式(2-57)进行变换可得

$$\Delta p = \frac{128\mu l}{\pi d^4} q \tag{2-58}$$

实际计算系统的压力损失时,为了与局部压力损失有相同的形式,常将式(2-58)改写如下形式

把 $\mu = \nu\rho$,$Re = \frac{vd}{\nu}$,$q = \frac{\pi d^2}{4} v$,代入式(2-58),并整理后得

$$\Delta p = \frac{64}{Re} \frac{l}{d} \frac{\rho v^2}{2} = \lambda \frac{l}{d} \frac{\rho v^2}{2} \tag{2-59}$$

式中:Δp——层流沿程损失,Pa;

$\quad\quad \rho$——液体的密度,kg/m³;

$\quad\quad Re$——雷诺数;

$\quad\quad v$——液体流动的平均速度,m/s;

$\quad\quad d$——管子直径,m;

$\quad\quad \lambda$——沿程阻力系数,理论值为 $\lambda = \frac{64}{Re}$。

考虑到实际流动时存在截面不圆、温度变化等因素,试验证明液体在金属管道中流动时宜取 $\lambda = \frac{75}{Re}$,在橡胶软管中流动时取 $\lambda = \frac{80}{Re}$。另外,在实际计算压力损失时,注意单位统一,并且都用常用单位。式(2-59)也可用水头表示

$$h = \frac{\Delta p}{\gamma} = \lambda \frac{l}{d} \frac{v^2}{2g} \tag{2-60}$$

到此,我们前面提到过的动能修正系数和动量修正系数也可以求出。将式(2-55)、式(2-57)的计算公式代入 α 和 β 的表达式中积分计算,可得在层流时动能修正系数 $\alpha = 2$,动量修正系数 $\beta = \frac{4}{3}$。

2. 紊流沿程压力损失

紊流状态时,液体质点除作轴向流动外,还有横向流动,引起质点之间的碰撞,并形成漩涡。因此液体作紊流运动时的能量损失比层流时大得多。紊流运动时液体的运动参数(压力 p 和流速 v)随时间而变化,因而是一种非稳定流动。通过实验发现,其运动参数总是在某一平均值上下脉动。所以可用平均值来研究紊流,把紊流简化为稳定流动。

液体在直管中紊流流动时,其沿程压力损失的计算公式与层流时相同,即为

$$\Delta p = \lambda \frac{l}{d} \frac{\rho v^2}{2} \tag{2-61}$$

但是式中的沿程阻力系数 λ 有所不同。由于紊流时管壁附近有一层层流边界层,它在 Re 较低时厚度较大,把管壁的表面粗糙度掩盖住,使之不影响液体的流动,液体像流过一根光滑管一样(称为水力光滑管)。这时的 λ 仅和 Re 有关,和表面粗糙度无关,即 $\lambda = f(Re)$。当 Re 增大时,层流边界层厚度变薄,当它小于管壁表面粗糙度时,管壁表面粗糙度就突出在层流边界层之外(称为水力粗糙管),对液体的压力产生影响。这时的 λ 将和 Re 以及管壁的相对表面粗糙度 Δ/d(Δ 为管壁的绝对表面粗糙度,d 为管子内径)有关,即 $\lambda = f(Re, \Delta/d)$。当液体流速进一步加快,$Re$ 再进一步增大时,λ 将仅与相对表面粗糙度 Δ/d 有关,即 $\lambda = f(\Delta/d)$,这时就称管流进入了阻力平方区。

圆管的沿程阻力系数 λ 的计算公式列于表 2-4 中。

表 2-4　圆管的沿程阻力系数 λ 的计算公式

流动区域		雷诺数范围		λ 计算公式
层　流		$Re<2320$		$\lambda=\frac{64}{Re}$(理论), $\lambda=\frac{75}{Re}$(金属管), $\lambda=\frac{80}{Re}$(橡胶管)
紊流	水力光滑管区	$Re<22\left(\frac{d}{\Delta}\right)^{\frac{8}{7}}$	$2320<Re<10^5$	$\lambda=0.3164Re^{-0.25}$
			$10^5\leqslant Re\leqslant10^8$	$\lambda=0.308(0.842-\lg Re)^{-2}$
	水力粗糙管	$22\left(\frac{d}{\Delta}\right)^{\frac{8}{7}}<Re\leqslant597\left(\frac{d}{\Delta}\right)^{\frac{9}{8}}$		$\lambda=\left[1.14-2\lg\left(\frac{\Delta}{d}+\frac{21.25}{Re^{0.9}}\right)\right]^{-2}$
	阻力平方区	$Re>597\left(\frac{d}{\Delta}\right)^{\frac{9}{8}}$		$\lambda=0.11\left(\frac{\Delta}{d}\right)^{0.25}$

管壁绝对表面粗糙度 Δ 的值,在粗估时,钢管取 0.04mm,铜管取 0.0015~0.01mm,铝管取 0.0015~0.06mm,橡胶软管取 0.03mm,铸铁管取 0.25mm。

2.5.3　局部压力损失

局部压力损失,就是液体流经管道的弯头、接头、阀口以及突然变化的截面等处时,因流速或流向发生急剧变化而在局部区域产生流动阻力所造成的压力损失。由于液流在这些局部阻碍处的流动状态相当复杂,影响因素较多,因此除少数(比如液流流经突然扩大或突然缩小的截面时)能在理论上作一定的分析外,其他情况都必须通过实验来测定。

局部压力损失的计算公式为

$$\Delta p = \zeta \frac{\rho v^2}{2} \tag{2-62}$$

式中:ζ——局部阻力系数,由实验求得,也可查阅有关手册。

v——液体的平均流速,一般情况下均指局部阻力下游处的流速。

但是对于阀和过滤器等液压元件,往往并不能用式(2-62)来计算其局部压力损失,因为液流情况比较复杂,难以计算。这些局部压力损失可以根据产品样本上提供的在额定流量 q_r 下的压力损失 Δp_r 通过换算得到。设实际通过的流量为 q,则实际的局部压力损失可用下式计算

$$\Delta p_\zeta = \Delta p_r \left(\frac{q}{q_r}\right)^2 \tag{2-63}$$

2.5.4　管路中总的压力损失

液压系统的管路由若干段直管和一些弯管、阀、过滤器、管接头等元件组成,因此管路总的压力损失就等于所有直管中的沿程压力损失之和与所有局部压力损失之和的叠加,即

$$\Delta p = \sum \lambda \frac{l}{d} \frac{\rho v^2}{2} + \sum \zeta \frac{\rho v^2}{2} \tag{2-64}$$

必须指出,式(2-64)仅在两相邻局部压力损失之间的距离大于管道内径 $10\sim20$ 倍时才是正确的。因为液流经过局部阻力区域后受到很大的扰动,要经过一段距离才能稳定下来。如果距离太短,液流还未稳定就又要经历后一个局部阻力时,它所受到的扰动将更为严重。这时的阻力系数可能会比正常值大好几倍,按式(2-64)算出的压力损失值比实际数值要小。

通常情况下,液压系统的管路并不长,所以沿程压力损失比较小,而阀等元件的局部压力损失却较大。因此管路总的压力损失一般以局部损失为主。

液压系统的压力损失绝大部分转换为热能,使油液温度升高、泄漏增多、传动效率降低。为了减少压力损失,常采用下列措施:

(1)尽量缩短管道,减少截面变化和管道弯曲。
(2)管道内壁尽量做得光滑,油液黏度恰当。
(3)由于流速的影响较大,应将油液的流速限制在适当的范围内。

例 2-6　如图 2-11 所示,有一液压泵,它的流量 $q_p=25\text{L/min}$,吸油管内径 $d=30\text{mm}$,长度为 $l=10\text{m}$,油液的运动黏度为 $\nu=20\times10^{-6}\ \text{m}^2/\text{s}$,密度 $\rho=900\text{kg/m}^3$,泵入口处的真空度 p_b 不大于 0.04MPa。求泵的吸油高度。(不考虑局部压力损失)

解　油液在管内的流动速度为

$$v_2 = \frac{4q_p}{\pi d^2} = 0.6\text{m/s}$$

油液的雷诺数为

$$Re = \frac{vd}{\nu} = \frac{0.6\times0.03}{20\times10^{-6}} = 900$$

因金属管的 $Re_{cr}=2320$,由于 $Re=900<2320$,为层流,故 $\alpha=2$。
吸油管的沿程压力损失为

$$h_w = \frac{\Delta p}{\rho g} = \lambda \frac{l}{d}\frac{v^2}{2g} = \frac{75}{Re}\frac{l}{d}\frac{v^2}{2g} = 0.51\text{m}$$

对截面 Ⅰ-Ⅰ 和 Ⅱ-Ⅱ 列伯努利方程

$$z_1 + \frac{p_a}{\rho g} + \frac{\alpha_1 v_1^2}{2g} = z_2 + \frac{p_2}{\rho g} + \frac{\alpha_2 v_2^2}{2g} + h_2$$

因　$p_b = p_a - p_2 = 0.04\text{MPa}$
　　$v_1 \ll v_2$

所以　$h = z_2 - z_1 = \frac{p_a - p_2}{\rho g} - \frac{\alpha_2 v_2^2}{2g} - h_2 \approx 4\text{m}$

2.6　液体流经小孔和缝隙的流量压力特性

小孔在液压与气压传动中的应用非常广泛。本节主要根据液体经过薄壁小孔、厚壁小孔和细长孔的流动情况,分析它们的流量压力特性,为以后学习节流调速及伺服系统的工作原理打下理论基础。

2.6.1　液体流经小孔的流量压力特性

1. 薄壁小孔的流量压力特性

在图 2-16 中,如小孔的长度为 l,小孔直径为 d,当长径之比 $\frac{l}{d} \leqslant 0.5$ 时,这种小孔称为薄壁小孔。一般孔口边缘做成刀刃口形式。各种结构形式阀口一般属于薄壁小孔类型。

液体流过小孔时,因 $D \gg d$,相比之下,流过断面 1-1 时的速度较低。当液流流过小孔时,在流体惯性力作用下,使通过小孔后的流体形成一个收缩截面 A_2 (对圆形小孔,约至离孔口 $\frac{d}{2}$ 处收缩为最小),然后再扩大,这一收缩和扩大过程便产生了局部能量损失,并以热的形式散发。当管道直径与小孔直径之比 $D/d \geqslant 7$ 时,流体的收缩作用

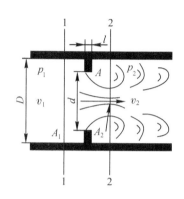

图 2-16　薄壁小孔的流量推导简图

不受孔前管道内壁的影响,这时称流体完全收缩;当 $D/d < 7$ 时,孔前管道内壁对流体进入小孔有导向作用,这时称流体不完全收缩。

设收缩截面 $A_2 = \frac{\pi}{4} d_2^2$ 与孔口截面 $A = \frac{\pi}{4} d^2$ 之比值称为截面收缩系数 C_c,即

$$C_c = \frac{A_2}{A} = \frac{d_2^2}{d^2} \tag{2-65}$$

在图 2-16 中,在截面 1-1 及截面 2-2 上列出伯努利方程。由于 $D \gg d$,$v_1 \ll v_2$,故 v_1 可忽略不计。得

$$\frac{p_1}{\rho g} = \frac{p_2}{\rho g} + \frac{\alpha_2 v_2^2}{2g} + \zeta \frac{v_2^2}{2g} \tag{2-66}$$

化简后得

$$v_2 = \frac{1}{\sqrt{\alpha_2 + \zeta}} \sqrt{\frac{2}{\rho}(p_1 - p_2)} = C_v \sqrt{\frac{2}{\rho} \Delta p} \tag{2-67}$$

式中：Δp——小孔前后压差,$\Delta p = p_1 - p_2$;

α_2——收缩截面 2-2 上的动能修正系数;

ζ——在收缩截面处按平均流速计算的局部阻力损失系数。

令 $C_v = \dfrac{1}{\sqrt{\alpha_2 + \zeta}}$,称为速度系数。对薄壁小孔来说,收缩截面处的流速是均匀的,$\alpha_2 = 1$ 故

$$C_v = \frac{1}{\sqrt{1 + \zeta}}$$

由此可得到通过薄壁小孔的流量为

$$q=A_2 v_2=C_v \sqrt{\frac{2}{\rho}\Delta p}\, C_c A=C_d A \sqrt{\frac{2}{\rho}\Delta p} \tag{2-68}$$

式中：C_d——流量系数，$C_d=C_c C_v$；

　　　A——小孔的截面积。

通常 C_c 的值可根据雷诺数的大小查有关手册。

而液体的流量系数 C_d 的值一般由实验测定。在液流完全收缩的情况下，对常用的液压油，流量系数可取 $C_d=0.62$；在液流不完全收缩时，因管壁离小孔较近，管壁对液流进入小孔起导向作用，流量系数 C_d 可增大至 $0.7\sim0.8$，具体数值可查有关手册；当小孔不是刃口形式而是带棱边或小倒角的孔时，C_d 值将更大。

2. 厚壁孔和细长孔的流量压力特性

（1）厚壁孔的流量压力特性。当小孔的长度和直径之比为 $0.5<\dfrac{l}{d}\leqslant 4$ 时，此小孔称为厚壁小孔，它的孔长 l 影响液体流动情况，出口流体不再收缩，因液流经过厚壁孔时的沿程压力损失仍然很小，可以略去不计。厚壁孔的流量计算公式仍然是式（2-68），只是流量系数 C_d 较薄壁小孔大，它的数值可查有关图表，一般取 0.8 左右。厚壁孔加工比薄壁小孔容易得多，因此特别适用作要求不高的固定节流器使用。

（2）细长孔的流量压力特性。当小孔的长度和直径之比为 $\dfrac{l}{d}>4$ 时，此小孔称为细长孔。由于油液流经细长小孔时一般都是层流状态，所以细长小孔的流量公式可以应用前面推导的式（2-68），即

$$q=\frac{\pi d^4}{128\mu l}\Delta p$$

由此式可知，液流流经细长孔的流量和孔前后压差 Δp 的一次方成正比，而流经薄壁小孔的流量和小孔前后的压力差平方根成正比，所以细长小孔相对薄壁小孔而言，压力差对流量的影响要大些；同时流经细长孔的流量和液体动力黏度 μ 成反比，当温度升高时，油的黏度降低，因此流量受液体温度变化的影响较大，这一点和薄壁小孔、短孔的特性明显不同。它一般局限于用作阻尼器或在流量调节程度要求低的场合。

3. 液体经小孔流动时流量压力的统一公式

由上述三种小孔的流量公式，可以综合地用以下公式表示

$$q=CA_T(\Delta p)^m \tag{2-69}$$

式中：C——由流经小孔的油液性质所决定的系数；

　　　A_T——小孔的通流截面积；

　　　Δp——通过小孔前后的压差；

　　　m——由小孔形状所决定的指数；薄壁小孔 $m=0.5$，厚壁小孔 $0.5<m<1$，细长孔 $m=1$。

2.6.2　液体流经缝隙的流量压力特性

在液压系统中的阀、泵、马达、液压缸等部件中存在着大量的缝隙，这些缝隙构成了泄漏的主要原因，造成这些液压元件容积效率的降低、功率损失加大、系统发热增加，另外，缝

隙过小也会造成相对运动表面之间的摩擦阻力增大。因此,适当的间隙是保证液压元件能正常工作的必要条件。

在液压系统中常见的缝隙形式有两种:一种是由两平行平面形成的平面缝隙,另一种是由内、外两个圆柱面形成的环状缝隙。

1. 液体平行平板缝隙流动的流量压力特性

有两块平行平板,其间充满了液体,设缝隙高度为 h,宽度为 b,长度为 l,且一般有 $b \gg h$ 和 $l \gg h$。若考虑液体通过平行平板缝隙时的最一般流动情况,即缝隙两端既存在压差 $\Delta p = p_1 - p_2$ 作用,又受到平行平板间相对运动的作用。

在液流中取一微小的平行六面体,平行于三个坐标方向的长度分别为 $\mathrm{d}x$、$\mathrm{d}y$、$\mathrm{d}z$,如图 2-17 所示。此微小六面体在 x 方向作用于左右两端面的压力 p 和 $p + \mathrm{d}p$,以及作用于上下两表面上的切应力为 $\tau + \mathrm{d}\tau$ 和 τ,则此微元体的受力平衡方程为

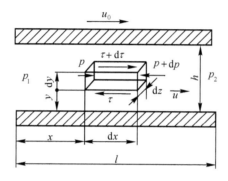

图 2-17　平行平板缝隙流动

$$p\mathrm{d}y\mathrm{d}z + (\tau + \mathrm{d}\tau)\mathrm{d}x\mathrm{d}z = (p + \mathrm{d}p)\mathrm{d}y\mathrm{d}z + \tau\mathrm{d}x\mathrm{d}z$$

整理后得

$$\frac{\mathrm{d}\tau}{\mathrm{d}y} = \frac{\mathrm{d}p}{\mathrm{d}x}$$

把 $\tau = \mu \dfrac{\mathrm{d}u}{\mathrm{d}y}$ 代入上式得

$$\frac{\mathrm{d}^2 u}{\mathrm{d}y^2} = \frac{1}{\mu}\frac{\mathrm{d}p}{\mathrm{d}x}$$

将上式对 y 求两次积分得

$$u = \frac{1}{2\mu}\frac{\mathrm{d}p}{\mathrm{d}x}y^2 + c_1 y + c_2$$

式中,c_1、c_2 为积分常数,可利用边界条件求出,当 $y = 0$ 时,$u = 0$;当 $y = h$ 时,$u = u_0$。则得 $c_1 = \dfrac{u_0}{h} - \dfrac{1}{2\mu}\dfrac{\mathrm{d}p}{\mathrm{d}x}h$,$c_2 = 0$;另外,当液流作层流时,$p$ 只是 x 的线性函数,即 $\dfrac{\mathrm{d}p}{\mathrm{d}x} = \dfrac{p_2 - p_1}{l} = -\dfrac{\Delta p}{l}$,把这些式子代入上式并整理后得

$$u = \frac{y(h-y)}{2\mu l}\Delta p + \frac{u_0}{h}y \tag{2-70}$$

由此可求得通过平行平板缝隙的流量,设间隙沿 z 方向的总宽度为 b,取一层厚为 $\mathrm{d}y$

的液体层的微元流量为

$$dq = ub\,dy$$

则

$$q = \int_0^h ub\,dy = \int_0^h \left[\frac{y(h-y)}{2\mu l}\Delta p + \frac{u_0}{h}y \right]b\,dy = \frac{bh^3}{12\mu l}\Delta p + \frac{bh}{2}u_0$$

即　　　　$$q = \frac{bh^3}{12\mu l}\Delta p + \frac{bh}{2}u_0 \qquad\qquad (2\text{-}71)$$

当平行平板间没有相对运动，即 $u_0 = 0$ 时，通过平板的缝隙液流完全由压差引起，其值为

$$q = \frac{bh^3}{12\mu l}\Delta p \qquad\qquad (2\text{-}72)$$

当平行平板两端不存在压差，仅有平板运动，经缝隙的液体流量为

$$q = \frac{bh}{2}u_0 \qquad\qquad (2\text{-}73)$$

当平板的运动方向与压差方向相反时，则通过平行平板缝隙的流量为

$$q = \frac{bh^3}{12\mu l}\Delta p - \frac{bh}{2}u_0 \qquad\qquad (2\text{-}74)$$

综合以上情况，可得通过平行平板缝隙的流量为

$$q = \frac{bh^3}{12\mu l}\Delta p \pm \frac{bh}{2}u_0 \qquad\qquad (2\text{-}75)$$

从式(2-72)可知，通过平行平板缝隙的流量与缝隙值的三次方成正比，说明元件内缝隙的大小对其泄漏量的影响是很大的。

2. 液体在同心圆环和偏心圆环的流量压力特性

液压和气动各零件间的配合间隙大多是圆环形间隙，例如缸筒和活塞间、滑阀和阀套间等等。所有这些情况理想状况下为同心环形缝隙，但在实际中，可能为偏心环形缝隙，下面分别讨论。

(1)同心圆环缝隙的流量。同心圆环如果间隙 h 和半径之比很小的话，上述所得平行平板缝隙流动的结论都适用于这种流动。若将环形断面管顺着轴向割开，展开成平面，此流动与平行平板缝隙流动变得完全相似。所以只要在平行平板缝隙的流量计算公式中将宽度 b 用圆周长 πd 代入式(2-71)即可。

(2)偏心圆环缝隙的流量。图 2-18 所示为偏心环形缝隙的流动。设内外圆间的偏心距为 e，在任意角度 θ 处的缝隙为 h，h 沿着圆周方向是个变量。因缝隙很小，$R \approx r$，可以把微元圆弧 db 所对应的环形缝隙间的流动近似看作是平行平板缝隙间的流动。将 $db = r\,d\theta$ 代入式(2-71)得

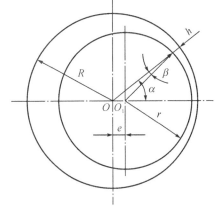

图 2-18　偏心环状间隙中的液流

$$dq = \frac{r\,d\theta h^3}{12\mu l}\Delta p + \frac{r\,d\theta h}{2}v_0 \qquad\qquad (2\text{-}76)$$

由图中的几何关系,可得到

$$h=R-(e\cos\theta+r\cos d\theta)\approx R-r-e\cos\theta=h_0(1-\varepsilon\cos\theta)$$

即

$$h=h_0(1-\varepsilon\cos\theta) \tag{2-77}$$

式中:ε——相对偏心率,$\varepsilon=\dfrac{e}{h_0}$;

$\quad\quad h_0$——内外圆同心时的半径差,$h_0=R-r$。

将式(2-77)代入式(2-76)并积分之,得其流量公式为

$$q=\frac{\pi d h_0^3 \Delta p}{12\mu l}(1+1.5\varepsilon^2)+\frac{\pi d h_0 v_0}{2} \tag{2-78}$$

当内外圆相互间没有轴向相对移动时,即 $v_0=0$,其流量为

$$q=\frac{\pi d h_0^3 \Delta p}{12\mu l}(1+1.5\varepsilon^2) \tag{2-79}$$

由式(2-79)可看出,当 $\varepsilon=0$ 时,它就是同心环形缝隙的流量公式。当 $\varepsilon=1$ 时,存在最大偏心,理论上其流量为同心环形缝隙的流量的 2.5 倍。所以在液压元件的制造装配中,为了减少流经缝隙的泄漏量,应尽量使配合件处于同心状态。

2.7　液压冲击和气蚀现象

2.7.1　液压冲击

在液压系统中,由于某种原因引起油液的压力在某一瞬间突然急剧升高,形成较大的压力峰值,这种现象叫作液压冲击。

1.液压冲击产生的原因及危害

产生液压冲击的原因主要有以下几个方面:

(1)液压冲击多发生在液流突然停止运动的时候,如迅速关闭阀门时,液体的流动速度突然降为零,液体受到挤压,使液体的动能转换为液体的压力能,造成液体的压力急剧升高,从而引起液压冲击。

(2)在液压系统中,高速运动的工作部件的惯性力也会引起压力冲击。如工作部件换向或制动时,从液压缸排出的排油管路上常有一个控制阀关闭油路,油液不能从液压缸中排出,但此时运动部件因惯性的作用还不能立即停止运动,这样也会引起液压缸和管路中局部油压急剧升高而产生液压冲击。

(3)由于液压系统中某些元件反应动作不够灵敏,也会造成液压冲击。例如,溢流阀在超压时不能迅速打开,形成压力的超调;限压式变量液压泵在油压升高时不能及时减少输油量等,都会造成液压冲击。

危害:产生液压冲击时,系统的瞬时压力峰值有时比正常工作压力高好几倍,会引起设备振动和噪声,大大降低了液压传动的精度和寿命。液压冲击还会损坏液压元件、密封装置,甚至使管子爆裂。由于压力增高,还会使系统中的某些元件,如顺序阀和压力继电器等产生误动作,影响系统的正常工作,也可能会造成工作中的事故。

2. 液体突然停止运动时产生的液压冲击

有一液面恒定并能保持液面压力不变的容器,如图 2-19 所示。容器底部连一管道,在管道的输出端装有一个阀门。管道内的液体经阀门 2 流出。若将阀门突然关闭,则紧靠阀门的这部分液体立即停止运动,液体的动能瞬时转变为压力能,产生冲击压力,接着后面的液体依次停止运动,依次将动能转变为压力能,在管道内形成压力冲击波,并以速度 c 从阀门 2 向容器 1 传播。

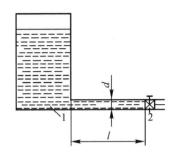

1—容器;2—阀门。

图 2-19　速度突变引起的液压冲击

设图 2-19 中管道的截面积和长度分别为 A 和 l,管道中液体的流速为 v,密度为 ρ,则根据能量守恒定律,液体的动能转化为液体的压力能,即

$$\frac{1}{2}\rho A l v^2 = \frac{1}{2}\frac{Al}{K'}\Delta p_{\max}^2$$

所以

$$\Delta p_{\max} = \rho\sqrt{\frac{K'}{\rho}}\cdot v = \rho c s v \tag{2-80}$$

式中:$\Delta p_{\max}$——液压冲击时压力的升高值;

K'——考虑管道弹性变形后液体的等效体积弹性模量;

c——压力冲击波在管道中的传播速度,$c=\sqrt{K'/\rho}$。

一般 c 与油液的体积弹性模量、油管材料的弹性模量、油管直径和壁厚等因素有关。对选定的油液和管道来说,c 为定值。压力冲击波在管道中液压油内的传播速度 c 一般在 890~1270m/s 范围内。

式(2-80)适用于阀门迅速关闭的特定条件。实际工作中阀门的关闭总需要一定时间,液压冲击也因阀门关闭的迅速程度不同而有所差异。设阀门完成关闭所需时间为 t,从冲击发生起,到液压冲击波又返回到容腔所需要的时间为 T,则 $T=\dfrac{2l}{c}$。如果阀门不是全部关闭,而是部分关闭,则液体的流速从 v 降到 v'。则只要在式(2-80)中以 $(v-v')$ 代替 v,便可求得这种情况下的压力升高值。即

$$\Delta p_r = \rho c(v-v') = \rho c \Delta v \tag{2-81}$$

一般,依阀门关闭时间常把液压冲击分为两种:

当阀门关闭时间 $t<T$ 时,称为直接液压冲击(又称完全冲击)。

当阀门关闭时间 $t>T$ 时,称为间接液压冲击(又称不完全冲击)。此时压力升高值比直接冲击时小,它可以近似地按下式计算

$$\Delta p'_{\max} = \rho c \Delta v \frac{T}{t} \tag{2-82}$$

不论是哪一种情况,知道了液压冲击的压力升高值 Δp 后,便可求得出现冲击时管道中的最高压力

$$p_{\max} = p + \Delta p \tag{2-83}$$

式中,p 为正常工作压力。

3. 运动部件制动时引起的液压冲击

运动部件的惯性也是引起液压冲击的重要原因。如图 2-20 所示,设活塞以速度 v 驱动负载 m 向右运动,活塞和负载的总质量为 $\sum m$。当突然关闭出口通道时,液体被封闭在右腔中。但由于运动部件的惯性,它仍会向前运动一小段距离,使腔内油液受到挤压,引起液体压力急剧上升。运动部件则因受到右腔内液体压力产生的阻力而制动。

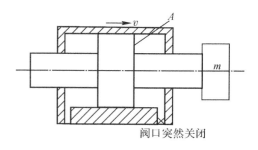

阀口突然关闭

图 2-20　运动部件阀门突然关闭引起的液压冲击

设运动部件在制动时的减速时间为 Δt,速度减小值为 Δv,则根据动量定律可近似地求得右腔内的冲击压力值 Δp 为

$$\Delta p A \Delta t = \sum m \Delta v$$

故有

$$\Delta p = \frac{\sum m \Delta v}{A \Delta t} \tag{2-84}$$

式中:$\sum m$——被制动的运动部件(包括活塞和负载)的总质量;

A——液压缸有效工作面积;

Δt——运动部件制动或减慢 Δv 所需的时间;

Δv——运动部件速度的减少值,$\Delta v = v - v'$;

v——运动部件制动前的速度;

v'——运动部件经过 Δt 时间后的速度。

式(2-84)的计算忽略了阻尼、泄漏等因素,其值比实际的要大,因而是安全的。

4. 减少液压冲击的措施

因液压冲击有较多的危害性,所以可针对上述影响冲击压力 Δp 的因素,采取以下措施来减小液压冲击:

(1)适当加大管径,限制管道流速 v,一般在液压系统中把 v 控制在 4.5m/s 以内,使之不超过 5MPa 就可以认为是安全的。

(2)正确设计阀口或设置缓冲装置(如阻尼孔),使运动部件制动时速度变化比较均匀。

(3)缓慢开关阀门,可采用换向时间可调的换向阀。

(4)尽可能缩短管长,以减小压力冲击波的传播时间,变直接冲击为间接冲击。

(5)在容易发生液压冲击的部位采用橡胶软管或设置蓄能器,以吸收冲击压力;也可以在这些部位安装安全阀,以限制压力升高。

2.7.2　气穴现象

1. 气穴、气蚀的概念以及气穴、气蚀的危害

(1)气穴。在液压系统的工作介质中,不可避免地混有一定量的空气,当流动液体某处的压力低于空气分离压时,正常溶解于液体中的空气就成为过饱和状态,从而会从油液中迅速分离出来,使液体产生大量气泡。此外,当油液中某一点处的压力低于当时温度下的蒸气压时,油液将沸腾汽化,也在油液中形成气泡。上两种情况都会使气泡混杂在液体中,使原来充满在管道或元件中的液体成为不连续状态,这种现象一般称为气穴现象。

(2)气蚀。当气泡随着液流进入高压区时,在高压作用下迅速破裂或急剧缩小,又凝结成液体,原来气泡所占据的空间形成了局部真空,周围液体质点以极高速度来填补这一空间,质点间相互碰撞而产生局部高压,形成液压冲击。如果这个局部液压冲击作用在零件的金属表面上,使金属表面腐蚀。这种因气穴产生的腐蚀则称为气蚀。

(3)气穴、气蚀的危害。如果在液流中产生了气穴现象,会使系统中的局部产生非常高的温度和冲击压力,引起噪声和振动,再加上气泡中有氧气,在高温高压和氧化的作用下会使工作介质变质,使零件表面疲劳,还对金属产生气蚀作用,从而使液压元件表面产生腐蚀、剥落,出现海绵状的小洞穴,甚至造成元件失灵。尤其是当液压泵发生气穴现象时,除了会产生噪声和振动外,还会由于液体的连续性被破坏,降低吸油能力,以致造成流量和压力的波动,使液压泵零件承受冲击载荷,缩短液压泵的使用寿命。

2. 减少气穴的措施

在液压系统中,只要液体压力低于空气分离压,就会产生气穴现象。如要想完全消除气穴现象是十分困难的,但可尽力加以防止。必须从设计、结构、材料的选用上来考虑,具体措施有:

(1)保持液压系统中的油压高于空气分离的压力。对于管道来说,要求油管要有足够的管径,并尽量避免有狭窄处或急剧转弯处;对于阀来说,正确设计阀口,减少液体通过阀孔前后的压差;对于液压泵,离油面的高度不得过高,以保证液压泵吸油管路中各处的油压都不低于空气分离压。

(2)降低液体中气体的含量。例如管路的密封要好,不要漏气,以防空气侵入。

(3)对液压元件应选用抗腐蚀能力较强的金属材料,并进行合理的结构设计,适当提高零件的机械强度,减小表面粗糙度,以提高液压元件的抗气蚀能力。

本章小结

一、主要概念

1. 液体的黏性和黏度,黏度的表达方法及单位,我国液压油的牌号与运动黏度之间的关系,液压油的选用。

2. 静压力及特性,压力的表示方法、单位及相互之间的关系。帕斯卡原理及实质。

3. 三大动力学方程的推导及具体计算,伯努利方程的物理意义。

4. 液体的流态及其判断方法,临界雷诺数、实际雷诺数与流态之间的关系。

5. 小孔分类,流量公式及其在液压元件中的应用。

6. 液压冲击和气穴现象产生的原因、危害及防止。

二、计算

应用液体静力学基本方程式、液体动力学三大运动方程、能量损失等进行计算,为设计液压系统打下基础。

思考与练习

2-1　油的压缩性为什么在液压系统计算时常常被忽略？

2-2　什么是液压油的黏性？用什么衡量液压油的黏性？液压油选用的基本依据是什么？

2-3　油液为什么会污染？如何减少与防止其污染？

2-4　如何计算静止液体某点的压力？

2-5　什么是大气压力、相对压力、绝对压力和真空度？它们之间有什么关系？液压系统中的表压力指的是什么压力？

2-6　液压系统中的压力是怎样形成的？其大小是由什么决定的？

2-7　什么是流量、流速和平均速度？液体在管道中的流速指的是什么速度？

2-8　什么是理想液体的能量方程？它的物理意义是什么？在液压传动中的计算一般只考虑油液的什么能量？

2-9　必须具备什么条件下才能应用伯努利方程解决实际问题？

2-10　液体有几种流动状态？用什么来判断液体的流动状态？雷诺数的物理意义是什么？

2-11　压力损失有哪两种形式？如何计算它们？

2-12　什么是气穴现象？有何危害？怎样防止？

2-13　什么是液压冲击？产生的原因是什么？有何危害？怎样减少？

2-14　20℃时 200mL 的蒸馏水从恩氏黏度计中流尽所需的时间为 51s，若 200mL 的某液压油（$\rho = 900 \text{kg/m}^3$）在 40℃时从恩氏黏度计中流尽所需的时间为 229.5s，求该液体的恩氏黏度°E、运动黏度 ν、动力黏度 μ 的值。

2-15　如图所示为一黏度计，若 $D = 100\text{mm}$，$d = 98\text{mm}$，$l = 200\text{mm}$，外筒转速 $n = 480\text{r/min}$，测得的转矩 $M = 40\text{N} \cdot \text{cm}$，求油液的动力黏度。

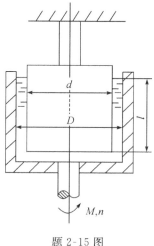

题 2-15 图

2-16　如图所示，两种液体的密度分别为 ρ_1 和 ρ_2，在大气压 p_a 作用下上升高度分别为 h_1 和 h_2，求球形体内的真空度和绝对压力。

2-17 如图所示容器 1 中的液体密度 $\rho_1=900\mathrm{kg/m^3}$，2 中液体的密度 $\rho_2=1200\mathrm{kg/m^3}$，$h_1=200\mathrm{mm}$，$h_2=180\mathrm{mm}$，$h=60\mathrm{mm}$，U 形管中的测压介质为汞，求 1、2 之间的压力差。

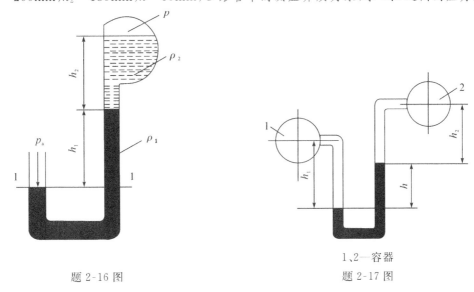

1、2—容器

题 2-16 图   题 2-17 图

2-18 如图所示，已知水深 $h=10\mathrm{m}$，截面 $A_1=400\mathrm{cm^2}$，$A_2=200\mathrm{cm^2}$，求孔口的出流流量以及点 1 处的表压力（取 $\alpha=1$，不计损失）。

2-19 如图所示，管道截面 1-1 和 2-2 的内径 $d_1=0.02\mathrm{m}$，$d_2=0.01\mathrm{m}$，液体流经 1-1 截面的流量 $q=10\mathrm{L/min}$，求两截面的流速各是多少。

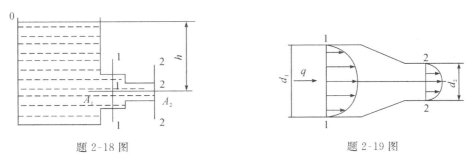

题 2-18 图   题 2-19 图

2-20 如图所示，有一水深 1m，水平截面积为 2m×2m 的水箱，底部接一直径 $d=200\mathrm{mm}$，长为 2m 的竖直管，在水箱进水量等于出水量下作恒定流动，求 2 点的压力及出流速度。

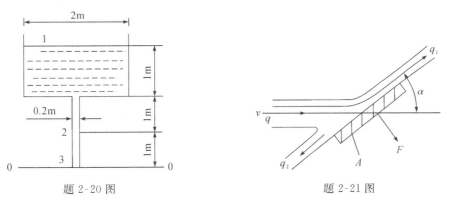

题 2-20 图   题 2-21 图

2-21   如图所示,为一与水平成 $\alpha=30°$ 放置的倾斜固定平板,有一股流量 $q=20\mathrm{L/min}$,速度 $v=10\mathrm{m/s}$ 的射流射到平板后,射流分成两股,两股流量分别为 $q_1=11\mathrm{L/min}$,$q_2=9\mathrm{L/min}$,求射流作用于平板上的力 F。(令动能修正系数为1)

2-22   如图所示,泵从一油池中吸油,流量 $q=150\mathrm{L/min}$,油液的运动黏度 $\nu=34\times10^{-6}\mathrm{m^2/s}$,油液密度 $\rho=900\mathrm{kg/m^3}$。吸油管直径 $d=60\mathrm{mm}$,并设泵吸油弯管处的局部阻尼系数 $\zeta=0.2$,吸油口粗滤网处的压力损失 $\Delta p=0.0178\mathrm{MPa}$,希望泵入口处的真空度不大于 $0.04\mathrm{MPa}$,求泵的吸油高度(不考虑液面到滤网之间的管路沿程压力损失)。

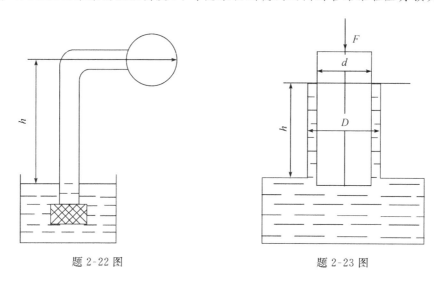

题 2-22 图   题 2-23 图

2-23   如图所示,柱塞直径 $d=19.9\mathrm{mm}$,缸套直径 $D=20\mathrm{mm}$,高度 $h=70\mathrm{mm}$,柱塞上面在力 $F=40\mathrm{N}$ 作用下向下作用,并将油液从缝隙中挤出,若柱塞与缸筒同心,油液的黏度 $\mu=0.784\times10^{-3}\mathrm{Pa\cdot s}$,求柱塞下落 $s=0.1\mathrm{m}$ 所需的时间。

2-24   如图所示,在一直径为 $d=25\mathrm{mm}$ 的液压缸中放置着一个具有 4 条矩形截面($a\times b$)槽的活塞,液压缸左腔的表压力 $p=0.2\mathrm{MPa}$,右腔直接回油箱。设油的黏度 $\mu=30\times10^{-3}\mathrm{Pa\cdot s}$,槽进口处压力损失可以忽略不计,求由液压缸左腔沿 4 条槽泄漏到右腔去的流量。已知槽的尺寸是 $a=2\mathrm{mm}$,$b=1\mathrm{mm}$,$l=120\mathrm{mm}$。

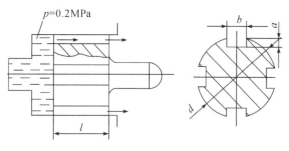

题 2-24 图

2-25　如图(a)(b)所示为圆柱滑阀的原理图,设 1 为阀芯,2 为阀体,流入阀口的速度为 v_1,流出阀口的速度为 v_2,速度与轴向的夹角为 θ,求在(a)(b)两种情况下液体作用于阀芯上的力。

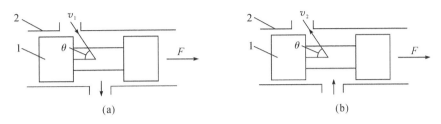

(a)　　　　　　　　　　　　　　(b)

1—阀芯;2—阀体。

题 2-25 图

2-26　如图所示,已知泵的供油压力为 $p=3.2\text{MPa}$,薄壁小孔节流阀 I 的通流截面 $A_1=200\text{mm}^2$,薄壁小孔节流阀 II 的通流截面 $A_2=100\text{mm}^2$,求活塞向右运动的速度 v 为多少? 液压缸无杆腔的面积为 $A=100\text{cm}^2$,油的密度 $\rho=900\text{kg/m}^3$,负载 $F=16\text{kN}$,油液的流量系数 $C_d=0.6$。

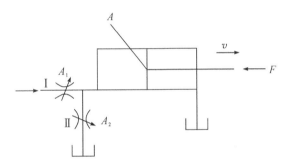

题 2-26 图

第3章 液压泵

【本章内容提要】

本章主要介绍液压动力元件的几种典型液压泵(齿轮泵、叶片泵)、柱塞泵的工作原理、性能参数、基本结构、性能特点及应用范围等。

【基本要求、重点和难点】

基本要求:掌握齿轮泵、叶片泵、柱塞泵的工作原理、性能参数、结构特点。了解各类泵的典型结构及应用范围。

重点:通过本章学习,要求掌握液压泵的工作原理、功能、性能参数(压力和流量等)、职能符号、性能特点及应用范围。

难点:①容积式泵的主要性能参数的含义。②容积式泵的困油、泄漏、流量脉动。③单作用叶片泵倾角、双作用叶片泵定子曲线。④限压式变量叶片泵的原理及特性。⑤柱塞泵的变量机构。

3.1 液压泵基本概述

液压泵作为液压系统的动力元件,将原动机(电动机、柴油机等)输入的机械能(转矩 T 和角速度 ω)转换为压力能(压力 p 和流量 q)输出,为执行元件提供压力油。液压泵的性能好坏直接影响到液压系统的工作性能和可靠性,在液压传动中占有极其重要的地位。

3.1.1 液压泵的工作原理

如图 3-1 所示,单柱塞泵由偏心轮 1、柱塞 2、弹簧 3、缸体 4 和单向阀 5 和 6 等组成,柱塞与缸体孔之间形成密闭容积。当原动机带动偏心轮顺时针方向旋转时,柱塞在弹簧力的作用下向下运动,柱塞与缸体孔组成的密闭容积增大,形成真空,油箱中的油液在大气压力的作用下经吸油单向阀 5 进入其内(压油单向阀 6 关闭)。这一过程称为吸油。当偏心轮的几何中心转到最下点 O_1' 时,容积增大到极限位置,吸油终止。吸油过程完成后,偏心轮继续旋转,柱塞随偏心轮向上运动,柱塞与缸体孔组成的密闭容积减小,油液受挤压经压油单向阀 6 排出(吸油单向阀 5 关闭),这一过程称为排油,当偏心轮的几何中心转到最上点 O_1'' 时,容积减小至极限位置,排油终止。偏心轮连续旋转,柱塞上下往复运动,泵在半个周期内吸油、半个周期内排油,在一个周期内吸排油各一次。

如果柱塞直径为 d,偏心轮偏心距为 e,则柱塞向上最大行程 $s=2e$,排出的油液体积 V

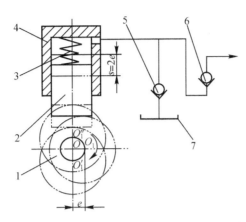

1—偏心轮；2—柱塞；3—弹簧；4—缸体；5,6—吸油与压油单向阀；7—油箱。

图 3-1　单柱塞泵工作原理

$=\pi d^2 s/4=\pi d^2 e/2$。V 为单柱塞泵每转一转所排出的油液体积，通常将其称为泵的排量，它只与几何尺寸(d 和 e)有关。

根据上述分析，液压泵的工作原理可以归纳如下：

(1)液压泵必须具有一个由运动件(柱塞)和非运动件(缸体)所构成的密闭容积，该容积的大小随运动件的运动发生周期性变化。容积增大时形成真空，油箱的油液在大气压作用下进入密闭容积(吸油)；容积减小时油液受挤压克服管路阻力排出(排油)。因它的吸油和排油均依赖密闭容积的容积变化，因此称之为容积式泵。

(2)液压泵的密闭容积增大到极限时，先要与吸油腔隔开，然后才转为排油；同理，密闭容积减小到极限时，先要与排油腔隔开，然后才转为吸油。图 3-1 所示的泵是通过单向阀 5 和 6 实现这一要求的，因此称之为阀式配流。此外，还有配流盘式配流和配流轴式配流等形式。

(3)液压泵每转一转吸入或排出的油液体积取决于密闭容积的变化量。图 3-1 所示泵的变化量与柱塞的直径和行程有关。因单个柱塞泵半个周期吸油，半个周期排油，供油不连续，因此不能直接用于工业生产。通常将柱塞数选为三个以上，且径向均布，组成如图 3-35 所示的液压泵。

(4)液压泵吸油的实质是油箱的油液在大气的作用下进入具有一定真空度的吸油腔。为防止气蚀，真空度应小于 0.05MPa，因此对吸油管路的液流速度及油液提升高度有一定的限制。泵的吸油腔容积能自动增大的泵称为自吸泵，如图 3-1 所示的泵。若柱塞上部无弹簧，则无自吸能力。

(5)液压泵的排油压力取决于排油管路油液流动所受到的总阻力，即液流的管路损失、元件的压力损失及需要克服的外负载阻力之和。总阻力越大，排油压力越高。若排油管路直接接回油箱，则总阻力为零，泵排出压力为零，泵的这一工况称之为卸载。

(6)组成液压泵密闭容积的零件，有的是固定件，有的是运动件。它们之间存在相对运动，因此必须存在间隙(图 3-1 所示为柱塞与缸体孔之间的环形缝隙)。当密闭容积为排油时，压力油将经此间隙向外泄漏，使实际排出的油液体积减小，其减少的油液体积称为泵的容积损失。

（7）为了保证液压泵的正常工作,泵内完成吸、压油的密闭容积在吸油与压油之间相互转换时,将瞬间存在一个既不与吸油腔相通、又不与压油腔相通的闭死的容积。若此闭死容积在转移的过程中大小发生变化,则容积减小时,因液体受挤压而使压力提高;容积增大时又会因无液体补充而使压力降低。必须注意的是,如果闭死容积的减小是发生在该容积离开压油腔之后,则压力将高于压油腔的压力,这样会导致周期性的压力冲击,同时高压液体会通过运动副之间的间隙挤出,导致油液发热;如果闭死容积的增大是发生在该容积刚离开吸油腔之后,则会使闭死容积的真空度增大,以致引起气蚀和噪声。这种因存在闭死容积大小发生变化而导致的压力冲击、气蚀、噪声等危害液压泵的性能和寿命的现象,称为液压泵的困油现象,在设计与制造液压泵时应竭力消除与避免。

3.1.2 液压泵的性能参数和特性曲线

1. 液压泵的压力

（1）吸入压力 p_0。泵进口处的压力,自吸泵的吸入压力低于大气压力。

（2）工作压力 p。液压泵工作时的出口压力,其大小取决于负载。

（3）额定压力 p_s。在正常工作条件下,按试验标准连续运转的最高压力。

除此之外还有最高允许压力,是指泵短时间内所允许超载使用的极限压力,它受泵本身密闭性能和零件强度等因素的限制。

由于液压传动的用途不同,液压系统所需的压力也不同,为了便于液压元件的设计、生产和使用,将压力分为几个等级,列表于 3-1。

表 3-1　压力分级

压力分级	低　压	中　压	中高压	高　压	超高压
压力/MPa	≤2.5	>2.5~8	>8~16	>16~32	>32

2. 液压泵的排量和流量

（1）排量 V

液压泵每转一转理论上应排出的油液体积,称之为泵的排量,又称理论排量或几何排量,记为 V,常用单位为 cm^3/r。排量的大小决定于泵的几何尺寸。

（2）流量

液压泵的流量又分为平均理论流量、实际流量、瞬时理论流量。

①平均理论流量 q_t。液压泵在单位时间内理论上排出的油液体积,它正比于泵的排量 V 和转速 n,即 $q_t = nV$。常用的单位为 m^3/s 和 L/min。

②实际流量 q。液压泵在单位时间内实际排出的油液体积。在泵的出口压力不等于零时,因存在泄漏流量 Δq,因此实际流量 q 小于理论流量 q_t,即 $q = q_t - \Delta q$。

需要指出:当泵的出口压力等于零或进出口压力差等于零时,泵的泄漏 $\Delta q = 0$,即 $q = q_t$。工业生产或实验中将此时的流量等同于理论流量。

③瞬时理论流量 q_{sh}。液压泵任一瞬时理论输出的流量。一般液压泵的瞬时理论流量是波动的,即 $q_{sh} \neq q_t$。

④额定流量 q_s。液压泵在额定压力、额定转速下允许连续运行的流量。

3. 液压泵的功率和效率

(1) 输入功率 P_r。驱动液压泵轴的机械功率为泵的输入功率,若记输入转矩为 T,角速度为 ω,则 $P_r = T\omega$。

(2) 输出功率 P。液压泵输出的液压功率,即平均实际输出流量 q 和工作压力 p 的乘积为输出功率,$P = pq$。

(3) 容积效率 η_V。液压泵的实际流量 q 与理论流量 q_t 的比值称为液压泵的容积效率,可表示为

$$\eta_V = q/q_t = (q_t - \Delta q)/q_t \tag{3-1}$$

由于泵内机件间的间隙很小,泄漏油液的流态可以看作为层流,所以泄漏量和泵的输出压力成正比,即

$$\Delta q = k_l p \tag{3-2}$$

式中,k_l 为泄漏系数。因此有

$$\eta_V = 1 - \Delta q/q_t = 1 - k_l p/nV \tag{3-3}$$

上式表明:泵的输出压力越高,泄漏系数越大,转速越低,则泵的容积效率也越低。

(4) 机械效率 η_m。驱动液压泵的理论转矩 T_t 与实际转矩 T 的比值称为液压泵的机械效率,可表示为 $\eta_m = T_t/T$。

(5) 总效率 η。液压泵的输出功率 P 与输入功率 P_r 之比为总效率,即

$$\eta = P/P_r = pq/T\omega = \eta_V \eta_m \tag{3-4}$$

一台性能良好的液压泵应要求其总效率最高,而不仅仅是容积效率最高。

4. 液压泵的转速

(1) 额定转速 n_s。在额定压力下,能连续长时间正常运转的最高转速,称为液压泵的额定转速。

(2) 最高转速 n_{max}。在额定压力下,超过额定转速允许短时间运行的最高转速。

(3) 最低转速 n_{min}。正常运转所允许的液压泵的最低转速。

(4) 转速范围。最低转速与最高转速之间的转速为液压泵工作的转速范围。

5. 液压泵的特性曲线

液压泵的性能常用如图 3-2 所示的性能曲线表示。曲线的横坐标为液压泵的工作压力 p,纵坐标为液压泵的容积效率 η_V(或实际流量 q),机械效率 η_m,总效率 η 和输入功率 P_r。它是液压泵在特定的介质、转速和油温下通过实验作出的。

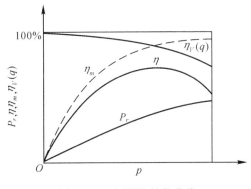

图 3-2　液压泵的性能曲线

由图示性能曲线可看出:液压泵的容积效率 η_V(或实际流量 q)随泵的工作压力升高而降低,压力为零时容积效率 $\eta_V=100\%$,实际流量等于理论流量。液压泵的总效率 η 随泵的工作压力升高而升高,接近液压泵的额定压力时总效率 η 最高。

对某些工作转速在一定范围的液压泵或排量可变的液压泵,为了揭示液压泵整个工作范围的全性能特性,一般用图 3-3 所示的通用特性曲线表示。曲线的横坐标为泵的工作压力 p,纵坐标为泵的流量 q、转速 n 或排量 V,图中绘制有泵的等效率曲线 η_i,等功率曲线 P_{ri}。

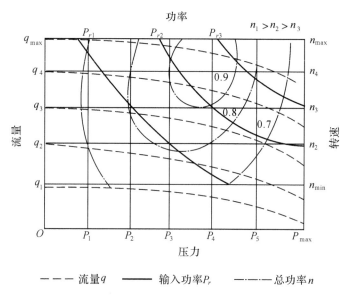

图 3-3　液压泵的通用特性曲线

3.1.3　液压泵的分类

液压泵按主要运动构件的形状和运动方式分为齿轮泵、叶片泵、柱塞泵和螺杆泵。其中:齿轮泵又分为外啮合齿轮泵和内啮合齿轮泵;叶片泵分为双作用叶片泵、单作用叶片泵和凸轮转子叶片泵;柱塞泵分为径向柱塞泵和轴向柱塞泵;螺杆泵分为单螺杆泵、双螺杆泵和三螺杆泵。

液压泵按排量能否改变分为定量泵和变量泵,其中变量泵可以是单作用叶片泵、径向柱塞泵或轴向柱塞泵。

液压泵按进、出油口的方向是否可变分为单向泵和双向泵,其中单向定量泵和单向变量泵只能一个方向旋转;双向定量泵可以通过变换进、出油口来改变泵的转向;双向变量泵不仅可以通过操纵变量机构变换进、出油口来改变泵的转向,而且可以改变泵的排量(或流量)。显然,双向泵具有对称的结构,而单向泵是针对某一转向设计的,为非对称结构。

3.1.4　液压泵的图形符号

液压泵的图形符号如图 3-4 所示。

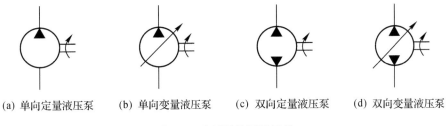

(a) 单向定量液压泵　　(b) 单向变量液压泵　　(c) 双向定量液压泵　　(d) 双向变量液压泵

图 3-4　液压泵的图形符号

3.2　齿轮泵

齿轮泵是液压系统中常用的液压泵,在结构上可分为外啮合式和内啮合式两类。

3.2.1　外啮合齿轮泵

1. 工作原理

如图 3-5 所示为外啮合齿轮泵的工作原理图。在泵的壳体内有一对外啮合齿轮,齿轮两侧有端盖罩住(图 3-5 中未示出)。壳体、端盖和齿轮的各个齿槽组成了许多密闭工作腔。当齿轮按图 3-5 所示的方向旋转时,右侧吸油腔由于相互啮合的轮齿逐渐脱开,密闭工作腔容积逐渐增大,形成局部真空,油箱中的油液被吸进来,将齿槽充满,并随着齿轮旋转,把油液带到左侧压油腔去。在压油区一侧,由于轮齿在这里逐渐进入啮合,密闭工作腔容积不断减小,油液被挤出去。吸油区和压油区是由相互啮合的轮齿以及泵体分隔开的。

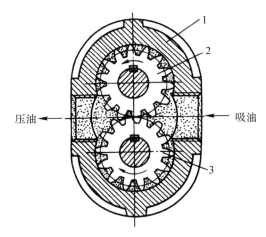

压油　　　　　　　　　　　　　　吸油

1—壳体;2—主动齿轮;3—从动齿轮。

图 3-5　外啮合齿轮泵工作原理

2. 排量、流量计算和流量脉动

外啮合齿轮泵的排量的精确计算应依据啮合原理来进行,近似计算时可认为排量等于它的两个齿轮的齿间槽容积之总和。

设齿间槽的容积等于轮齿的体积,则当齿轮齿数为 Z、节圆直径为 D、齿高为 h(应为扣

除顶隙部分后的有效齿高)、模数为 m、齿宽为 b 时,泵的排量为

$$V = \pi Dhb = 2\pi Zm^2 b \qquad\qquad (3\text{-}5)$$

考虑到齿间槽容积比轮齿的体积稍大些,所以通常取

$$V = 6.66Zm^2 b \qquad\qquad (3\text{-}6)$$

齿轮泵的实际输出流量为

$$q = 6.66Zm^2 bn \qquad\qquad (3\text{-}7)$$

式(3-7)所表示的 q 是齿轮泵的平均流量。

实际上,由于齿轮啮合过程中,压油腔的容积变化率是不均匀的,因此齿轮泵瞬时流量是脉动的。

设 q_{max} 和 q_{min} 分别表示最大和最小瞬时流量,流量脉动率 σ 可用下式表示:

$$\sigma = \frac{(q_{max} - q_{min})}{q} \qquad\qquad (3\text{-}8)$$

图 3-6 所示为齿轮泵流量脉动率。图中 i 为主动齿轮和被动齿轮的齿数比。

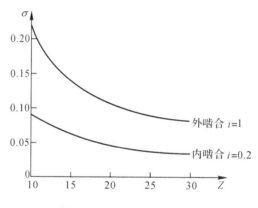

图 3-6　齿轮泵流量脉冲率

由图 3-6 可见,外啮合齿轮泵齿数越少,脉动率 σ 就越大,其值最高可达 0.20 以上。内啮合齿轮泵的流量脉动率要小得多。

3. 存在问题和解决方法

(1)困油现象

齿轮泵要平稳工作,齿轮啮合的重叠系数必须大于1,于是总会出现两对轮齿同时啮合,并有一部分油液被围困在两对轮齿所形成的密闭空腔之间,如图 3-7 所示。这个封闭腔的容积,开始时随着齿轮的转动逐渐减小(图 3-7(a)到图 3-7(b)的过程中),以后又逐渐加大(图 3-7(b)到图 3-7(c)的过程中)。密闭腔容积的减小会使被困油液受挤压而产生很高的压力,从缝隙中挤出,使油液发热,并使机件(如轴承等)受到额外的负载;而封闭腔容积的增大又会造成局部真空,使油液中溶解的气体分离,产生空穴现象。这些都将使泵产生强烈的噪声,这就是齿轮泵的困油现象。

消除困油的方法,通常是在两侧盖板上开卸荷槽(见图 3-7 中的虚线所示),使密闭腔容积减小时通过左边的卸荷槽与压油腔相通(见图 3-7(a)),容积增大时通过右边的卸荷槽与吸油腔相通(见图 3-7(c))。

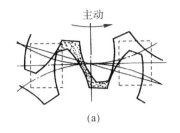 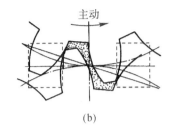 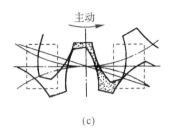

图 3-7　齿轮泵的困油现象

（2）泄漏

外啮合齿轮泵高压腔的压力油，可通过三条途径泄漏到低压腔中去：①通过齿轮啮合线处的间隙；②通过泵体内孔和齿顶圆间的径向间隙；③通过齿轮两侧面和侧盖板间的端面间隙。

通过端面间隙的泄漏量，最大可占总泄漏量的 70%～80%。因此，普通齿轮泵的容积效率较低，输出压力也不容易提高。要提高齿轮泵的压力，首要的问题是要减少端面泄漏。

减少端面泄漏的方法，一般采用齿轮端面间隙自动补偿的方法。图 3-8 所示为端面间隙的补偿原理。利用特制的通道把泵内压油腔的压力油引到轴套外侧，产生液压作用力，使轴套压向齿轮端面。这个力必须大于齿轮端面作用在轴套内侧的作用力，才能保证在各种压力下，轴套始终自动贴紧齿轮端面，以减少泵内通过端面的泄漏，达到提高压力的目的。

（3）径向不平衡力

在齿轮泵中，作用在齿轮外圆上的压力是不相等的，

图 3-8　齿轮泵端面间隙自动补偿

在高压腔（压油腔）和低压腔（吸油腔）处齿轮外圆和齿廓表面承受着工作压力和吸油腔压力，在齿轮和壳体内孔的径向间隙中，可以认为压力由高压腔压力逐渐分级下降到低压腔压力。这些液体压力综合作用的结果，相当于给齿轮一个径向的作用力（即不平衡力），使齿轮和轴承受载。工作压力越大，径向不平衡力也越大。当径向不平衡力很大时能使轴弯曲，齿顶与壳体产生接触，同时加速轴承的磨损，降低轴承的寿命。为了减小径向不平衡力的影响，有的泵上采取了缩小压油口的办法，使压力油仅作用在一个齿到两个齿的范围内，同时适当增加径向间隙，使齿轮在压力的作用下，齿顶不能与壳体相接触。对高压齿轮泵，减小径向不平衡应开压力平衡槽。

4. 典型结构与特点

图 3-9 所示为外啮合齿轮泵典型结构图。它由一对几何参数完全相同的齿轮 6、长短轴 12 和 15、泵体 7、前后盖板 8 和 4 等主要零件组成。

外啮合齿轮泵的优点是结构简单，尺寸小，重量轻，制造方便，价格低廉，工作可靠，自吸能力强（容许的吸油真空度大），对油液污染不敏感，维护容易。它的缺点是一些机件承受不平衡径向力，磨损严重，泄漏大，工作压力的提高受到限制。此外，它的流量脉动大，因

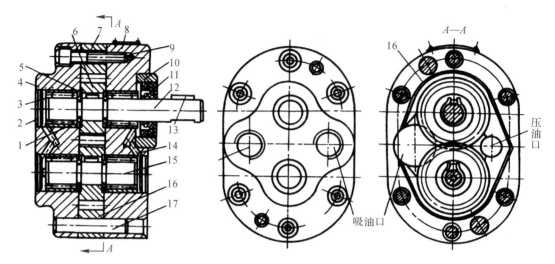

1—弹簧挡圈；2—压盖；3—滚针轴承；4—后盖；5—键；6—齿轮；7—泵体；8—前盖；9—螺钉；

10—密封座；11—密封环；12—长轴；13—键；14—泄漏通道；15—短轴；16—卸荷沟；17—圆柱销。

图 3-9　外啮合齿轮泵结构图

而压力脉动和噪声都较大。

3.2.2　内啮合齿轮泵

　　内啮合齿轮泵有渐开线齿形和摆线齿形（又名转子泵）两种类型，它们的工作原理和主要特点与外啮合齿轮泵完全相同。图 3-10 所示为内啮合渐开线齿轮泵工作原理图。

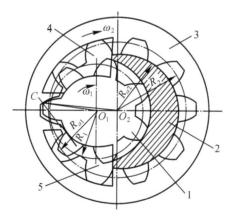

1—小齿轮（主动齿轮）；2—月牙板；3—内齿轮（从动齿轮）；4—吸油腔；5—压油腔。

图 3-10　内啮合渐开线齿轮泵工作原理

　　相互啮合的小齿轮 1（外齿轮）和内齿轮 3 与侧板围成的密封容积，被月牙板 2 和齿轮的啮合线分隔成两部分，即形成吸油腔和压油腔。当传动轴带动小齿轮按图 3-10 所示方向旋转时，内齿轮同向旋转，图中上半部轮齿脱开啮合，密闭容积逐渐增大，是吸油腔；下半部轮齿进入啮合，使其密封容积逐渐减小，是压油腔。

　　内啮合渐开线齿轮泵与外啮合齿轮泵相比其流量脉动小，仅是外啮合齿轮泵流量脉动

率的 $1/20 \sim 1/10$。此外,其结构紧凑,重量轻,噪声小和效率高,还可以做到无困油现象等,具有一系列的优点。它的不足之处是齿形复杂,需专门的高精度加工设备,但随着科技水平的发展,内啮合齿轮泵将会有更广阔的应用前景。

图 3-11 所示为内啮合摆线齿轮泵工作原理图。在内啮合摆线齿轮泵中,外转子 1 和内转子 2 只差一个齿,没有中间月牙板,内、外转子的轴心线有一个偏心 e,内转子为主动轮,内、外转子与两侧配流板间形成密闭容积,内、外转子的啮合线又将密闭容积分为吸油腔和压油腔。当内转子按图示方向转动时,左侧密闭容积逐渐变大是吸油腔;右侧密封容积逐渐变小是压油腔。

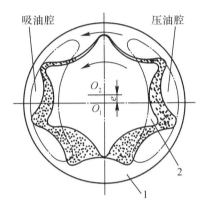

1—外转子;2—内转子。

图 3-11 内啮合摆线齿轮泵工作原理

内啮合摆线齿轮泵的优点是结构紧凑,零件少,工作容积大,转速高,运动平稳,噪声低。由于齿数较少(一般为 4~7 个),其流量脉动比较大,啮合处间隙泄漏大,所以此种泵工作压力一般为 2.5~7MPa,通常作为润滑、补油等辅助泵使用。

3.2.3 螺杆泵

螺杆泵实质上是一种外啮合摆线齿轮泵,按其螺杆根数有单螺杆泵、双螺杆泵、三螺杆泵、四螺杆泵和五螺杆泵等;按螺杆的横截面分有摆线齿形、摆线—渐开线齿形和圆弧齿形三种不同形式。

图 3-12 所示为三螺杆泵的结构简图。在三螺杆泵壳体 2 内平行地安装着三根互为啮合的双头螺杆,主动螺杆为中间凸螺杆 3,上、下两根凹螺杆 4 和 5 为从动螺杆,三根螺杆的外圆与壳体对应弧面保持着良好的配合。螺杆的啮合线将主动螺杆和从动螺杆的螺旋槽分割成多个相互隔离的、互不相通的密封工作腔。当传动轴(与凸螺杆为一整体)如图 3-12 所示的方向转动时,这些密封工作腔随着螺杆的转动一个接一个地在左端形成,并不断地从左向右移动,在右端消失。主动螺杆每转一周,每个密封工作腔便移动一个导程。密封工作腔在左端形成时逐渐增大,将油液吸入来完成吸油工作;最右面的工作腔逐渐减小直至消失,因而将油液压出完成压油工作。螺杆直径越大,螺杆槽越深,螺杆泵的排量越大;螺杆越长,吸、压油口之间的密封层次越多,密封就越好,螺杆泵的额定压力就越高。

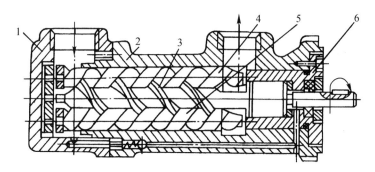

1—后盖；2—壳体；3—主动螺杆；4、5—从动螺杆；6—前盖。

图 3-12　三螺杆泵结构简图

螺杆泵与其他容积式液压泵相比，具有结构紧凑、体积小、重量轻、自吸能力强、运转平稳、流量无脉动、噪声小、对油液污染不敏感、工作寿命长等优点。目前常用在精密机床上和用来输送黏度大或含有颗粒物质的液体。螺杆泵的缺点是加工工艺复杂，加工精度高，所以应用受到限制。

3.3　叶片泵

叶片泵有单作用式（变量泵）和双作用式（定量泵）两大类，在液压系统中得到了广泛的应用。叶片泵输出流量均匀，脉动小，噪声小，但结构较复杂，吸油特性不太好，对油液的污染比较敏感。

3.3.1　单作用叶片泵

1. 工作原理

图 3-13 所示为单作用叶片泵的工作原理。泵由转子 1、定子 2、叶片 3、配流盘和端盖（图 3-13 中未示出）等元件组成。定子的内表面是圆柱形孔。转子和定子之间存在偏心。叶片在转子的槽内可灵活滑动，在转子转动时的离心力以及通入叶片根部压力油的作用

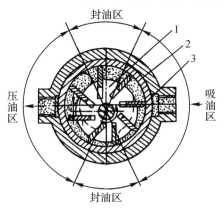

1—转子；2—定子；3—叶片。

图 3-13　单作用叶片泵工作原理

下,叶片顶部紧贴在定子内表面,于是两相邻叶片、配流盘、定子和转子间便形成了一个个密封的工作腔。当转子按图 3-13 所示的方向旋转时,图中右侧的叶片向外伸出,密封工作腔的容积逐渐增大,产生真空,于是通过吸油口和配流盘上窗口将油吸入。而在图中左侧,叶片往里缩进,密封腔的容积逐渐缩小,密封腔中的油液流往配流盘另一窗口和压油口,被压出并输到系统中去。这种泵转子每转一转,吸油压油各一次,故称单作用泵;转子上受单方向的液压不平衡作用力,又称非平衡泵,轴承负载较大。改变定子和转子间偏心的大小,便可改变泵的排量,故是变量泵。

图 3-14 所示为变量叶片泵的转子和配流盘结构图。单作用叶片泵配流盘上叶片底部的通油槽,通常设计成高压腔和低压腔,高压腔压油,低压腔吸油。当叶片处于吸油区时,叶片底部和配流低压腔相通,也参加吸油;当叶片处于压油区,叶片底部和配流盘高压腔相通,向外压油。叶片底部的吸油和压油作用,正好补偿了工作容积中叶片所占的体积,所以叶片体积对泵的瞬时流量无影响。为使叶片能顺利地向外运动并始终紧贴定子,必须使叶片所受的惯性力与叶片的离心力等的合力尽量与转子中叶片槽的方向一致,以免侧向分力使叶片与定子间产生摩擦力影响叶片的伸出,为此转子中叶片槽应向后倾斜一定的角度(一般后倾 $20°\sim30°$)。

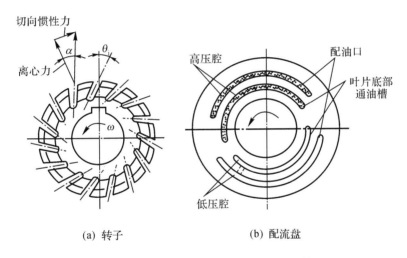

(a) 转子　　　　　(b) 配流盘

图 3-14　单作用叶片泵的配流盘和转子结构图

2. 排量与流量计算

图 3-15 示出了单作用叶片泵排量计算。转子每转一转,每个密封腔的容积变化为 $\Delta V=V_1-V_2$,叶片泵每转输出的体积,即排量为 $V=Z\Delta V$(Z 为叶片数)。设定子内径为 D,宽度为 b,转子直径为 d,叶片厚度为 s,定子和转子间的偏心距为 e。

因为
$$V_1=b\left\{\frac{1}{2}\left[\left(\frac{D}{2}+e\right)^2-\left(\frac{d}{2}\right)^2\right]\cdot\frac{2\pi}{Z}-\left(\frac{D}{2}+e-\frac{d}{2}\right)s\right\}$$
$$V_2=b\left\{\frac{1}{2}\left[\left(\frac{D}{2}-e\right)^2-\left(\frac{d}{2}\right)^2\right]\cdot\frac{2\pi}{Z}-\left(\frac{D}{2}-e-\frac{d}{2}\right)s\right\}$$
所以,单作用叶片泵的排量
$$V=2be(\pi D-Zs) \tag{3-9}$$

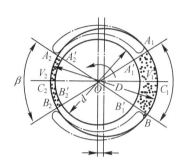

图 3-15 单作用叶片泵排量计算

如果叶片不是径向放置,而有一倾角 θ,则

$$V = 2be(\pi D - Zs/\cos\theta) \tag{3-10}$$

泵的实际输出流量

$$q = 2be(\pi D - Zs/\cos\theta)n\eta_V \tag{3-11}$$

但是上面的计算并没有考虑叶片槽底部的油液对流量的影响。实际上,叶片在转子槽中伸出和缩进时,叶片槽底部也有吸油和压油过程。一般在单作用叶片泵中,压油区和吸油区叶片的底部是分别和压油腔及吸油腔相通的,因而叶片槽底部的吸油和压油补偿了式(3-11)中由于叶片泵厚度占据体积而引起的排量减小,所以在这种情况下,泵的实际输出流量可用下式计算:

$$q = 2be\pi Dn\eta_V \tag{3-12}$$

单作用叶片泵的流量也是有脉动的。对图 3-13 所示的单作用叶片泵来说,当叶片数为奇数时,流量的脉动率 σ 和脉动频率 f 为

$$\sigma = \frac{\pi}{2Z}\tan\left[\frac{\pi}{4Z}\right] \approx \frac{1.25}{Z^2} \tag{3-13}$$

$$f = nZ/30 \tag{3-14}$$

当叶片数为偶数时

$$\sigma = \left(\frac{\pi}{Z}\right)\tan\left[\frac{\pi}{2Z}\right] \approx \frac{5}{Z^2} \tag{3-15}$$

$$f = nZ/60 \tag{3-16}$$

以上两式表明:泵内叶片数越多,流量脉动率越小。此外,奇数叶片的泵的脉动率比偶数叶片的泵的脉动率小,所以单作用叶片泵的叶片数总是奇数,一般为 13 或 15 片。

3. 特点

(1)改变定子和转子之间的偏心,便可改变流量。偏心反向时,吸油、压油方向也相反。

(2)处在压油腔的叶片顶部受压力油的作用,要把叶片推入转子槽内。为了使叶片顶部可靠地和定子内表面相接触,压油腔一侧的叶片底部要通过特殊的沟槽和压油腔相通。吸油腔一侧的叶片底部要和吸油腔相通。这里的叶片仅靠离心力的作用顶在定子的内表面上。

(3)由于转子受不平衡的径向液压作用力,所以这种泵一般不宜用于高压。额定压力不超过 7MPa。

4. 限压式变量叶片泵

单作用叶片泵的具体结构类型很多,它按改变偏心方向的不同,可分为单向变量泵和双向变量泵两种。双向变量泵能在工作中变换进、出油口,使液压执行元件的运动反向。它按改变偏心方式的不同,又有手调式变量泵和自动调节式变量泵之分,自动调节式变量泵又有限压式变量泵、稳流式变量泵等多种型式。限压式变量泵又分为外反馈式和内反馈式两种。下面介绍外反馈式变量叶片泵。

(1)工作原理

图 3-16 所示为外反馈限压式变量叶片泵的工作原理。它能根据外负载(泵出口压力)的大小自动调节泵的排量。图 3-16 中转子的中心 O 是固定不动的,定子(其中心为 O_2)可左右移动。当泵的转子逆时针方向旋转时,转子上部为压油腔,下部为吸油腔,压力油把定子向上压在滑块滚针支承上。定子右边有一反馈柱塞,它的油腔与泵的压油腔相通。设反馈柱塞的受压面积为 A_x,则作用在定子上的反馈力 pA_x 小于作用在定子左侧的弹簧预紧力 F_s 时,弹簧把定子推向最右边,此时偏心达到最大值 e_{max},泵的输出流量最大。

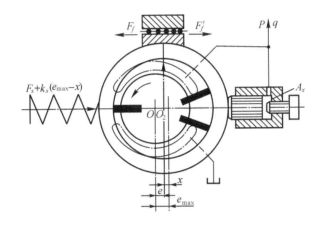

图 3-16　外反馈限压式变量叶片泵

当泵的压力升高到 $pA_x > F_s$ 时,反馈力克服弹簧预紧力把定子向左推移 x 距离,偏心减小了,泵的输出流量也随之减小。压力越高,偏心越小,输出流量也越小。

当压力大到泵内偏心所产生的流量全部用于补偿泄漏时,泵的输出流量为零,不管外负载再怎样加大,泵的输出压力不会再升高,所以这种泵被称为限压式变量叶片泵。至于外反馈的意义则表示反馈力是通过柱塞从外面加到定子上来的。

设泵的最大偏心距为 e_{max},弹簧的预压缩量为 x_0,弹簧刚度为 k_s。当泵压力为 p 时,定子移动了 x 距离(亦即弹簧压缩增加量),这时的偏心量为

$$e = e_{max} - x \tag{3-17}$$

如忽略泵在滑块滚针支承处的摩擦力 F_f,泵定子的受力方程为

$$pA_x = k_s(x_0 + x) = F_s + k_s x \tag{3-18}$$

压力逐渐增大,使定子开始移动时的压力设为 p_c,则

$$p_c A_x = k_s x_0 \tag{3-19}$$

由上述公式,可得

$$e = e_{max} - A_x(p - p_c)/k_s \quad (p > p_c \text{ 时}) \tag{3-20}$$

再考虑泵实际输出流量的关系式

$$q = k_q e - k_l p \tag{3-21}$$

式中：k_q——泵的流量常数；

k_l——泵的泄漏常数。

而当 $pA_x < F_s$ 时，定子处于极右端位置，这时

$$e = e_{max}$$

$$q = k_q e_{max} - k_l p \tag{3-22}$$

而当 $pA_s > F_s$ 时，定子左移，泵的流量减小，由式(3-19)、式(3-20)、式(3-21)得

$$q = k_q(x_0 + e_{max}) - (k_q/k_s)(A_s + k_s k_l/k_q)p \tag{3-23}$$

便可画出外反馈限压式变量叶片泵的静态特性曲线，如图 3-17 所示。

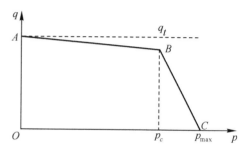

图 3-17　外反馈限压式变量叶片泵 q-p 特性

图 3-17 中 AB 段是泵的不变量段，它与式(3-22)相对应。在这里，由于 e_{max} 是常数，就像定量泵一样，压力增大时泄漏量增加，实际输出流量减小；图中 BC 段是泵的变量段，它与式(3-23)相对应，这一区段内泵的实际流量随着压力的增大迅速下降。图 3-17 中的 B 点，叫作曲线的拐点；拐点处的压力 p_c 值主要由弹簧预紧力 F_s 确定，并可由式(3-19)计算。

变量泵的最大输出压力 p_{max} 相当于实际输出流量为零时的压力，令式(3-23)中 $q = 0$，可得

$$p_{max} = k_s(x_0 + e_{max})/(A_s + k_s k_l/k_q)$$

通过调节 F_s 的大小，便可改变 p_c 和 p_{max} 的值，这时图 3-17 中 BC 段曲线左右平移。

调节图 3-16 右端的流量调节螺钉，便可改变 e_{max}，从而改变流量大小，此时曲线 AB 段上下平移，但曲线 BC 段不会左右平移(因为 p_{max} 值不会改变)。p_c 值则稍有变化。

如更换刚度不同的弹簧，便可改变 BC 段的斜率，弹簧越"软"(K_s 值越小)，BC 段越陡。p_{max} 值越小；反之，弹簧越"硬"(K_s 值越大)，BC 段越平坦，p_{max} 值亦越大。

限压式变量叶片泵对既要实现快速行程，又要实现工作进给(慢速移动)的执行元件来说是一种合适的油源；快速行程需要大的流量，负载压力较低，正好使用其 AB 段曲线部分；工作进给时负载压力升高，需要流量减小，正好使用其 BC 段曲线部分。

(2)典型结构与特点

图 3-18 所示为外反馈限压式变量叶片泵的结构图。图中转子 4 由泵轴 7 驱动，带着 15 个叶片在定子 5 内转动；转子的中心是固定不动的，定子可在泵体 3 内左右移动，以改变转子和定子间的偏心距。滑块 6 用来支承定子 5，承受定子的内壁的液压作用力，并跟着定子的一起移动。为了减小摩擦阻力，增加定子移动的灵活性，滑块顶部采用了滚针支承。反馈柱塞 8 装在定子右侧的油腔中，此油腔与泵体的压油区有通道相连，油腔中的压力油作用在反馈柱塞 8 上，它与弹簧力联合控制着定子的位置。螺钉 1 用来调整弹簧 2 的预紧力，螺钉 9 用来调节定子的最大偏心量。

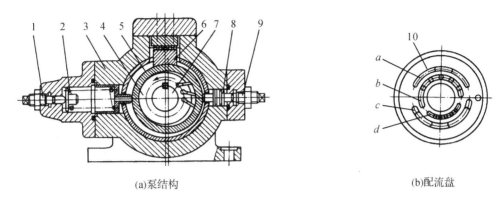

(a)泵结构　　　　　　　　　　　　　　　(b)配流盘

1、9—螺钉；2—弹簧；3—泵体；4—转子；5—定子；

6—滑块；7—泵轴；8—反馈柱塞；10—配流盘。

图 3-18　外反馈限压式变量叶片泵结构

这种泵的配流盘 10 上压油腔 a 和吸油腔 c 的位置，正好对称分布在水平线的上下，使定子内壁所受液压力的合力方向垂直于弹簧 2 的轴线，这样就使弹簧力只与反馈柱塞上的液压力相平衡，油槽 b 和 d 分别与转子上压油区和吸油区叶片槽的根部接通。由于 a 和 b、c 和 d 是相连的，所以吸油区和压油区内的叶片顶部和底部的液压力基本上是平衡的。在封油区内，为了保证叶片可靠地压在定子内表面上，叶片槽的底部是接通压油区的(为此油槽 b 的包角须比油槽 d 的大)，这部分定子内表面的受力和磨损情况都比较严重。此外，为了防止高压腔与低压腔串通，两个叶片之间的夹角一定要小于封油区的包角，因此两叶片之间所包围的密封工作腔在进入封油区时要产生困油现象。

限压式变量叶片泵与定量叶片泵相比，结构复杂，轮廓尺寸大，做相对运动的机件多，泄漏较大，轴上受不平衡的径向液压力，噪声较大，容积效率和机械效率都没有定量叶片泵高，流量脉动亦较定量泵严重，制造精度和用油要求则与定量叶片泵相同。但是，它能按负载压力自动调节流量，在功率使用上较为合理，可减少油液发热。因此，可把它用在机床液压系统中要求执行元件有快、慢速和保压阶段的场合，有利于简化液压系统。

3.3.2　双作用叶片泵

1. 工作原理

图 3-19 所示为双作用叶片泵的工作原理图。它的工作原理和单作用叶片泵相似，不同之处只在于定子内表面是由两段长半径圆弧、两段短半径圆弧和四段过渡曲线这八个部分组成，且定子 2 和转子 3 是同心的。在图 3-19 所示转子逆时针方向旋转的情况下，密封工作腔的容积在左下角和右上角处逐渐增大，为吸油区；在左上角和右下角处逐渐减小，为压油区；吸油区和压油区之间有一段封油区把它们隔开。这种泵的转子每转一转，每个密封工作腔完成吸油和压油动作各两次，所以称为双作用叶片泵。泵的两个吸油区和两个压油区是径向对置的，作用在转子上的液压力径向平衡，所以又称为平衡式叶片泵。

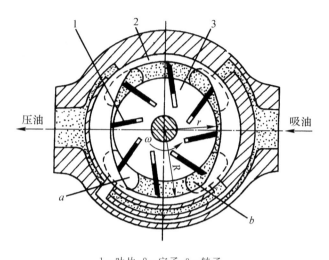

1—叶片;2—定子;3—转子。

图 3-19 双作用叶片泵工作原理

2. 排量与流量计算

图 3-20 示出了双作用叶片泵的流量计算。转子在转一整转过程中,由于吸、压油各两次,则泵的排量为

$$V = 2Z(V_1 - V_2)$$

因为

$$V_1 = b[(1/2)(R^2 - r_0^2)(2\pi/Z) - (R - r_0)s/\cos\theta]$$

$$V_2 = b[(1/2)(r^2 - r_0^2)(2\pi/Z) - (r - r_0)s/\cos\theta]$$

所以

$$V = 2b[\pi(R_2 - r^2) - (R - r)sZ/\cos\theta] \tag{3-24}$$

泵的实际输出流量为

$$q = 2b[\pi(R^2 - r^2) - (R - r)sZ/\cos\theta]n\eta_V \tag{3-25}$$

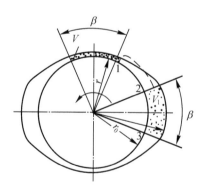

图 3-20 双作用叶片泵的流量计算

一般在双作用叶片泵中,叶片底部全部都接通压油腔,因而叶片在槽中做往复运动时,叶片槽底部的吸油和压油不能补偿由于叶片厚度所造成的排量减小,为此双作用叶片泵的流量需按式(3-25)计算。

双作用叶片泵如不考虑叶片厚度,则瞬时流量应是均匀的,这是因为当图 3-20 中的叶片 2 和 3 间的密封腔 V_1 进入压油区时,通过配流盘上的槽和叶片 1 和 2 间的密封腔相通。这时叶片 1 和 3 分别在短半径、长半径圆弧上滑动,而这两个密封腔的容积变化率是均匀的,因而泵的瞬时流量也是均匀的。但实际上叶片是有厚度的,长半径圆弧和短半径圆弧也不可能完全同心,尤其是当叶片底部槽设计成与压油腔相通时,泵的瞬时流量仍将出现微小的脉动,但其脉动率较其他形式的泵(螺杆泵除外)小得多,且在叶片数为 4 的倍数时最小。为此,双作用叶片泵的叶片一般都取 12 片或 16 片。

3. 典型结构与特点

(1) 典型结构

图 3-21 是一种典型定量叶片泵的结构图。图中泵的壳体 6 内装有转子 4、定子 5 和配流盘 2 与 7。转子 4 由轴 3 带着旋转,轴 3 由滚针轴承 1 和滚动轴承 8 支承着。转子 4 上均匀地开有 12 条顺转子旋转方向倾斜 θ 角的槽,叶片 9 能在槽中滑动。配流盘和定子紧靠在一起,转子则相对于定子和配流盘转动。叶片槽根部 b 通过配流盘上的环槽 c 与压油区相通。在压油区内,作用在叶片顶部和根部的液压力相互平衡,叶片仅在离心力作用下压向定子内表面,保证了可靠的密封;在吸油区内,叶片顶部没有压力油的作用(见图 3-21 中 a 处),叶片在根部液压作用力和离心力的作用下压向定子内表面,产生非常大的接触力,加剧了定子这部分内表面的磨损,这是此种叶片泵压力提不高的原因之一。

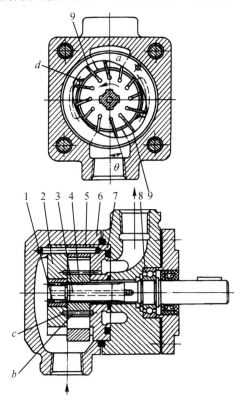

1—滚针轴承;2,7—配流盘;3—轴;4—转子;5—定子;6—壳体;8—滚动轴承;9—叶片。

图 3-21　定量叶片泵结构图

（2）结构特点

①定子曲线。定子曲线是由四段圆弧和四段过渡曲线组成的。过渡曲线应保证叶片紧贴在定子内表面上,以保证叶片在转子槽中径向运动时速度和加速度均匀变化,使叶片对定子内表面的冲击尽可能小。

过渡曲线如采用阿基米德螺线,则叶片泵的流量理论上没有脉动,可是叶片在大、小圆弧和过渡曲线连接点处会产生很大的径向加速度,对定子产生冲击,造成连接点处严重磨损,并产生噪声。如果在连接点处用小圆弧进行修正,便可以改善这种情况。在较为新式的泵中采用"等加速—等减速"曲线,如图 3-22 所示。

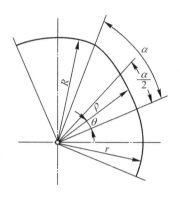

图 3-22　定子的过渡曲线

这种曲线的极坐标方程式为

$$\rho = r + 2(R-r)\theta^2/\alpha^2 \quad (0 < \theta < \alpha/2) \tag{3-26}$$

$$\rho = 2r - R + 4(R-r)[\theta - \theta^2/(2\alpha)]/\alpha \quad (\alpha/2 < \theta < \alpha) \tag{3-27}$$

式中符号含义见图 3-22。

由式(3-26)、(3-27)可求出叶片的径向速度 $\mathrm{d}\rho/\mathrm{d}t$ 和径向加速度 $\mathrm{d}^2\rho/\mathrm{d}t^2$,可以知道,当 $0 < \theta < \alpha/2$ 时,叶片的径向加速度为等加速,当 $\alpha/2 < \theta < \alpha$ 时为等减速。由于叶片的速度变化均匀,故不会对定子内表面产生冲击。但是,在 $\theta=0$,$\theta=\alpha/2$ 和 $\theta=\alpha$ 处,叶片的径向加速度仍有突变,还会产生一些冲击。为了改善这种情况,国外生产的有些叶片泵上采用了三次以上的高次曲线作为过渡曲线。

②因配流盘的两个吸油窗口和两个压油窗口对称布置,因此作用在转子和定子上的液压径向力平衡,轴承承受的径向力小,寿命长。

4. 提高双作用叶片泵压力的措施

一般双作用叶片泵为了保证叶片与定子内表面紧密接触,叶片底部都是通压油腔的。但当叶片处在吸油腔时,叶片底部作用着压油腔的压力,顶部作用着吸油腔的压力,这一压力差使叶片以很大的力压向定子内表面,加速了定子内表面的磨损,从而影响了泵的寿命。对高压叶片泵来说,这一问题更为突出,所以高压叶片泵必须在结构上采取措施,使叶片压向定子的作用力减小。常用的措施有:

(1)减小作用在叶片底部的油液压力。将泵的压油腔的油通过阻尼槽或内装式减压阀通到吸油区的叶片底部,使叶片经过吸油腔时,叶片压向定子内表面的作用力不致过大。

(2)减小叶片底部承受压力油作用的厚度。

图 3-23(a)所示为子母叶片的结构。大叶片与小叶片之间的油室 f 始终经槽 e,d,a 和压力油腔相通,而大叶片的底腔 g 则经转子上的孔 b 和所在油腔相通。这样叶片处于吸油腔时,大叶片只有在油室 f 的高压油作用下压向定子内表面,使作用力不致过大。

图 3-23(b)为阶梯叶片的结构。在这里阶梯叶片和阶梯叶片槽之间的油室 d 始终和压力油腔相通,而叶片的底部则和所在腔相通。这样,在吸油腔时,叶片在 d 室内油液在压力作用下压向定子内表面,减小了叶片和定子内表面间的作用力,但这种结构的工艺性较差。

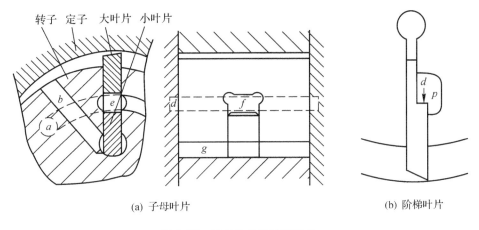

(a) 子母叶片　　　　　　　　　　　　(b) 阶梯叶片

图 3-23　子母叶片和阶梯叶片

3.4　柱塞泵

柱塞泵根据柱塞放置的不同位置有轴向和径向两大类。根据泵实现吸油和压油的方式不同,又分为阀式配流、配流轴配流、配流盘配流三种。

3.4.1　轴向柱塞泵

轴向柱塞泵除了柱塞轴向排列外,当缸体轴线和传动轴轴线重合时,称为斜盘式轴向柱塞泵;当缸体轴线和传动轴轴线成一个夹角 γ 时,称为斜轴式轴向柱塞泵。斜盘式轴向柱塞泵根据传动轴是否贯穿斜盘又分为通轴式和非通轴式轴向柱塞泵两种。

轴向柱塞泵具有结构紧凑,功率密度大,重量轻,工作压力高,容易实现变量等优点。

1. 工作原理

图 3-24 所示为斜盘式轴向柱塞泵工作原理图。斜盘式轴向柱塞泵由传动轴 1、斜盘 2、柱塞 3、缸体 4 和配流盘 5 等主要零件组成。传动轴带动缸体旋转,斜盘和配流盘是固定不动的。

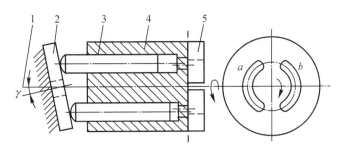

1—传动轴;2—斜盘;3—柱塞;4—缸体;5—配流盘。

图 3-24　斜盘式轴向柱塞工作原理图

柱塞均布于缸体内,并且柱塞头部靠机械装置或在低压油作用下紧压在斜盘上。斜盘的法线和缸体轴线夹角为斜盘倾角 γ。当传动轴按图 3-24 所示方向旋转时,柱塞一方面随缸体转动,另一方面还在机械装置和低压油的作用下,在缸体内做往复运动,柱塞在其自下而上的半圆周内旋转时逐渐向外伸出,使缸体内孔和柱塞形成的密封工作容积不断增加,并产生局部真空,从而将油液经配流盘的吸油口 a 吸入;柱塞在其自上而下的半圆周内旋转时又逐渐压入缸体内,使密封容积不断减小,将油液从配流盘窗口 b 向外压出。缸体每转一周,每个柱塞往复运动一次,完成吸、压油一次。

如果改变斜盘倾角 γ 的大小,就能改变柱塞行程长度,也就改变了泵的排量;如果改变斜盘倾角 γ 的方向,就能改变吸、压油的方向,此时就成为双向变量轴向柱塞泵。

2. 排量和流量计算

图 3-25 所示为轴向柱塞泵柱塞运动规律示意图。根据此图可求出轴向柱塞泵的排量和流量。设柱塞直径为 d,柱塞数为 Z,柱塞中心分布圆直径为 D,斜盘倾角为 γ,则柱塞行程为 h 的缸体转一转时,泵的排量 V 为

$$V=(\pi d^2/4)Zh=(\pi d^2/4)ZD\tan\gamma \tag{3-28}$$

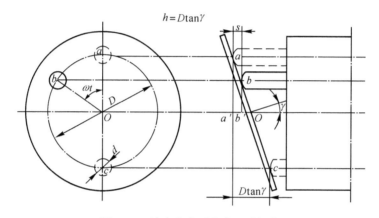

图 3-25　轴向柱塞泵柱塞运动规律

泵的实际输出流量 q 为

$$q=n\eta_V(\pi d^2/4)ZD\tan\gamma \tag{3-29}$$

式中:n——泵的转速;

　　　η_V——泵的容积效率。

下面分析该泵的瞬时流量。如图 3-25 所示,当缸体转过 ωt 角时,柱塞由 a 转至 b,则柱塞位移量 s 为

$$s=a'b'=Oa'-Ob'=(D/2)\tan\gamma-(D/2)\cos\omega t\cdot\tan\gamma$$

$$s=(D/2)(1-\cos\omega t)\tan\gamma \tag{3-30}$$

将上式对时间变量 t 求导数,得柱塞的瞬时移动速度 v 为

$$v=\mathrm{d}s/\mathrm{d}t=(D/2)\omega\tan\gamma\sin\omega t \tag{3-31}$$

故单个柱塞的瞬时流量 q' 为

$$q'=(\pi d^2/4)v=(\pi d^2/4)(D/2)\omega\tan\gamma\sin\omega t \tag{3-32}$$

由上式可知,单个柱塞的瞬时流量是按正弦规律变化的。整个泵的瞬时流量是处在压油区的几个柱塞瞬时流量的总和,因而也是脉动的,其流量的脉动率 σ（同齿轮泵流量脉动率概念相同）经推导其结果为

$$\sigma=(\pi/2Z)\tan(\pi/4Z)\quad(Z\ 为奇数时)\qquad(3\text{-}33)$$
$$\sigma=(\pi/Z)\tan(\pi/Z)\quad(Z\ 为偶数时)\qquad(3\text{-}34)$$

σ 与 Z 的关系如表 3-2 所示,从表中可以看出柱塞数较多并为奇数时,流量脉动率 σ 较小。这就是柱塞泵的柱塞一般采用奇数的原因。从结构和工艺考虑,多采用 $Z=7$ 或 $Z=9$。

表 3-2　流量脉动率 σ 与柱塞数 Z 的关系

Z	5	6	7	8	9	10	11	12
$\sigma/\%$	4.98	14	2.53	7.8	1.53	4.98	1.02	3.45

3. 典型结构与特点

(1)典型结构

图 3-26 所示为手动变量斜盘式非通轴式轴向柱塞泵的结构简图。它由主体和变量机构两部分组成。图中的中部和右半部为主体部分(零件 1~14)。中间泵体 1 和前泵体 8 组成泵体,传动轴 9 通过花键带动缸体 5 旋转,使轴向均匀分布在缸体上的七个柱塞 4 绕传动轴的轴线旋转。每个柱塞的头部都装有滑靴 3,滑靴与柱塞用球铰连接,可以任意转动(见图 3-27)。

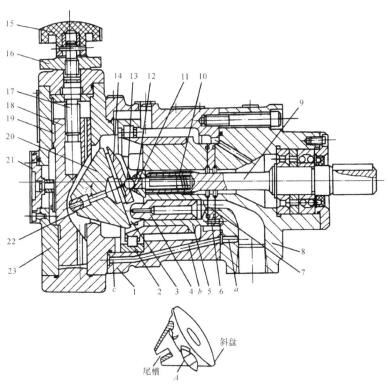

1—中间泵体;2—圆柱滚子轴承;3—滑靴;4—柱塞;5—缸体;6,7—配流盘;8—前泵体;9—传动轴
10—定心弹簧;11—内套;12—外套;13—钢球;14—回程盘;15—手轮;16—螺母;17—螺杆
18—变量活塞;19—键;20—斜盘;21—刻度盘;22—销轴;23—变量壳体。
图 3-26　手动变量斜盘式非通轴轴向柱塞泵结构

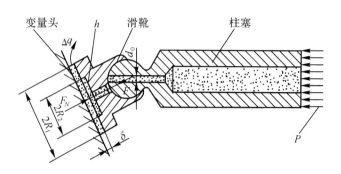

图 3-27　滑靴静压支承原理

定心弹簧 10 的作用力通过内套 11、钢球 13 和回程盘 14,将滑靴压靠在斜盘 20 的斜面上。还有一个重要作用是,在油压未建立之前,使缸体紧贴配流盘,以免摩擦副的密封漏气。当缸体转动时,该作用力使柱塞完成回程吸油动作。柱塞压油行程则是由斜盘斜面通过滑靴推动的。圆柱滚子轴承 2 用以承受缸体的径向力,缸体的轴向力由配流盘 7 来承受,配流盘上开有吸油、压油窗口,分别与前泵体上的吸、压油口相通,前泵体上的吸、压油口分布在前泵体的左右两侧。

图 3-27 所示为滑靴静压支承原理图。在柱塞中心有直径 d_0 的轴向阻尼孔,将柱塞压油时产生的压力油中的一小部分,通过阻尼孔引入到滑靴端面的油室 h 中,使 h 处及其周围圆环密封带上的压力升高,从而产生一个垂直于滑靴端面的液压反推力 F_N,其大小与滑靴端面的尺寸 R_1 和 R_2 有关,其方向与柱塞压油时产生的柱塞对滑靴端面产生的压紧力 F 相反。通常取压紧系数 $M_0 = F_N/F = 1.05 \sim 1.10$。这样,液压反推力 F_N 不仅抵消了压紧力 F,而且使滑靴与斜盘之间形成油膜,将金属隔开,使相对滑动面变为液体摩擦,有利于泵在高压下工作。

如图 3-27 所示,斜盘面通过滑靴作用给柱塞的液压反推力 F_N,可沿柱塞的轴向和半径方向分解成轴向力 $F_{Nx} = F_N\cos\gamma$ 和径向力 $F_{Ny} = F_N\sin\gamma$(γ 为斜盘倾角)。轴向力 F_{Nx} 是柱塞压油的作用力。而径向力 F_{Ny} 则通过柱塞传给缸体,它将使缸体产生颠覆力矩,造成缸体的倾斜,这将使缸体和配流盘之间出现楔形间隙,并与密封表面局部接触,从而导致了缸体与配流盘之间的表面烧伤及柱塞和缸体的磨损,影响了泵的正常工作。所以在图 3-26 中合理地布置圆柱滚子轴承 2,使径向力 F_{Ny} 的合力作用线在圆柱滚子轴承滚子的长度范围之内,从而避免了径向力 F_{Ny} 所产生的不良后果。另外,为了减少径向力 F_{Ny},斜盘的倾角一般不大于 $20°$。

(2)结构特点

①在构成吸、压油腔密闭容积的三对运动摩擦副中,柱塞与缸体柱塞孔之间的圆柱环型间隙加工精度易于保证;缸体与配流盘、滑履与斜盘之间的平面缝隙采用静压平衡,间隙磨损后可以补偿,因此轴向柱塞泵的容积效率较高,额定压力可达 32MPa。

②为防止柱塞底部的密闭容积在吸、压油腔转换时因压力突变而引起的压力冲击,一般在配流盘吸、压油窗口的前端开设减振槽(孔),或将配流盘顺缸体旋转方向偏转一定角度 γ 放置。在采取上述措施之后可有效地减缓压力突变,减小振动、降低噪声,但它们都是针对泵的某一旋转方向而采取的非对称措施,因此泵轴旋转方向不能任意改变。如果要求

泵反向旋转或双向旋转,则需要更换配流盘。

③泵内压油腔的高压油经三对运动摩擦副的间隙泄漏到缸体与泵体之间的空间后,再经泵体上方的泄漏油口直接引回油箱,这不仅可保证泵体内的油液为零压,而且可随时将热油带走,保证泵体内的油液不致过热。

④图 3-26 所示斜盘式轴向柱塞泵的传动轴仅前端由轴承直接支承,另一端则通过缸体外大轴承支承,其变量斜盘装在传动轴的尾部,因此又称其为非通轴式或后斜盘式。

斜盘式轴向柱塞泵除了非通轴式外,还有通轴式。图 3-28 所示为通轴式轴向柱塞泵(简称通轴泵)的一种典型结构。与非通轴型泵的主要不同之处在于:通轴泵的主轴采用了两端支承,斜盘通过柱塞作用在缸体上的径向力可以由主轴承受,因而取消了缸体外缘的大轴承;该泵无单独的配流盘,而是通过缸体和后泵盖端面直接配油。通轴泵结构的另一特点是在泵的外伸端可以安装一个小型辅助泵(通常为内齿轮泵),供闭式系统补油之用,因而可以简化油路系统和管道连接,有利于液压系统的集成化。这是近年来通轴泵发展较快的原因之一。

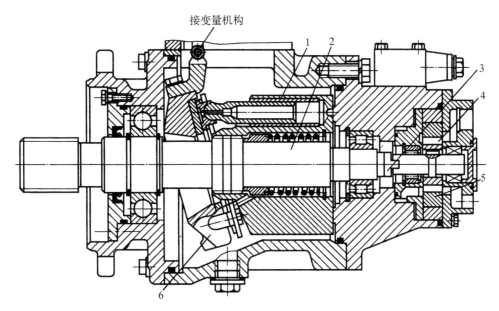

1—缸体;2—轴;3—联轴器;4,5—辅助泵内、外转子;6—斜盘。

图 3-28　通轴型轴向柱塞泵

4.变量机构

在变量轴向柱塞泵中均设有专门的变量机构,用来改变斜盘倾角 γ 的大小以调节泵的流量。轴向柱塞泵变量机构形式是多种多样的。

(1)手动变量机构

轴向柱塞泵手动变量泵,如图 3-26 左半部所示。进行变量时,先松开螺母 16,然后转动手轮 15,螺杆 17 便随之转动,因导向键 19 作用,螺杆 17 的转动会使变量活塞 18 及其活塞上的销轴 22 上下移动。

斜盘 20 的左右两侧用耳轴支持在变量壳体 23 的两块铜瓦上(图 3-26 中未画出),通过销轴带动斜盘绕其耳轴中心转动,从而改变斜盘倾角 γ。γ 的变化范围为 $0°\sim20°$。流量调定后旋动螺母将螺杆锁紧,以防止松动。手动变量机构简单,但手动操纵力较大,通常只能在停机或泵压较低的情况下才能实现变量。

(2)压力补偿变量机构

图 3-29 所示为压力补偿变量结构。泵工作时,泵出口压力油的一部分经泵体上的孔道 a,b,c 通到变量机构(见图 3-26),并顶开单向阀 9 进入变量壳体 7 的下油腔 d,再沿孔道 e 通到伺服阀阀芯的下端环形面积处(见图 3-29)。

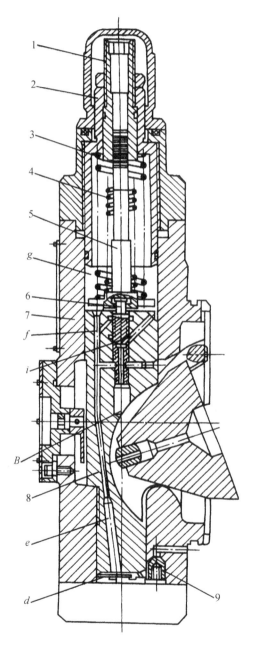

1,2—调节套;3—外弹簧;4—内弹簧;5—心轴;6—阀芯;7—变量壳体;8—变量活塞;9—单向阀。

图 3-29　压力补偿变量机构

当泵的出口油压力不太高(即 $p<30\times10^5\sim70\times10^5\,\mathrm{Pa}$)时,伺服阀阀芯环形面积上的液压作用力小于外弹簧 3 对阀芯的作用力,则伺服阀阀芯处在最下方位置(见图 3-30(a))。此时通道 f 的出口被打开,使 d 腔与 g 腔相通,油压相等。由于变量活塞 8 的两端面积不等,即上端大,下端小,因此变量活塞在推力差的作用下被压到最下方的位置,斜盘的倾角 γ 最大,泵的输出流量也最大。

当泵的出口压力升高(即 $p>30\times10^5\sim70\times10^5\,\mathrm{Pa}$)时,阀芯环形面积处的液压作用力超过外弹簧 3 对阀芯的预紧力时,使阀芯上移,通道 f 的出口被封闭,而孔道 i 的出口被打开(见图 3-30(b)),g 腔的油液经过通道 i、阀芯上的小孔(图中虚线所示)与泵的内腔相通,油压下降(因泵的内腔经泵的泄油口与油箱相通),变量活塞便在 d 腔油压的作用下向上移动,斜盘的倾角 γ 减小,泵的流量下降。

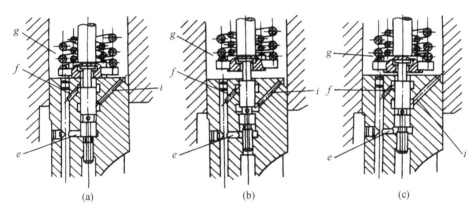

图 3-30　阀芯和变量活塞的位置变化

随着变量活塞的上升,通道 i 被封闭,此时通道 f 仍被封闭(见图 3-30(c)),g 腔被封死,d 腔内油压对变量活塞的作用力被 g 腔内油液的反作用平衡,使得变量活塞停止上移,斜盘便在这种新的位置下工作。泵的出口压力越大,阀芯就能上升到更大的高度,变量活塞也上升得越高,斜盘的倾角 γ 变得越小,泵输出的流量也越小。当出口油压下降时,阀芯在弹簧力的作用下下移,孔道 f 被打开,g 腔油压与 d 腔相同,又恢复到图 3-30(a)的位置,在压力差作用下,变量活塞下降,流量又重新加大。

泵开始的变量压力由外弹簧的预紧力来决定,当调节套 2(见图 3-29)调在最上位置时,外弹簧的预紧力较小,泵的出口压力大于 $30\times10^5\,\mathrm{Pa}$ 时才开始变量;当调节套 2 调在最下位置时,外弹簧的预紧力增大,泵的出口压力达到 $70\times10^5\,\mathrm{Pa}$ 时才开始变量。

图 3-31 所示为压力补偿变量泵的调节特性曲线,它表示了流量—压力变化的关系。图中 A 点和 G 点表示调节套 2 调在最上方和最下方位置时的开始变量压力。斜线部分为泵的调节特性范围。AB 的斜率由外弹簧 3 的刚度决定。

FE 的斜率由外弹簧 3 和内弹簧 4 的合成刚度决定,ED 的长度是由调节套 1 的位置决定。若调节套 2 是调在最上方和最下方之间某一位置,则泵的流量与压力变化关系在图 3-31 所示的斜线范围内,且为三条直线组成的折线,例如 $G'F'E'D'$ 线。

G' 点表示开始的变量压力,当泵的出口压力低于 G' 对应的压力 P' 时,泵输出额定流量的 100%;当油压超过压力 P' 时,变量机构中只有外弹簧端面碰到调节套 2 端面逐渐被压

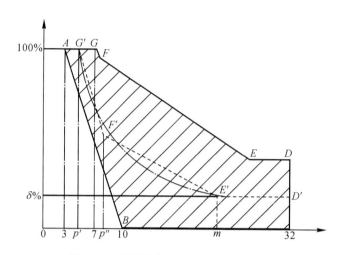

图 3-31　压力补偿变量泵调节特性曲线

缩,流量随压力升高沿斜线 $G'F'$ 减小,$G'F'$ 的斜率仅由外弹簧的刚度来决定,$G'F'$ 与 AB 平行;

当油压继续升高超过 F' 点所对应的压力 P'' 时,变量机构中内外弹簧 3 和 4 端面同时被调节套端面逐渐压缩,相当弹簧刚度增大,流量随压力升高沿斜线 $F'E'$ 减少,$F'E'$ 的斜率由内、外弹簧的组合刚度来决定,$F'E'$ 与 FE 平行;

E 点表示心轴 5 的轴肩已碰到调节套 1 的端面,变量活塞已不能上升,此时不论油压如何升高,流量已不能再减少,保持在额定流量的 $\delta\%$ 内,所以 $E'D'$ 为水平线,表示流量已不随压力改变。

从图 3-31 中看出,折线 $G'F'E'D'$ 与点画线表示的双曲线十分近似。泵的压力与流量的乘积近似等于常数,即泵的输出功率近似为恒定,所以这种油泵称为恒功率变量泵。

这种泵可以使液压执行机构在空行程需用较低压力时获得最大流量,使空行程速度加快;而在工作行程时,由于压力升高,泵的输出流量减少,使工作行程速度减慢。这正符合许多机器设备的动作要求,例如液压机、工程机械等,这样能够充分发挥设备的能力,使功率利用合理。

轴向柱塞泵除上述手动变量、恒功率变量形式外,还有恒流量变量、恒压变量、手动伺服变量、电液比例变量等多种变量形式,在此不一一列举。

5. 斜轴式轴向柱塞泵

图 3-32 所示为斜轴式轴向柱塞泵工作原理图。斜轴式轴向柱塞泵当传动轴 1 在电动机的带动下转动时,连杆 2 推动柱塞 4 在缸体 3 中做往复运动,同时连杆的侧面带动柱塞连同缸体一同旋转。利用固定不动的平面配流盘 5 的吸入、压出窗口进行吸油、压油。若改变缸体的倾斜角度 γ,就可改变泵的排量;若改变缸体的倾斜方向,就可成为双向变量轴向柱塞泵。

图 3-33 所示为斜轴式无铰轴向柱塞泵的结构。该柱塞泵的缸体轴线与传动轴不在一条直线上,它们之间存在一个摆角 β。柱塞 3 与传动轴 1 之间通过连杆 2 连接,当传动轴旋转时不是通过万向铰,而是通过连杆拨动缸体 4 旋转(故称无铰泵),同时强制带动柱塞在缸体孔内做往复运动,以实现吸油和压油,其排量公式与斜盘式轴向柱塞泵完全相同,而用缸体的摆角 β 代替公式中的斜盘倾角 γ 即可。

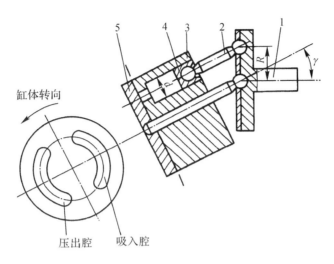

1—传动轴;2—连杆;3—缸体;4—柱塞;5—平面配流盘。

图 3-32　斜轴式轴向柱塞泵工作原理图

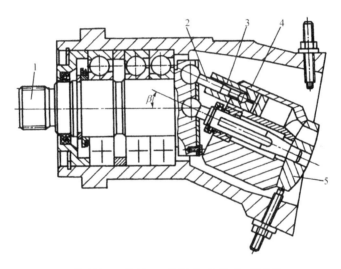

1—传动轴;2—连杆;3—柱塞;4—缸体;5—配流盘。

图 3-33　斜轴式无铰轴向柱塞泵

3.4.2　径向柱塞泵

1. 工作原理

图 3-34 所示为径向柱塞工作原理图。在转子(缸体)2 上径向均匀地排列着柱塞孔,孔中装有柱塞 1,柱塞可在柱塞孔中自由滑动。衬套 3 固定在转子孔内并随转子一起旋转。配流轴 5 固定不动,配流轴的中心与定子中心有偏心 e,定子能左右移动。

转子顺时针方向转动时,柱塞在离心力(或在低压油)的作用下压紧在定子 4 的内壁上。当柱塞转到上半周,柱塞向外伸出,径向孔内的密封工作容积不断增大,产生局部真空,将油箱中的油液经配流轴上的 a 孔进入 b 腔;当柱塞转到下半周,柱塞被定子的表面向里推

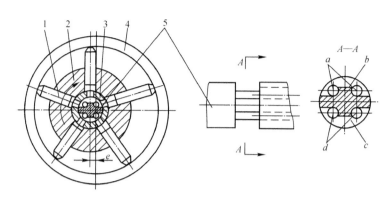

1—柱塞;2—转子;3—衬套;4—定子;5—配流轴。

图 3-34　径向柱塞泵工作原理图

入,密封工作容积不断减小,将 c 腔的油从配流轴上的 d 孔向外压出。转子每转一转,柱塞在每个径向孔内吸、压油各一次。改变定子与转子偏心量 e 的大小,就可以改变泵的排量;改变偏心量 e 的方向,即让偏心量 e 从正值变为负值时,泵的吸、压油方向发生变化。因此,径向柱塞泵可以做成单向或双向变量泵。

由于径向柱塞泵的径向尺寸大,柱塞布置不如前面介绍的轴向布置紧凑,结构复杂,自吸能力差,配流轴受径向不平衡压力的作用,配流轴必须做得直径较粗,以免变形过大。同时在配流轴与衬套之间磨损后的间隙不能自动补偿,泄漏较大。这些原因限制了径向柱塞泵的转速和额定压力的进一步提高。

2. 排量和流量的计算

当径向柱塞泵的转子和定子间的偏心量为 e 时,柱塞在缸体内孔的行程为 $2e$。若柱塞数为 Z,柱塞直径为 d,则泵的排量为

$$V = (\pi d^2/4)2eZ \tag{3-35}$$

若泵的转速为 n,容积效率为 η_V,则泵的实际流量为

$$q = (\pi d^2/4)2eZn\eta_V \tag{3-36}$$

由于柱塞在缸体中径向移动速度是变化的,且各个柱塞在同一瞬时径向移动速度也不一样,所以径向柱塞泵的瞬时流量是脉动的,由于柱塞数为奇数要比柱塞数为偶数的瞬时流量脉动小得多,所以径向柱塞泵采用柱塞个数为奇数。

径向柱塞泵的加工精度要求不太高,但径向尺寸大,结构较复杂,自吸能力差,且配流轴受到径向不平衡液压力的作用,易于磨损,这些都限制了它转速和压力的提高。

3. 典型结构与特点

图 3-35 所示为配流轴式径向柱塞泵的结构。它具有以下特点:

(1)配流轴上吸、压油窗口的两端与吸压油窗口对应的方向开有平衡油槽,用于平衡配流轴上的液压径向力,保证配流轴与缸体之间的径向间隙均匀。这不仅减少了滑动表面的磨损,又减小了间隙泄漏,提高了容积效率。

(2)柱塞头部增加了滑履 6,滑履与定子内圆的接触为面接触,而且接触面实现了静压平衡,接触面的比压很小。

(3)可以实现多泵同轴串联,液压装置结构紧凑。

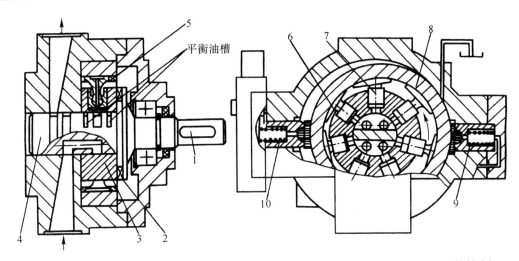

1—传动轴；2—离合器；3—缸体(转子)；4—配流轴；5—压环；6—滑履；7—柱塞；8—定子；9,10—控制活塞。

图 3-35　配流轴式径向柱塞泵

(4)改变定子相对于缸体的偏心距 e 可以改变排量。其变量方式灵活,可以具有多种变量形式。

3.5　液压泵的噪声及其控制

在液压系统的噪声中,液压泵的噪声占有很大的比重。因此,减小液压泵的噪声是液压系统降噪处理中的重要组成部分。

液压泵的噪声大小和液压泵的种类、结构、大小、转速以及工作压力等很多因素有关。且研究结果表明,在各工作参数中,转速对噪声的影响远较压力大。例如对轴向柱塞泵来说,转速增高一倍,噪声增大 8dB(A),而压力增高一倍,噪声增大 3dB(A)。

3.5.1　产生噪声的原因

液压泵产生噪声的原因有:

(1)泵的流量脉动和压力脉动造成泵构件的振动。这种振动有时还可能产生谐振。谐振频率可以是流量脉动频率的 2 倍、3 倍或更大。泵的基本频率及其谐振频率若和机械的或液压的自然频率相一致,则噪声便大大增加。

(2)液压泵在其工作过程中,当吸油容积突然和压油腔相通,或高压容积突然和吸油腔相通时,会产生油液流量和压力的突变,它们对噪声的影响甚大。

(3)气穴现象。

(4)泵内流道具有因突然扩大或收缩、急拐弯、通道截面过小而导致液体紊流、漩涡及喷流。

(5)由于机械原因,如转动部分不平衡,轴承振动等引起的噪声。

3.5.2　降低噪声的措施

降低噪声的措施有:

(1)消除泵内液压的急剧变化。

（2）为吸收泵的流量和压力脉动，在泵出口装设蓄能器或消声器。

（3）装在油箱上的电机和泵应使用橡胶垫减振，电机轴和泵轴间的同轴度要好。

（4）压油管的某一段采用橡胶软管，对泵和管路的连接进行隔振。

（5）防止气穴现象和油中掺混空气现象的发生。

3.6 各类液压泵的性能比较及选用

液压系统的应用范围很广，但归纳起来可以分为两大类，一类统称为固定设备用液压系统，如各类机床、液压机、注塑机、轧钢机等；另一类统称为移动设备用液压系统，如起重机、汽车、飞机等。这两类液压系统在液压泵的选用上有较大的差异。前者原动机一般为电动机，多采用中低压范围，对噪声要求高。而后者原动机一般为内燃机，多采用中、高压范围，对噪声要求低。

选用液压泵时，最主要的是应满足使用要求。要考虑的因素有：

（1）是否要求变量。要求变量选用变量泵，其中单作用叶片泵的工作压力较低，仅适用于机床系统。

（2）工作压力。目前各类液压泵的额定压力都有所提高，但相对而言，柱塞泵的额定压力最高。

（3）工作环境。齿轮泵的抗污染能力最好，因此特别适于工作环境较差的场合。

（4）噪声指标。属于低噪声的液压泵有内啮合齿轮泵、双作用叶片泵和螺杆泵，后两种泵内的瞬时理论流量均匀。

（5）效率。按结构形式分，轴向柱塞泵的总效率最高。而同一种结构的液压泵，排量大的总效率高。同一排量的液压泵，在额定工况（额定压力、额定转速、最大排量）时总效率最高，若工作压力低于额定压力或转速低于额定转速，排量小于最大排量，泵的总效率将下降，甚至下降很多。因此，液压泵应在额定工况（额定压力和额定转速）或接近额定工况的条件下工作。

表3-3列出了各类液压泵的性能及应用。

表3-3 各类液压泵的性能及应用

性能参数	齿轮泵			叶片泵		螺杆泵	柱塞泵			
	内啮合		外啮合	单作用	双作用		轴向		径向	
	渐开线式	摆线式					斜盘式	斜轴式	轴配流	阀盘配流
压力范围/MPa（低压型）（中、高压型）	2.5 ≤30	1.6 16	2.5 ≤30	≤ 6.3	6.3 ≤32	2.5 10	≤40	≤40	35	≤70 或更高
排量范围/mL·r⁻¹	0.3~300	2.5~150	0.3~650	1~320	0.5~480	1~9200	0.2~560	0.2~3600	16~2500	<4200
转速范围/r·min⁻¹	300~4000	1000~4500	3000~7000	500~2000	500~4000	1000~1800	600~6000		700~4000	≤1800
容积效率/%	≤96	80~90	70~95	58~92	80~94	70~95	88~93		80~90	90~95

续表

性能参数	齿轮泵			叶片泵		螺杆泵	柱塞泵			
	内啮合		外啮合	单作用	双作用		轴向		径向	
	渐开线式	摆线式					斜盘式	斜轴式	轴配流	阀盘配流
总效率/%	≤90	65～80	63～87	54～81	65～82	70～85	81～88	81～83	83～86	
流量脉动	小	小	大	中等	小	很小	中等		中等	
功率质量比/(kW/kg)	大	中	中	小	中	小	大	中～大	小	大
噪声	小		大	较大	小	很小	大			
对油液污染敏感性	不敏感			敏感	敏感	不敏感	敏感			
流量调节	不能			能	不能		能			
自吸能力	好			中		好	差			
价格	较低	低	最低	中	中低	高				
应用范围	机床、农业机械、工程机械、航空、船舶、一般机械等			机床、注塑机、工程机械、液压机、飞机等		精密机床及机械、食品化工、石油、纺织机械等	工程机械、运输机械、锻压机械、船舶和飞机、机床和液压机等			

实训 1 液压泵拆装

1. 实训目的

(1)通过对液压泵的拆装,进一步分析、了解其组成和结构特点,以加深对泵工作原理和性能的理解。

(2)培养学生分析问题和解决问题的能力。

2. 实训要求和方法

(1)先看液压泵的三维动态分解图,由教师讲解注意事项,由学生自己动手拆装为主的方式。学生以小组为单位,边拆装边讨论遇到的问题。

(2)拆装时注意不要丢失小的零件,实训要把液压泵拆开然后安装回去。

(3)每次实训后,由指导老师给出思考题作为本次实训的报告内容。

3. 实训内容

(1)拆装齿轮泵。

(2)拆装限压式变量叶片泵(单作用叶片泵)。

(3)拆装定量叶片泵(双作用叶片泵)。

(4)拆装柱塞泵。

本章小结

液压泵是把原动机输入的机械能转换成油液压力能的装置,是液压系统的动力元件,其性能好坏直接关系到液压系统是否能正常工作。本章介绍了容积式泵的工作原理、主要性能、参数排量、流量、压力、功率、效率的定义和它们之间的计算。详细介绍了齿轮泵、叶片泵、柱塞泵等几种典型液压泵的工作原理、典型结构、性能特点等。如:齿轮泵的困油、泄漏、流量脉动、径向力不平衡等现象;叶片泵的叶片倾角、定子曲线、叶片数量等典型结构及限压式变量泵的原理、变量特性;轴向柱塞泵和径向柱塞泵的变量原理及典型结构等。

思考与练习

3-1　什么是容积式液压泵?它是怎样工作的?这种泵的工作压力和输出油量的大小各取决于什么?

3-2　什么是液压泵的公称压力?其大小由什么来决定?

3-3　提高齿轮泵的工作压力所要解决的关键问题是什么?高压齿轮泵有哪些结构特点?

3-4　什么是齿轮泵的困油现象?困油现象有何害处?用什么方法消除困油现象?其他类型的液压泵是否有困油现象?

3-5　试说明齿轮泵的泄漏途径。

3-6　双作用叶片泵定子过渡曲线有哪几种形式?哪一种曲线形式是目前所普遍采用的曲线?为什么?

3-7　限压式变量叶片泵有何特点?适合于什么场合?用何方法来调节其流量—压力特性?

3-8　试详细分析轴向柱塞泵引起容积效率降低的原因。

3-9　为什么柱塞式轴向变量泵倾斜盘倾角 γ 小时容积效率低?试分析它的原因。

3-10　当泵的额定压力和额定流量为已知时,试说明图中各工况下泵工作压力的读数(管道压力损失除图(c)为 Δp 外,其余均忽略不计,图(e)的 q_M 是马达排量)。

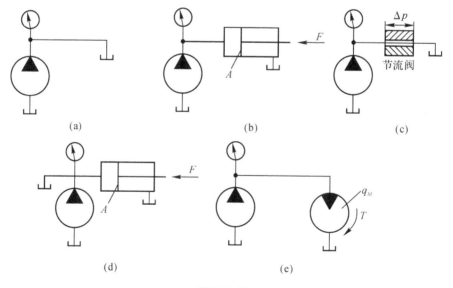

题 3-10 图

3-11　已知 CB-B100 齿轮泵的额定流量 $q=100\text{L/min}$,额定压力 $p=25\times10^5\text{Pa}$,泵的转速 $n=1450\text{r/min}$,泵的机械效率 $\eta_m=0.9$。由实验测得:当泵的出口压力 $p=0$ 时,其流

量 $q_1=106L/min$；$p=25×10^5Pa$ 时，其流量 $q_2=100.7L/min$。1）求该泵的容积效率 η_v；2）如泵的转速降至 $600r/min$，在额定压力下工作时，估算此时泵的流量 q' 为多少？该转速下泵的容积效率 η_v 为多少？

3-12　某变量叶片泵（即单作用叶片泵）转子外径 $d=83mm$，定子内径 $D=89mm$，叶片宽度 $B=30mm$，调节变量时定子和转子之间最小间隙不小于 $0.5mm$。求：1）叶片泵排量为 $16mL/r$ 时的偏心量 e；2）叶片泵最大可能的排量 V_{max}。

3-13　已知轴向柱塞泵的额定压力为 $p=16MPa$，额定流量 $q=330L/min$，设液压泵的总效率为 $\eta=0.9$，机械效率为 $\eta_m=0.93$。求：1）驱动泵所需的额定功率；2）计算泵的泄漏流量。

3-14　ZB75 型轴向柱塞泵有七个柱塞，柱塞直径 $d=23mm$，柱塞中心分布圆直径 $D_0=71.5mm$。问当斜盘倾斜角 $\gamma=20°$ 时液压泵的排量 V_0 等于多少？当转速 $n=1500r/min$ 时，设已知容积效率 $\eta_v=0.93$。问液压泵的流量 q 应等于多少？

3-15　直轴式轴向柱塞泵斜盘倾角 $\gamma=20°$，柱塞直径 $d=22mm$，柱塞分布圆直径 $D_0=68mm$，柱塞数 $Z=7$，机械效率 $\eta_m=0.90$，容积效率 $\eta_v=0.97$，泵转速 $1450r/min$，输出压力 $p_s=28MPa$。试计算：1）平均理论流量；2）实际输出的平均流量；3）泵的输入功率。

本章资源

第4章 液压执行元件

【本章内容提要】

液压执行元件包括液压缸和液压马达,其功能是将液体的压力能转变为机械能输出,驱动工作机构做功。二者的不同在于液压马达是实现连续的旋转运动,输出扭矩和转速;液压缸是实现往复直线运动(或往复摆动),输出力和速度(或扭矩和角速度)。本章主要介绍各类液压马达和液压缸的性能参数、结构特点和在系统中的应用等。在本章最后介绍了液压缸的设计计算。

【基本要求、重点和难点】

基本要求:①通过学习,要求掌握液压马达和液压缸的性能参数、结构特点。②了解液压缸的设计过程。

重点:掌握液压马达的性能参数、结构特点;掌握液压缸性能参数的计算。

难点:高速马达和低速大扭矩马达的典型结构;液压缸的设计计算。

4.1 液压马达

4.1.1 液压马达的工作原理及分类

液压马达的结构原理和液压泵基本相同,也是靠工作腔密封容积的容积变化而工作的。从转速、转矩范围分,可分为高速液压马达和低速大扭矩液压马达两种。一般认为,额定转速在 500r/min 以上的为高速液压马达,额定转速在 500r/min 以下的为低速液压马达。高速液压马达有齿轮马达、叶片马达、轴向柱塞马达、螺杆马达等。低速液压马达有曲柄连杆马达、静力平衡马达和多作用内曲线马达等。

与液压泵类似,液压马达按排量能否改变可分为定量马达和变量马达。液压马达一般双向旋转,也可以单向旋转。双向液压马达的图形符号如图 4-1 所示。

马达和泵在工作原理上是互逆的,当向泵输入压力油时,其轴输出转速和转矩就成为马达。但由于二者的任务和要求有所不同,故在实际结构上只有少数泵能作马达使用。

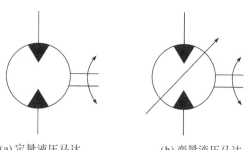

(a)定量液压马达　　　　　(b)变量液压马达

图 4-1　双向液压马达图形

4.1.2　液压马达的性能参数

1. 工作压力和额定压力

马达入口油液的实际压力称为马达的工作压力,其大小取决于马达的负载。马达入口压力和出口压力的差值称为马达的压差。在马达出口直接接油箱的情况下,为便于定性分析问题,通常近似认为马达的工作压力等于工作压差。

马达在正常工作条件下,按试验标准规定连续正常运转的最高压力称为马达的额定压力。

2. 流量和排量

马达入口处的流量称为马达的实际流量 q_M。马达密封腔容积变化所需要的流量称为马达的理论流量 q_{Mt}。实际流量和理论流量之差即为马达的泄漏量 Δq_{Ml},则 $\Delta q_{Ml} = q_M - q_{Mt}$。

马达的排量 V 是指在没有泄漏的情况下,马达轴每转一周,由其密封容腔几何尺寸变化所计算得到的排出液体体积。

3. 容积效率和转速

液压马达的理论流量 q_{Mt} 与实际流量 q_M 之比为马达的容积效率 η_{Mv}

$$\eta_{Mv} = \frac{q_{Mt}}{q_M} = 1 - \frac{q_{Ml}}{q_M} \qquad (4-1)$$

马达的输出转速等于理论流量 q_{Mt} 与排量 V 的比值,有

$$n = \frac{q_{Mt}}{V} = \frac{q_M}{V} \eta_{Mv} \qquad (4-2)$$

4. 转矩和机械效率

马达的输出转矩称为实际输出转矩 T_M。由于马达中存在机械摩擦,使马达的实际输出转矩 T_M 小于理论转矩 T_{Mt},若液压马达的转矩损失为 T_{Mf},则 $T_{Mf} = T_{Mt} - T_M$。

马达的实际输出转矩 T_M 与理论转矩 T_{Mt} 之比称为马达的机械效率 η_{Mm}

$$\eta_{Mm} = \frac{T_M}{T_{Mt}} = 1 - \frac{T_{Mf}}{T_{Mt}} \qquad (4-3)$$

设马达的进出口压力差为 Δp,排量为 V,则马达的理论输出转矩与泵有相同的表达形式,即

$$T_{Mt} = \frac{\Delta p V}{2\pi} \qquad (4-4)$$

则马达的实际输出转矩为

$$T_M = \frac{\Delta p V}{2\pi} \eta_{Mm} \qquad (4-5)$$

5. 功率和总效率

马达的输入功率 P_{Mi} 为

$$P_{Mi} = \Delta p q_M \qquad (4-6)$$

马达的输出功率 P_{Mo} 为

$$P_{Mo} = 2\pi n T_M \qquad (4-7)$$

马达的总效率等于马达的输出功率 P_{Mo} 与输入功率 P_{Mi} 之比,即

$$\eta_M = \frac{P_{Mo}}{P_{Mi}} = \frac{2\pi n T_M}{\Delta p q_M} = \eta_{Mv}\eta_{Mm} \tag{4-8}$$

由上式可见,液压马达的总效率形式上等同于液压泵的总效率,都等于机械效率与容积效率的乘积。图 4-2 所示为液压马达的特性曲线。

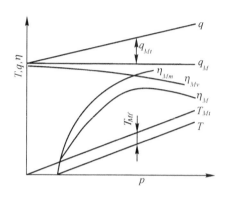

图 4-2　液压马达特性曲线

4.1.3　高速液压马达

1. 齿轮液压马达

外啮合齿轮液压马达工作原理如图 4-3 所示。图中 Ⅰ 为转矩输出齿轮,Ⅱ 为空转齿轮,啮合点 C 至两齿轮中心的距离分别为 R_{c1} 和 R_{c2}。当高压油 p_b 进入马达的高压腔时,处于高压腔内的所有齿轮都受到压力油的作用,由于 $R_{e1} > R_{c1}$,$R_{e2} > R_{c2}$,所以相互啮合的两个齿面只有一部分处于高压腔。这样两个齿轮处于高压腔的两个齿面所受到的切向液压力,对各齿轮轴的力矩是不平衡的。两个齿轮各自受到不平衡的切向液压力,分别形成了力矩 $T_1{}'$、$T_2{}'$;同理,处于低压腔的各齿面所受到的低压液压力也是不平衡的,对两齿轮轴分别形成了反方向的力矩 $T_1{}''$、$T_2{}''$。此时齿轮 Ⅰ 上的不平衡力矩 $T_1 = T_1{}' - T_1{}''$,齿轮 Ⅱ 上的不平衡力矩为 $T_2 = T_2{}' - T_2{}''$。

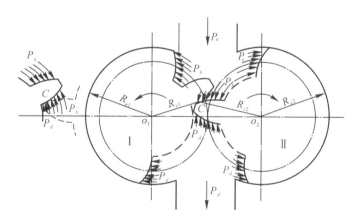

图 4-3　外啮合齿轮液压马达工作原理

所以在马达输出轴上产生了总转矩 $T=T_1+T_2\dfrac{R_1}{R_2}$（式中 R_1、R_2 为齿轮 Ⅰ 和 Ⅱ 的节圆直径），从而克服负载力矩而按图中箭头所示方向旋转。随着齿轮的旋转，高压腔油液被带到低压腔排出，齿轮液压马达的排量公式同齿轮泵一样。

齿轮马达在结构上为了适应正反转要求，进出油口相等，具有对称性，有单独外泄口将轴承部分的泄漏油引出壳体外。为了减少启动摩擦力矩，采用滚动轴承；为了减少转矩脉动，齿轮液压马达的齿数比泵的齿数要多。

齿轮液压马达由于密封性差，容积效率较低，输入油压力不能过高，不能产生较大转矩，并且瞬间转速和转矩随着啮合点的位置变化而变化，因此齿轮液压马达仅适合高速小转矩的场合。一般用于工程机械、农业机械以及对转矩均匀性要求不高的机械设备上。

2. 叶片液压马达

图 4-4 所示为双作用式叶片液压马达工作原理图。处于工作区段（即圆弧区段）的叶片 1 和叶片 3 都作用有液压推力，但因叶片 1 的承压面积及其合力中心的半径都比叶片 3 大，故产生转矩（其方向如图中箭头所示），同时叶片 5 和 7 也产生相同的驱动转矩。处于高压窗口上的叶片 2 和 6，其两侧作用的液压力相同，对它无转矩作用，但通往叶片底部的压力油会产生一定的压紧力，在过渡区段此力的理论反力在定子曲线的法线方向，其分力会对转子体有一转矩作用，而且低压区叶片与高压区叶片的转矩方向相反。考虑到高压区叶片顶部也作用有高压油（其合力比底部略小），压力基本平衡，故高压油压紧力产生的转矩可以忽略。而低压区的这一转矩不能忽略，其方向与工作叶片 1 的转矩方向相反，马达在此转矩差的驱动下克服摩擦及轴上的负载转矩而转动。

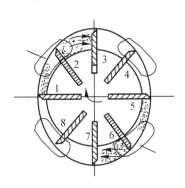

图 4-4 　双作用式叶片液压马达工作原理图

叶片液压马达的排量公式与双作用叶片泵排量公式相同，但公式中叶片槽相对于径向倾斜角 $\theta=0$。

为了适应马达正反转要求，叶片液压马达的叶片为径向放置，为了使叶片底部始终通入高压油，在高、低油腔通入叶片底部的通路上装有梭阀。为了保证叶片液压马达在压力油通入后，高、低压不致串通而能正常启动，在叶片底部设置了预紧弹簧——燕式弹簧。

叶片液压马达结构紧凑，转动惯量小，反应灵敏，能适应较高频率的换向。但泄漏较大，低速时不够稳定。它适用于转动惯量小，转速高，机械性能要求不严格的场合。

3. 轴向柱塞马达

轴向柱塞马达的工作原理如图 4-5 所示。当压力油输入液压马达时，处于压力腔的柱塞 2 被顶出,压在斜盘 1 上。设斜盘 1 作用在柱塞 2 上的反作用力为 F_N,F_N 可分解为轴向分力 F_a 和垂直于轴向的分力 F_r。其中,轴向分力 F_a 和作用在柱塞后端的液压力相平衡,垂直于轴向的分力 F_r 使缸体 3 产生转矩。当液压马达的进、出油口互换时,马达将反向转动,当改变马达斜盘倾角时,马达的排量便随之改变,从而可以调节输出转速或转矩。

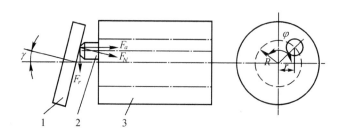

1—斜盘;2—柱塞;3—缸体。

图 4-5　轴向柱塞马达的工作原理

从图 4-5 可以看出,当压力油输入液压马达后,所产生的轴向分力 F_a 为

$$F_a = \frac{\pi}{4} d^2 p \tag{4-9}$$

使缸体 3 产生转矩的垂直分力为

$$F_r = F_a \tan\gamma = \frac{\pi}{4} d^2 p \tan\gamma \tag{4-10}$$

单个柱塞产生的瞬时转矩为

$$T_i = F_r R \sin\varphi_i = \frac{\pi}{4} d^2 p R \tan\gamma \sin\varphi_i \tag{4-11}$$

液压马达总的输出转矩

$$T = \sum_{i=1}^{N} T_i = \frac{\pi}{4} d^2 p R \tan\gamma \sum_{i=1}^{N} \sin\varphi_i \tag{4-12}$$

式中:R——柱塞在缸体的分布圆半径;

　　d——柱塞直径;

　　φ_i——柱塞的方位角;

　　N——压力腔半圆内的柱塞数。

可以看出,液压马达总的输出转矩等于处在马达压力腔半圆内各柱塞瞬时转矩的总和。由于柱塞的瞬时方位角呈周期性变化,液压马达总的输出转矩也周期性变化,所以液压马达输出的转矩是脉动的。通常只计算马达的平均转矩。

轴向柱塞马达与轴向柱塞泵在原理上是互逆的,但也有一部分轴向柱塞泵为防止柱塞腔在高、低压转换时产生压力冲击而采用非对称配油盘,以及为提高泵的吸油能力而使泵的吸油口尺寸大于排油口尺寸。这些结构形式的泵就不适合用作液压马达。因为液压马达的转向经常要求正、反转旋转,内部结构要求对称。

轴向柱塞马达的排量公式与轴向柱塞泵的排量公式完全相同。

4.1.4　低速液压马达

低速液压马达通常是径向柱塞式。其特点是:排量大,体积大,低速稳定性好(一般可在 10r/min 以下平稳运转,有的可低到 0.5r/min 以下),因此可以直接与工作机构连接,不需要减速装置,使传动结构大为简化。低速马达输出扭矩大,可达几千 N·m 到几万 N·m,所以又称低速大扭矩液压马达。由于上述特点,低速大扭矩液压马达被广泛用于起重、运输、建筑、矿山和船舶等机械上。

低速液压马达按其每转作用次数,可分单作用式和多作用式。若马达每旋转一周,柱塞做一次往复运动,称为单作用式;若马达每旋转一周,柱塞做多次往复运动,称为多作用式。低速液压马达的基本形式有三种:曲柄连杆型马达、静力平衡马达和多作用内曲线马达。

1. 曲柄连杆型马达

曲柄连杆型马达应用较早,典型代表为英国斯达发(Staffa)液压马达。我国的同类型号为 JMZ 型,其额定压力为 16MPa,最高压力为 21MPa,理论排量最大可达 6.140L/min。图4-6(a)所示是曲柄连杆型径向柱塞马达的工作原理。

马达由壳体、曲柄、连杆、活塞组件、曲轴及配油轴组成。壳体 1 内沿圆周呈放射状均匀布置了五只缸体,形成星形壳体;缸体内装有活塞 2,活塞 2 与连杆 3 通过球绞连接,连杆大端做成鞍型圆柱瓦面,紧贴在曲轴 4 的偏心圆上。其圆心为 O_1,它与曲轴旋转中心 O 的偏心矩 $OO_1 = e$。液压马达的配流轴 5 与曲轴 4 通过十字键联接在一起,随曲轴一起转动。马达的压力油经过配流轴通道,由配流轴分配到对应的活塞油缸。在图中,油缸的①、②、③腔通压力油,活塞受到压力油的作用;其余的活塞油缸则与排油窗口接通。根据曲柄连杆机构运动原理,受油压作用的柱塞就通过连杆对偏心圆中心 O_1 作用一个力 F,推动曲轴绕旋转中心 O 转动,对外输出转速和扭矩。如果进、排油口对换,液压马达也就反向旋转。随着驱动轴、配流轴转动,配流状态交替变化。在曲轴旋转过程中,位于高压侧的油缸容积逐渐增大,而位于低压侧的油缸的容积逐渐缩小,因此,在工作时高压油不断进入液压马达,然后由低压腔不断排出。

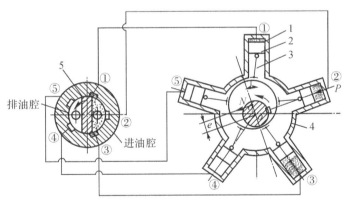

1—壳体;2—活塞;3—连杆;4—曲轴;5—配流轴。

图 4-6　曲柄连杆型马达工作原理

总之,由于配流轴过渡密封间隔的方位和曲轴的偏心方向一致,并且同时旋转,所以配流轴颈的进油窗口始终对着偏心线 OO_1 的一边的两只或三只油缸,吸油窗对着偏心线 OO_1 另一边的其余油缸,总的输出扭矩是叠加了所有柱塞对曲轴中心所产生的扭矩,该扭矩使得旋转运动得以持续下去。

以上讨论的是壳体固定轴旋转的情况。如果将轴固定,进、排油直接通到配流轴中,就能达到外壳旋转的目的,构成了所谓的车轮马达。

曲柄连杆型马达的排量为 V,有

$$V = \frac{\pi d^2 ez}{2}$$ (4-13)

式中:d——柱塞直径;

　　e——曲柄偏心距;

　　z——柱塞数。

2. 静力平衡马达

静力平衡马达也叫无连杆马达,是从曲柄连杆型液压马达改进、发展而来的。它的主要特点是取消了连杆,并且在主要摩擦副之间实现了油压静力平衡,所以改善了工作性能。典型代表为英国罗斯通(Roston)马达,国内也有不少产品,并已经在船舶机械、挖掘机以及石油钻探机械上使用。

静力平衡马达的工作原理如图 4-7 所示。液压马达的偏心轴与曲轴的形式相类似,其既是输出轴,又是配流轴。五星轮 3 套在偏心轴的凸轮上,在它的五个平面中各嵌装一个压力环 4,压力环的上平面与空心柱塞 2 的底面接触,柱塞中间装有弹簧以防止液压马达启动或空载运转时柱塞底面与压力环脱开。高压油经配流轴中心孔道通到曲轴的偏心配流部分,然后经五星轮中的径向孔、压力环、柱塞底部的贯通孔而进入油缸的工作腔内,在图示位置时,配流轴上方的三个油缸通高压油,下方的两个油缸通低压油。

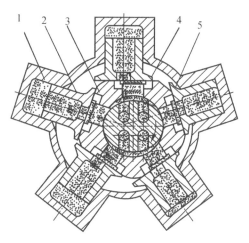

1—壳体;2—柱塞;3—五星轮;4—压力环;5—配流轴。

图 4-7　静力平衡马达

在这种结构中,五星轮取代了曲柄连杆型液压马达中的连杆,压力油经过配流轴和五星轮再到空心柱塞中去。液压马达的柱塞与压力环、五星轮与曲轴之间可以大致做到静压平衡。在工作过程中,这些零件又要起密封和传力作用。由于是通过油压直接作用于偏心轴而产生输出扭矩的,因此,称作为静力平衡液压马达。实际上,只有当五星轮上液压力达到完全平衡,使得五星轮处于"悬浮"状态时,液压马达的扭矩才是完全由液压力直接产生的;否则,五星轮与配流轴之间仍然有机械接触的作用力及相应的摩擦力矩存在。

3. 多作用内曲线马达

多作用内曲线液压马达的结构形式很多。就使用方式而言,有轴转、壳转与直接装在车轮的轮毂中的车轮式液压马达等型式。而从内部的结构来看,根据不同的传力方式、柱塞部件的结构可有多种型式,但液压马达的主要工作过程是相同的。现以图 4-8 为例来说明其基本工作原理。

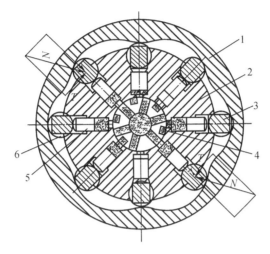

1—凸轮环;2—转子;3—横梁;4—配流轴;5—柱塞;6—滚轮。

图 4-8　多作用内曲线液压马达结构原理

液压马达由定子 1(凸轮环)、转子 2、配流轴 4 与柱塞 5 等主要部件组成。定子 1 的内壁由若干段均布的、形状完全相同的曲面组成,每一相同形状的曲面又可分为对称的两边,其中允许柱塞副向外伸的一边称为进油工作段,与它对称的另一边称为排油工作段,每个柱塞在液压马达每转中往复的次数就等于定子曲面数 x,我们将 x 称为该液压马达的作用次数。在转子的径向有 z 个均匀分布的柱塞缸孔,每个缸孔的底部都有一配流窗口,并与它的中心配流轴 4 相配合的配流孔相通。配流轴 4 中间有进油和回油的孔道,它的配流窗口的位置与导轨曲面的进油工作段和回油工作段的位置相对应,所以在配流轴圆周上有 $2x$ 个均布配流窗口。柱塞 5 沿转子 2 上的柱塞缸孔做往复运动,作用在柱塞上的液压力经滚轮传递到定子的曲面上。

来自液压泵的高压油首先进入配流轴,经配流轴窗口进入处于工作段的各柱塞缸孔中,使相应的柱塞组的滚轮顶在定子曲面上。在接触处,定子曲面给柱塞组一反力 N,这反力 N 作用在定子曲面与滚轮接触处的公法面上。此法向反力 N 可分解为径向力 F_R 和圆周力 F_a。F_R 与柱塞底面的液压力以及柱塞组的离心力相平衡,而 F_a 所产生的驱动力矩则克服负载力矩使转子 2 旋转。柱塞所做的运动为复合运动,即随转子 2 旋转的同时并在转子的柱塞缸孔内做往复运动,定子和配流轴是不转的。而对应于定子曲面回油区段的柱塞做相反方向运动,通过配流轴回油。当柱塞 5 经定子曲面工作段过渡到回油段的瞬间,供油和回油通道被闭死。

若将液压马达的进出油方向对调,液压马达将反转;若将驱动轴固定,则定子、配流轴和壳体都将旋转,通常称为壳转工况,并变为车轮马达。

多作用内曲线马达的排量 V 为

$$V = \frac{\pi d^2}{4} sxyz \tag{4-14}$$

式中：d，s——柱塞直径及行程；

　　　x——作用次数；

　　　y——柱塞排数；

　　　z——每排柱塞数。

当多作用内曲线马达在柱塞数 z 与作用次数 x 之间存在一个大于 1 小于 z 的最大公约数 m 时，通过合理设计导轨曲面，可使径向力平衡，理论输出转矩均匀无脉动。同时马达的启动转矩大，并能在低速下稳定地运转，故普遍应用于工程、建筑、起重运输、煤矿、船舶、农业等机械中。

4.1.5　各类马达的性能比较及其选用

选择液压马达时，应根据液压系统所确定的压力、排量、设备结构尺寸、使用要求、工作环境等合理选定马达的具体类型和规格。

若工作机构速度高、负载小，宜选用齿轮马达或叶片马达；速度平稳性要求高时，应选用双作用叶片马达；当负载较大时，则宜选用轴向柱塞马达。若工作机构速度低、负载大，则有两种方案选择：一种是用高速小扭矩马达，配合减速装置来驱动工作机构；一种是选用低速大扭矩马达，直接驱动工作机构。到底选用哪种方案，要经过技术经济比较才能确定。常用液压马达的性能比较见表 4-1，供选用时参考。

表 4-1　常用液压马达性能比较

类　型	压　力	排　量	转　速	扭　矩	性能及适用工况
齿轮马达	中低	小	高	小	结构简单，价格低，抗污染性好，效率低。用于负载扭矩不大，速度平稳性要求不高，噪声限制不大及环境粉尘较大的场合
叶片马达	中	小	高	小	结构简单，噪声和流量脉动小。适于负载扭矩不大，速度平稳性和噪声要求较高的条件
轴向柱塞马达	高	小	高	较大	结构复杂，价格高，抗污染性差，效率高，可变量。用于高速运转，负载较大，速度平稳性要求较高的场合
曲柄连杆式径向柱塞马达	高	大	低	大	结构复杂，价格高，低速稳定性和启动性能较差。适用于负载扭矩大，速度低（5～10r/min），对运动平稳性要求不高的场合
静力平衡马达	高	大	低	大	结构复杂，价格高，尺寸比曲柄连杆式径向柱塞马达小。适用于负载扭矩大，速度低（5～10r/min），对运动平稳性要求不高的场合
内曲线径向柱塞马达	高	大	低	大	结构复杂，价格高，径向尺寸较大，低速稳定性和启动性能好。适用于负载扭矩大，速度低（0～40r/min），对运动平稳性要求高的场合，用于直接驱动工作机构

4.2　液压缸

液压缸是液压传动系统的执行元件,它是将油液的压力能转换变成机械能,实现往复直线运动或摆动的能量转换装置。液压缸结构简单,制造容易,用来实现直线往复运动尤其方便,应用范围广泛。

4.2.1　液压缸分类及计算

液压缸的种类很多,可以按工作压力、使用领域、工作特点、结构形式和作用等不同的归类方法进行分类。表 4-2 是按液压缸结构形式和作用分类的名称、符号和说明。

表 4-2　液压缸分类名称、符号和说明

分　类	名　称	符　号	说　明
单作用液压缸	单活塞杆液压缸		活塞仅单向液压驱动,返回行程是利用自重或负载将活塞推回
	双活塞杆液压缸		活塞的两侧都装有活塞杆,但只向活塞一侧供给压力油,返回行程通常利用弹簧力、重力或外力
	柱塞式液压缸		柱塞仅单向液压驱动,返回行程通常是利用自重或负载将柱塞推回
	伸缩液压缸		柱塞为多段套筒形式,它以短缸获得长行程,用压力油从大到小逐节推出,靠外力由小到大逐节缩回
双作用液压缸	单活塞杆液压缸		单边有活塞杆,双向液压驱动,双向推力和速度不等
	双活塞杆液压缸		双边有活塞杆,双向液压驱动,可实现等速往复运动
	伸缩液压缸		套筒活塞可双向液压驱动,伸出由大到小逐节推出,由小到大逐节缩回
组合液压缸	弹簧复位液压缸		单向液压驱动,由弹簧力复位
	增压缸(增压器)		由大小两油缸串联而成,由低压大缸 A 驱动,使小缸 B 获得高压油源
	齿条传动液压缸		活塞的往复运动经装在一起的齿条驱动齿轮获得往复回转运动
摆动液压缸			输出轴直接输出扭矩,往复回转角度小于 $360°$

液压缸可以看作直线马达(或摆动马达),其单位位移排量即为液压缸的有效面积 A。当液压缸的回油压力为零且不计损失时,输出速度 v 等于输入流量 q 除以面积 A,输出推力 F 等于输入压力 p 乘以面积 A,即输入液压功率 pq 等于输出机械功率 Fv。

1. 双杆活塞式液压缸

图 4-9 所示为双杆活塞式液压缸的工作原理图,活塞两侧都有活塞杆伸出。当两活塞杆直径相同,供油压力和流量不变时,活塞式液压缸在两个方向上的运动速度和推力都相等,即

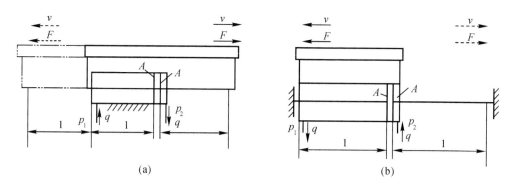

图 4-9 双活塞杆液压缸

$$v = \frac{q}{A} = \frac{4q\eta_V}{\pi(D^2 - d^2)} \tag{4-15}$$

$$F = \frac{\pi}{4}(D^2 - d^2)(p_1 - p_2)\eta_m \tag{4-16}$$

式中: v——液压缸的运动速度;

$\quad\quad F$——液压缸的推力;

$\quad\quad \eta_V, \eta_m$——液压缸的容积效率和机械效率;

$\quad\quad q$——液压缸的流量;

$\quad\quad p_1, p_2$——液压缸进油压力和回油压力;

$\quad\quad D, d$——缸筒直径和活塞杆直径;

$\quad\quad A$——液压缸的有效工作面积。

这种液压缸常用于要求往返运动速度相同的场合。

图 4-9(a)所示为缸体固定式结构,当液压缸的左腔进油,推动活塞向右移动,右腔活塞杆向外伸出,左腔活塞杆向内缩进,液压缸右腔油液回油箱;反之,活塞反向运动。图 4-9(b)所示为活塞杆固定式结构,当液压缸的左腔进油时,推动缸体向左移动,右腔回油;反之,当液压缸的右腔进油时,缸体则向右运动。这类液压缸常用于中、小型设备中。

2. 单杆活塞式液压缸

图 4-10 所示为双作用单活塞杆液压缸,活塞杆只从液压缸的一端伸出,液压缸的活塞在两腔有效作用面积不相等,当向液压缸两腔分别供油,且压力和流量都不变时,活塞在两个力方向上的运动速度和推力都不相等,即运动具有不对称性。

如图 4-10(a)所示,当无杆腔进油时,活塞的运动速度 v_1 和推力 F_1 分别为

$$v_1 = \frac{q}{A_a}\eta_V = \frac{4q\eta_V}{\pi D^2} \tag{4-17}$$

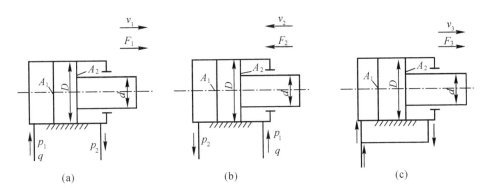

图 4-10 单活塞杆液压缸

$$F_1 = (p_1 A_1 - p_2 A_2)\eta_m = \frac{\pi}{4}\left[D^2 p_1 - (D^2 - d^2)p_2\right]\eta_m \tag{4-18}$$

如图 4-10(b)所示,当有杆腔进油时,活塞的运动速度 v_2 和推力 F_2 分别为

$$v_2 = \frac{q}{A_2}\eta_V = \frac{4q\eta_V}{\pi(D^2 - d^2)} \tag{4-19}$$

$$F_2 = (p_1 A_2 - p_2 A_1)\eta_m = \frac{\pi}{4}\left[(D^2 - d^2)p_1 - D^2 p_2\right]\eta_m \tag{4-20}$$

比较上述各式,可以看出: $v_2 > v_1$,$F_1 > F_2$;液压缸往复运动时的速度比为

$$\lambda = \frac{v_2}{v_1} = \frac{1}{1 - \left(\dfrac{d}{D}\right)^2} \tag{4-21}$$

上式表明,活塞杆直径越小,速度比越接近 1,液压缸在两个方向上的速度差就越小。

如图 4-10(c)所示,液压缸差动连接时,活塞的运动速度 v_3 和推力 F_3 分别为

$$v_3 = \frac{q}{A_1 - A_2}\eta_V = \frac{4q\eta_V}{\pi d^2} \tag{4-22}$$

$$F_3 = p_1(A_1 - A_2)\eta_m = \frac{\pi}{4}d^2 p_2 \eta_m \tag{4-23}$$

当单杆活塞缸两腔同时通入压力油时,由于无杆腔有效作用面积大于有杆腔的有效作用面积,使得活塞向右的作用力大于向左的作用力,因此,活塞向右运动,活塞杆向外伸出;与此同时,又将有杆腔的油液挤出,使其流进无杆腔,从而加快了活塞杆的伸出速度,单活塞杆液压缸的这种连接方式被称为差动连接。差动连接时,液压缸的有效作用面积是活塞杆的横截面积,工作台运动速度比无杆腔进油时的速度大,而输出力则减小。差动连接是在不增加液压泵容量和功率的条件下,实现快速运动的有效办法。

3. 柱塞式液压缸

前面所讨论的活塞式液压缸的应用非常广泛,但这种液压缸由于缸孔加工精度要求很高,当行程较长时,加工难度大,使得制造成本增加。在生产实际中,某些场合所用的液压缸并不要求双向控制,柱塞式液压缸正是满足了这种使用要求的一种价格低廉的液压缸。

图 4-11(a)所示,柱塞缸由缸筒、柱塞、导套、密封圈和压盖等零件组成,柱塞和缸筒内壁不接触,因此缸筒内孔不需精加工,工艺性好,成本低。柱塞式液压缸是单作用的,它的

回程需要借助自重或弹簧等其他外力来完成,如果要获得双向运动,可将两柱塞液压缸成对使用(见图 4-11(b))。柱塞缸的柱塞端面是受压面,其面积大小决定了柱塞缸的输出速度和推力,为保证柱塞缸有足够的推力和稳定性,一般柱塞较粗,重量较大,水平安装时易产生单边磨损,故柱塞缸适宜于垂直安装使用。为减轻柱塞的重量,有时制成空心柱塞。

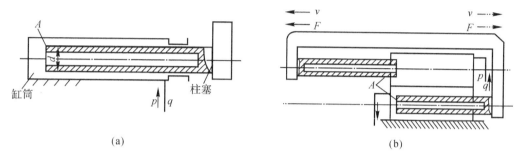

图 4-11   柱塞式液压缸

柱塞缸结构简单,制造方便,常用于工作行程较长的场合,如大型拉床、矿用液压支架等。柱塞缸产生的运动速度和推力为

$$v_3 = \frac{q}{A}\eta_V = \frac{4q\eta_V}{\pi d^2} \tag{4-24}$$

$$F_3 = pA\eta_m = \frac{\pi}{4}d^2 p\eta_m \tag{4-25}$$

4. 伸缩式液压缸

伸缩式液压缸又称多级液压缸,当安装空间受到限制而行程要求很长时可以采用这种液压缸,如某些汽车起重机液压系统中的吊臂缸。

图 4-12 所示为双作用伸缩液压缸结构图。当通入压力油时,活塞有效面积最大的缸筒以最低油压力开始伸出,当行至终点时,活塞有效面积次之的缸筒开始伸出。外伸缸筒有效面积越小,工作油液压力越高,伸出速度加快。各级压力和速度可按活塞式液压缸的有关公式来计算。

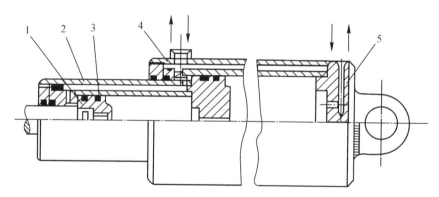

1—活塞;2—套筒;3—O形密封圈;4—缸筒;5—缸盖。

图 4-12   双作用伸缩液压缸

除双作用伸缩液压缸外,还有一种柱塞式单作用伸缩液压缸,其原理图如图 4-13 所示。当油口接通压力油时,柱塞由面积大的至面积小的逐次伸出;当油口接回油箱时,柱塞

在外负载或自重的作用下,由小到大逐个缩回。在此
结构中,负载与最小面积的柱塞直接相连。

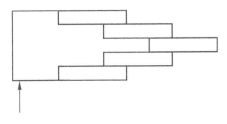

图 4-13 单作用伸缩液压缸

综上所述,伸缩缸有如下特点:

①伸缩缸工作的行程可以相当长,不工作时整个
缸的长度可以缩得较短。

②伸缩缸逐个伸出时,有效工作面积逐次减小。
因此,当输入流量相同时,外伸速度逐次增大;当负载
恒定时,液压缸的工作压力逐次提高。

③单作用伸缩缸的外伸依靠油压,内缩依靠自重或负载作用,因此,多用于缸倾斜或垂
直放置的场合。

5. 齿条活塞液压缸

齿条活塞液压缸也称无杆液压缸,其工作原理图如图 4-14 所示。压力油进入液压缸
后,推动具有齿条的双作用活塞缸做直线运动,齿条带动齿轮旋转,从而带动进刀机构、回
转工作台转位、装载机的铲斗回转等。

传动轴输出转矩 T_M 及输出角速度 ω 分别为

$$T_M = \frac{\pi}{8} \Delta p D^2 D_i \eta_m$$

$$\omega = \frac{8 q \eta_V}{\pi D^2 D_i}$$

式中:Δp——液压缸左右两腔压力差;

q——进入液压缸的流量;

D——活塞直径;

D_i——齿轮分度圆直径。

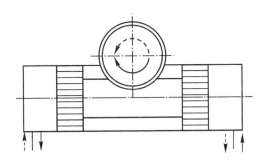

图 4-14 齿条活塞液压缸

6. 增压缸

增压缸也称增压器,它能将输入的低压油转变成高压油,以供液压系统中的高压支路使
用。增压缸如图 4-15 所示。它由有效面积为 A_1 的大液压缸和有效面积为 A_2 的小液压缸
在机械上串联而成。当大液压缸输入压力为 p_1 的液压油时,小液压缸输出压力为 p_2,则有

$$p_2 = \frac{A_1}{A_2} p_1 \eta_m = K p_1 \eta_m \tag{4-26}$$

式中,$K = A_1/A_2$ 称为增压比,它表示增压缸的增压能力。可以看出,增压能力是在降

低有效流量的基础上得到的。

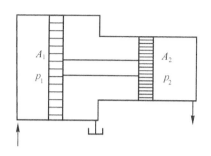

图 4-15　增压缸

7. 摆动液压缸

摆动液压缸又称摆动液压马达,是一种输出轴能直接输出扭矩、往复回转角度小于360°的回转式液压缸。其一般为叶片式,由于叶片与隔板有一定的厚度,因此实际能实现的最大回转角度约为270°。

图 4-16 所示为单叶片摆动液压缸,主要由定子块 1、缸体 2、摆动轴 3、叶片 4、左右支承盘和左右盖板等主要零件组成。两个工作腔之间的密封靠叶片和隔板外缘所嵌的框形密封件来保证,定子块固定在缸体上,叶片和摆动轴固连在一起,当两个油口相继通以压力油时,叶片即带动摆动轴做往复摆动。当考虑到机械效率时,单叶片缸的摆动轴输出转矩为

$$T = \frac{zb(D^2 - d^2)\Delta p \eta_m}{4} \tag{4-27}$$

$$\omega = \frac{8q\eta_V}{zb(D^2 - d^2)} \tag{4-28}$$

式中:D——缸体内孔直径;

　　　d——摆动轴直径;

　　　b——叶片宽度;

　　　Δp——进出口压力差。

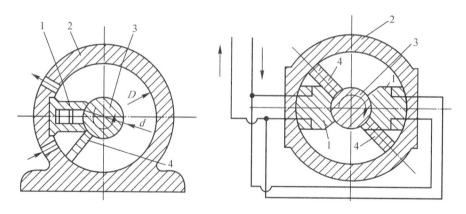

1—定子块;2—缸体;3—摆动轴;4—叶片。

图 4-16　单叶片摆动液压缸

4.2.2　液压缸的结构

通常液压缸由后端盖、缸筒、活塞杆、活塞组件、前端盖等主要部分组成;为防止油液向液压缸外泄或由高压腔向低压腔泄漏,在缸筒与端盖、活塞与活塞杆、活塞与缸筒、活塞杆与前端盖之间均设置有密封装置,在前端盖外侧,还装有防尘装置;为防止活塞快速退回到行程终端时撞击后缸盖,液压缸端部还设置缓冲装置;有时还需设置排气装置。

图 4-17 所示为双作用单活塞杆液压缸的结构图。它由缸底 20、缸筒 10、缸盖兼导向套 9、活塞 11 和活塞杆 18 等主要零件组成。

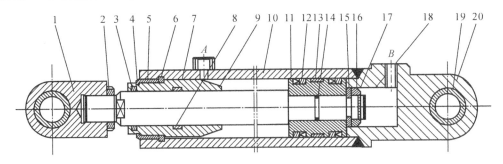

1—耳环;2—螺母;3—防尘圈;4,17—弹簧挡圈;5—套;6,15—卡键;7,14—O 形密封圈;8,12—Y 形密封圈
9—缸盖兼导向套;10—缸筒;11—活塞;13—耐磨环;16—卡键帽;18—活塞杆;19—衬套;20—缸底。

图 4-17　双作用单活塞杆液压缸结构图

缸筒的一端与缸底焊接,另一端缸盖与缸筒用卡键 6、套 5 和弹簧挡圈 4 固定,两端设有油口 A 和 B。活塞 11 与活塞杆 18 利用卡键 15、卡键帽 16 和弹性挡圈 17 连在一起。活塞与缸孔的密封采用一对 Y 形聚氨酯密封圈 12。由于活塞与缸孔有一定间隙,采用由尼龙 1010 制成的耐磨环 13 定心导向,活塞杆与活塞由 O 形密封圈密封。较长的导向套可保证活塞杆不偏离中心,导向套外径由 O 形密封圈 7 密封,内孔由 Y 形密封圈 8 和防尘圈 3 防止油液外漏和灰尘带入缸内。缸底和活塞杆端耳环 1 有销孔与外界连接,销孔内装有抗磨尼龙衬套 19。

1. 缸筒和缸盖

缸筒是液压缸的主体,其内孔一般采用镗削、绞孔、滚压或珩磨等精密加工工艺制造。要求表面粗糙度在 $0.1 \sim 0.4 \mu m$,使活塞及其密封件、支承件能顺利滑动,从而保证密封效果,减少磨损;缸筒要承受很大的液压力,因此,应具有足够的强度和刚度。

端盖装在缸筒两端,与缸筒形成封闭油腔,同样承受很大的液压力,因此,端盖及其连接件都应有足够的强度。设计时既要考虑强度,又要选择工艺性较好的结构形式。

导向套对活塞杆或柱塞起导向和支承作用,有些液压缸不设导向套,直接用端盖孔导向。这种结构简单,但磨损后必须更换端盖。

缸筒,端盖和导向套的材料选择和技术要求可参考《液压工程手册》等技术规范。

常见的缸体组件连接形式如图 4-18 所示。

(1)法兰式连接。结构简单,加工方便,连接可靠,但是要求缸筒端部有足够的壁厚,用以安装螺栓或旋入螺钉。缸筒端部一般用铸造、镦粗或焊接方式制成粗大的外径,它是常用的一种连接形式。

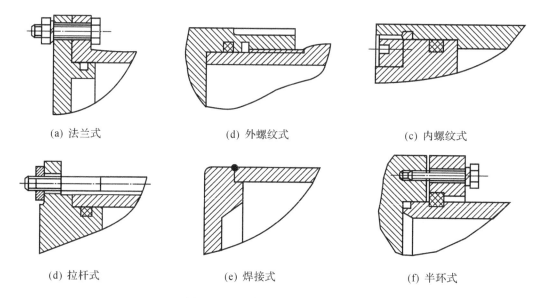

(a) 法兰式　　　　　　　　　(d) 外螺纹式　　　　　　　　(c) 内螺纹式

(d) 拉杆式　　　　　　　　　(e) 焊接式　　　　　　　　(f) 半环式

图 4-18　缸筒和缸盖的连接形式

（2）螺纹式连接。有外螺纹连接和内螺纹连接两种,其特点是体积小、重量轻、结构紧凑,但缸筒端部结构较复杂。这种连接形式一般用于要求外形尺寸小、重量轻的场合。

（3）拉杆式连接。结构简单,工艺性好,通用性强,但端盖的体积和重量较大,拉杆受力后会拉伸变长,影响密封效果。只适用于长度不大的中、低压液压缸。

（4）焊接式连接。强度高,制造简单,但焊接时易引起缸筒变形。

（5）半环式连接。分为外半环连接和内半环连接两种连接形式,半环连接工艺性好,连接可靠,结构紧凑,但削弱了缸筒强度。半环连接应用十分普遍,常用于无缝钢管缸筒与端盖的连接中。

2. 活塞和活塞杆

如图 4-19 所示,活塞与活塞杆的连接最常用的有螺纹连接和半环连接形式,除此之外还有整体式结构、焊接式结构、锥销式结构等。

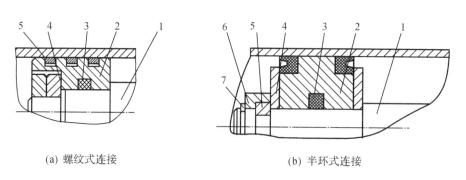

(a) 螺纹式连接　　　　　　　　　　　　(b) 半环式连接

1—活塞杆;2—活塞;3—O形紧封圈;　　　　1—活塞杆;2—活塞;3—O形密封圈;4—支承环;5—半环;
4—螺母;5—O形密封圈。　　　　　　　　　6—轴套;7—弹簧卡。

图 4-19　活塞与活塞杆的连接形式

　　螺纹式连接如图 4-19(a)所示,结构简单,装拆方便,但一般需备螺母防松装置。半环式连接如图 4-19(b)所示,连接强度高,但结构复杂,装拆不便,半环连接多用于高压和振动较大的场合。整体式连接和焊接式连接结构简单,轴向尺寸紧凑,但损坏后需整体更换,对活塞与活塞杆比值较小、行程较短或尺寸不大的液压缸,其活塞与活塞杆可采用整体或焊接式连接。锥销式连接加工容易,装配简单,但承载能力小,且需要有必要的防止脱落措施,在轻载情况下可采用锥销式连接。

　　3. 密封装置

　　液压缸的密封装置主要用来防止液压油的泄漏。良好的密封是液压缸传递动力、正常动作的保证。根据两个需要密封的耦合面间有无相对运动,可把密封分为动密封和静密封两大类。设计或选用密封装置的基本要求是具有良好的密封性能,并随压力的增加能自动提高密封性;除此以外,摩擦阻力要小、耐油、抗腐蚀、耐磨、寿命长、制造简单、拆装方便。常见的密封方法有以下几种。

　　(1)间隙密封

　　间隙密封依靠相对运动零件配合面间的微小间隙来防止泄漏,由环形缝隙轴向流动理论可知,泄漏量与间隙的三次方成正比,因此可用减小间隙的办法来减小泄漏。一般间隙为 0.01～0.05mm,这就要求配合面有很高的加工精度。

　　间隙密封的特点是结构简单、摩擦力小、耐用,但对零件的加工精度要求较高,且难以完全消除泄漏。故只适用于低压、小直径的快速液压缸。

　　(2)活塞环密封

　　活塞环密封依靠装在活塞环形槽内的弹性金属环紧贴缸筒内壁实现密封,如图 4-20 所示。它的密封效果较间隙密封好,适用的压力和温度范围很宽,能自动补偿磨损和温度变化的影响,能在高速条件下工作,摩擦力小,工作可靠,寿命长,但不能完全密封。活塞环的加工复杂,缸筒内表面加工精度要求高,一般用于高压、高速和高温的场合。

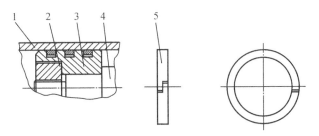

1—缸筒;2—螺母;3—活塞;4—活塞杆;5—活塞环。

图 4-20　活塞环密封

　　(3)密封圈密封

　　密封圈密封是液压系统中应用最广泛的一种密封。密封圈有 O 形、V 形、Y 形及组合式等数种,其材料为耐油橡胶、尼龙、聚氨酯等。详见本书 6.5 节。

　　4. 缓冲装置

　　当液压缸所驱动负载的质量较大,速度较高时,一般应在液压缸中设缓冲装置,必要时还需在液压传动系统中设缓冲回路,以免在行程终端发生过大的机械碰撞,导致液压缸损坏。缓冲的原理是当活塞或缸筒接近行程终端时,在排油腔内增大回油阻力,从而降低缸的运动速度,避免活塞与缸盖相撞,液压缸中常用的缓冲装置如图 4-21 所示。

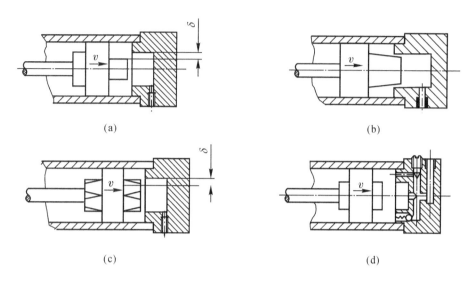

图 4-21　液压缸缓冲装置

图 4-21(a)所示为圆柱形环隙式缓冲装置。当缓冲柱塞进入缸盖上的内孔时,缸盖和缓冲活塞间形成缓冲油腔,被封闭油液只能从环形间隙 δ 排出,产生缓冲压力,从而实现减速缓冲。这种缓冲装置在缓冲过程中,由于其节流面积不变,故缓冲开始时,产生的缓冲制动力很大,但很快就降低了,因此其缓冲效果较差。但这种装置结构简单,便于设计和降低制造成本,所以在一般系列化的成品液压缸中多采用这种缓冲装置。

图 4-21(b)所示为圆锥形环隙式缓冲装置。由于缓冲柱塞为圆锥形,所以缓冲环形间隙 δ 随位移量而改变,即节流面积随缓冲行程的增大而缩小,使机械能的吸收较均匀,其缓冲效果较好。

图 4-21(c)所示为可变节流槽式缓冲装置。在缓冲柱塞上开有由浅入深的三角节流槽,节流面积随着缓冲行程的增大而逐渐减小,缓冲压力变化平缓。

图 4-21(d)所示为可调节流孔式缓冲装置。在缓冲过程中,缓冲腔油液经小孔节流排出,调节节流孔的大小,从而可控制缓冲腔内缓冲压力的大小,以适应液压缸不同的负载和速度工况对缓冲的要求,同时当活塞反向运动时,高压油从单向阀进入液压缸内,活塞也不会因推力不足而产生启动缓慢或困难等现象。

5. 排气装置

由于液压油中混入空气,以及液压缸在安装过程中或长时间停止使用时渗入空气,液压缸在运行过程中,会因气体压缩性使执行部件出现低速爬行、噪声等不正常现象,严重时会使系统不能正常工作。所以液压缸必须考虑空气的排除。

对于要求不高的液压缸,往往不设计专门的排气装置,而是将油口布置在缸筒两端的最高处,这样也能使空气随油液排往油箱,再从油箱溢出。对于速度稳定性要求较高的液压缸和大型液压缸来说,常在液压缸的最高处设置专门的排气装置,如排气塞、排气阀等。当松开排气塞或排气阀的锁紧螺钉后,低压往复运动几次,带有气泡的油液就会排出,空气排完后拧紧螺钉,液压缸便可正常。

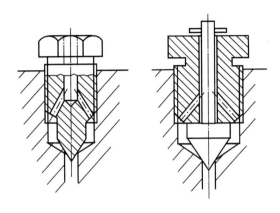

图 4-22 排气塞

4.2.3 液压缸的设计和计算

液压缸一般来说是标准件,但有时也需要自行设计。本节以双作用单活塞杆液压缸为例,介绍有关设计计算内容。

1. 液压缸基本参数确定

(1)工作负载 F_R 与液压缸推力 F

液压缸的工作负载 F_R,是指工作机构在满负荷情况下,以一定速度启动时对液压缸产生的总阻力,即

$$F_R = F_L + F_f + F_g \qquad (4\text{-}29)$$

式中:F_L——工作机构的负载、自重等对液压缸产生的作用力;

F_f——工作机构在满负荷下启动时的静摩擦力;

F_g——工作机构满负荷启动时的惯性力。

液压缸的推力 F 应等于或略大于它的工作负载总阻力 F_R。

(2)运动速度 v

液压缸的运动速度与其输入流量和活塞、活塞杆的面积有关。如果工作机构对液压缸的运动速度有一定要求,应根据所需的运动速度和缸径来选择液压泵;在速度没有要求时,可根据已选定的泵流量和缸径来确定运动速度。

(3)缸筒内径 D

缸筒内径即活塞杆外径,是液压缸的主要参数,可根据以下原则来确定。

①按推力 F 计算缸筒内径 D。在液压系统给定了工作压力 p 后(设回油背压为零),应满足下面关系式

$$F = pA\eta_m \qquad (4\text{-}30)$$

式中,A——液压缸的有效工作面积,对于无活塞杆腔 $A = \pi D^2/4$,对于有活塞杆腔 $A = \pi(D^2 - d^2)/4$。

对无活塞杆腔,当要求推力为 F_1 时

$$D_1 = \sqrt{\frac{4F_1}{\pi p \eta_m}} \qquad (4\text{-}31)$$

对有活塞杆腔,当要求推力为 F_2 时

$$D_2=\sqrt{\frac{4F_2\varphi}{\pi p\eta_m}} \qquad\qquad (4\text{-}32)$$

式中：p——液压缸的工作压力,由液压系统设计时给定(设回油压力为零)；

φ——往复速度比,$\varphi=\dfrac{D^2}{D^2-d^2}$,由液压系统设计时给定；

η_m——液压缸机械效率,一般取 $\eta_m=0.95$。

计算所得的液压缸内径 D 应取式(4-31)和(4-32)计算值较大的一个,然后圆整为标准系列,圆整可参见《液压工程手册》。圆整后,液压缸的工作压力应作相应的调整。

②按运动速度计算缸筒内径 D。当液压缸运动速度 v 有要求时,可根据液压缸的流量 q 计算。对于无活塞杆腔,当运动速度为 v_1,进入液压缸的流量为 q_1 时

$$D_1=\sqrt{\frac{4q_1\eta_V}{\pi v_1}} \qquad\qquad (4\text{-}33)$$

对于有活塞杆腔,当运动速度为 v_2,进入液压缸的流量为 q_2 时

$$D_2=\sqrt{\frac{4q_2\varphi\eta_V}{\pi p v_2}} \qquad\qquad (4\text{-}34)$$

当液压缸有密封件密封时,泄漏很小,可取容积效率 $\eta_V=1$。

同理缸筒内径 D 应按 D_1、D_2 中较小的一个圆整为标准值。

③推力 F 与运动速度 v 同时给定时缸筒内径 D 的计算。如果系统中液压泵的类型和规格已定,则液压缸的工作压力和流量已知,此时可根据推力计算内径,然后校核其工作速度。当计算速度与要求相差较大时,建议重新选择不同规格的液压泵。液压缸的工作压力 p 应不超过液压泵的额定压力与系统总压力损失之差。

当然,在设计液压缸时还有一个系统综合效益问题,这一点对多缸工作系统尤为重要。

(4)活塞杆直径 d

确定活塞杆直径 d,通常要满足液压缸速度或往复速度比,然后再校核其结构强度和稳定性。若往复速度比为 φ,则

$$d=D\sqrt{\frac{\varphi-1}{\varphi}} \qquad\qquad (4\text{-}35)$$

推荐液压缸速度比如表 4-3 所示。

表 4-3　液压缸往复速度比推荐值

液压缸工作压力 p/MPa	$\leqslant10$	$10\sim20$	>20
往复速度比 φ	1.33	$1.46\sim2$	2

同理活塞杆直径 d 也应圆整为标准值。

(5)最小导向长度的确定

当活塞杆全部外伸时,从活塞支承面中点到导向套滑动面中点的距离称为最小导向长度 H(如图 4-23 所示)。如果导向长度太小,将使液压缸的初始挠度增大,从而影响了液压缸的稳定性,因此设计时必须保证有一定的最小长度。

对于一般的液压缸,最小导向长度 H 应满足以下要求

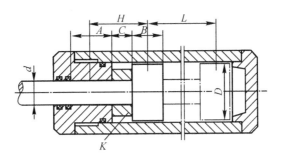

图 4-23　导向长度

$$H \geqslant \frac{L}{20} + \frac{D}{2} \tag{4-36}$$

式中：L——液压缸的最大行程；

　　　D——液压缸的内径。

活塞的宽度，一般取 $B=(0.6\sim1.0)D$；导向套滑动面的长度为 A，当 $D<80$mm 时取 $A=(0.6\sim1.0)D$，当 $D>80$mm 时取 $A=(0.6\sim1.0)d$。为保证最小导向长度，过分增大 A 和 B 都是不合适的，必要时可在导向套与活塞之间装一个隔套（图中零件 K），隔套的长度 C 由需要的最小导向长度 H 决定，即

$$C = H - \frac{1}{2}(A+B) \tag{4-37}$$

2. 结构强度设计与稳定校核

（1）缸筒外径

缸筒内径确定后，由强度条件计算壁厚；然后求出缸筒外径 D_1。

当缸筒壁厚 δ 与内径 D 的比值小于 0.1 时，称为薄壁缸筒，壁厚按材料力学薄壁圆筒公式计算

$$\delta \geqslant \frac{pD}{2[\sigma]} \tag{4-38}$$

式中：p——液压缸最大工作压力；

　　　$[\sigma]$——活塞杆材料的许用应力，$[\sigma]=\sigma_b/n$；

　　　σ_b——液压缸材料的抗拉强度极限；

　　　n——安全系数，一般取 $n=5$。

当缸筒壁厚 δ 与内径 D 的比值大于 0.1 时，称为厚壁缸筒，壁厚按材料力学第二强度理论计算

$$\delta \geqslant \frac{D}{2}\left(\sqrt{\frac{[\sigma]+0.4p}{[\sigma]-1.3p}} - 1 \right) \tag{4-39}$$

缸筒壁厚确定之后，即可求出液压缸的外径

$$D_1 = D + 2\delta \tag{4-40}$$

D_1 值也按有关标准圆整为标准值。

（2）液压缸的稳定性和活塞杆强度校核

按速度比要求初步确定活塞杆直径后，还必须满足液压缸的稳定性及其强度要求。

　　①液压缸的稳定性验算。按材料力学理论,一根受压的直杆,在其轴向负载 F 超过稳定临界力 F_K 时,即失去原有直线状态下的平衡,称为失稳。对液压缸,其稳定条件为

$$F \leqslant \frac{F_K}{n_K} \qquad\qquad (4\text{-}41)$$

式中: F ——液压缸最大推力;

　　　　F_K ——液压缸的稳定临界力;

　　　　n_K ——稳定性安全系数,一般取 $n_K = 2 \sim 4$ 。

　　液压缸的稳定临界力 F_K 值与活塞杆和缸体的材料、长度、刚度及其两端支撑状况等因素有关。当 $\frac{l}{d} > 10$ (见表 4-4)时要进行稳定性校核。

　　当 $\lambda = \frac{\mu l}{r} > \lambda_1$ 时由欧拉公式计算

$$F_K \leqslant \frac{\pi^2 EI}{(\mu l)^2} \qquad\qquad (4\text{-}42)$$

式中: λ ——活塞杆的柔性系数;

　　　　μ ——长度折算系数,由液压缸的支承情况决定,见表 4-4;

　　　　E ——活塞杆材料的纵向弹性模量,对于钢材, $E = 2.1 \times 10^{11} \text{Pa}$;

　　　　I ——活塞杆断面的最小惯性矩;

　　　　λ_1 ——柔性系数,由表 4-5 选取;

　　　　r ——活塞杆横断面的回转半径, $r = \sqrt{\dfrac{I}{A}}$,其中 A 为断面面积。

表 4-4　长度折算系数

序　号	1	2	3	4
液压缸的安装形式与活塞杆的计算长度 l				
长度折算系数 μ	1	1	0.7	0.5

表 4-5　稳定校核的相关系数

材　料	a	b	λ_1	λ_2
钢（Q235）	3100	11.4	105	61
钢（Q275）	4600	36.17	100	60
硅　钢	5890	38.17	100	60
铸　铁	7700	120	80	—

当 $\lambda_1 < \lambda < \lambda_2$ 时，属于中柔度杆，按雅辛斯基公式验算

$$F_K = A(a - b\lambda) \tag{4-43}$$

式中，a、b——与活塞杆材料有关的系数，由表 4-5 选取；

　　　λ——柔性系数，由表 4-5 选取；

　　　A——活塞杆断面面积。

②当 $\dfrac{l}{d} < 10$ 时，活塞杆的强度验算。当活塞杆受纯压缩或纯拉伸时

$$\sigma = \frac{4F}{\pi(d^2 - d_1^2)} \leqslant [\sigma] \tag{4-44}$$

式中：d_1——空心活塞杆内径，对于实心杆，$d_1 = 0$；

　　　$[\sigma]$——活塞杆材料的许用应力，$[\sigma] = \sigma_s / n$；

　　　σ_s——活塞杆材料的屈服点；

　　　n——安全系数，一般取 $n = 1.4 \sim 2$。

例题　设计一单杆活塞液压缸，要求快进时为差动连接，快进和快退（有杆腔进油）时的速度均为 6m/min。工进时（无杆腔进油，非差动连接）可驱动的负载为 $F = 25000\text{N}$，回油背压为 0.25MPa，采用额定压力为 6.3MPa、额定流量为 25L/min 的液压泵，试确定：(1)缸筒内径和活塞杆直径各是多少？(2)缸筒壁厚最小值（缸筒材料选用无缝钢管）是多少？

本章小结

液压缸和液压马达是液压系统的执行装置，将系统的压力能转换成机械能的元件。液压马达可分为高速液压马达和低速大扭矩液压马达，高度液压马达主要有齿轮式、叶片式、柱塞式等几种形式。低速大扭矩液压马达可以在转速很低的情况下工作，其转矩很大，常用来作起重、运输、建筑、矿山和船舶等机械上的驱动装置。液压缸有活塞缸（包括单出杆活塞缸、双出杆活塞缸；有杆固定和缸固定两种形式）、柱塞缸、伸缩式液压缸、齿条活塞液压缸、增压缸、摆动液压缸等。能够方便地实现直线往复运动或摆动。

实训 2　液压缸和液压马达拆装

1. 实训目的

(1)通过对液压缸和液压马达的拆装，了解其结构、组成和特点。

（2）加深对液压缸和液压马达性能的理解。

2. 实训要求和方法

（1）先看液压缸和液压马达的三维动态分解图，以教师讲解注意事项，由学生自己动手拆装为主的方式。学生以小组为单位，边拆装边讨论遇到的问题。

（2）拆装时注意不要丢失小的零件，实训要把液压缸和液压马达拆开然后安装回去。

（3）每次实训后，由指导老师给出思考题作为本次实训的报告内容。

3. 实训内容

（1）拆装液压缸。

（2）拆装液压马达。

思考与练习

4-1　已知单杆液压缸缸筒直径 $D=50\text{mm}$，活塞杆直径 $d=35\text{mm}$，液压泵供油流量为 $q=10\text{L/min}$，试求：1）液压缸差动连接时的运动速度；2）若缸在差动阶段所能克服的外负载 $F=1000\text{N}$，缸内油液压力有多大（不计管内压力损失）？

4-2　一柱塞缸的柱塞固定，缸筒运动，压力油从空心柱塞中通入，压力为 $p=10\text{MPa}$，流量为 $q=25\text{L/min}$，缸筒直径为 $D=100\text{mm}$，柱塞外径为 $d=80\text{mm}$，柱塞内孔直径为 $d_0=30\text{mm}$，试求柱塞缸所产生的推力和运动速度。

4-3　液压缸为什么要设置缓冲装置？应如何设置？

4-4　液压缸为什么要设置排气装置？

第5章 液压控制阀

【本章内容提要】

本章主要介绍液压控制元件(压力阀、流量阀、方向阀等)在液压系统中的作用、工作原理、性能、图形符号及其应用。

【基本要求、重点和难点】

基本要求:通过本章学习,要求掌握压力阀、流量阀、方向阀的工作原理、性能、特性及在液压系统中的应用。

重点:①压力阀中的先导式溢流阀、减压阀。②流量阀中的普通节流阀、调速阀。③方向阀中滑阀式电磁阀、电液换向阀。

难点:①先导式溢流阀的遥控口作用,直动式溢流阀与先导式溢流阀的流量—压力特性比较。②调速阀的基本工作原理及特性。③换向阀的换向原理和滑阀机能。

5.1 概 述

5.1.1 液压控制阀的功用、分类

1.液压控制阀的功用

液压控制阀是液压系统中用来控制油液的流动方向或调节其压力和流量的元件。借助于这些阀,便能对执行元件的启动、停止、运动方向、速度、动作顺序和克服负载的能力进行调节与控制,使各类液压机械都能按要求协调地进行工作。液压控制阀对液压系统的工作过程和工作特性有重要的影响。

2.液压控制阀的基本共同点及要求

尽管液压阀的种类繁多,且各种阀的功能和结构形式也有较大的差异,但它们之间均保持下述基本共同点:

(1)在结构上,所有液压阀都是由阀体、阀芯和驱动阀芯动作的元件、部件组成。

(2)在工作原理上,所有液压阀的开口大小、进出口间的压差以及通过阀的流量之间的关系(除少量特殊功能阀之外)都符合孔口流量公式,仅是各种阀控制的参数各不相同而已。

液压系统中所使用的液压阀均应满足以下基本要求:

(1)动作灵敏,使用可靠,工作时冲击和振动小。

(2)油液流过时压力损失小。

(3)密封性能好。

(4)结构紧凑,安装、调整、使用、维护方便,通用性大。

3. 液压控制阀的分类

液压控制阀按不同的特征和方式可分为以下几类,如表 5-1 所示。

表 5-1   液压控制阀的分类

分类方法	种类	详细分类
按用途分	压力控制阀	溢流阀、减压阀、顺序阀、比例压力控制阀、压力继电器等
	流量控制阀	节流阀、调速阀、分流阀、比例流量控制阀等
	方向控制阀	单向阀、液控单向阀、换向阀、比例方向控制阀
按操纵方式分	人力操纵阀	手把及手轮、踏板、杠杆
	机械操纵阀	挡块、弹簧、液压、气动
	电动操纵阀	电磁铁控制、电—液联合控制
按连接方式分	管式连接	螺纹式连接、法兰式连接
	板式及叠加式连接	单层连接板式、双层连接板式、集成块连接、叠加式
	插装式连接	螺纹式插装、法兰式插装
按控制原理分	开关或定值控制阀	压力控制阀、流量控制阀、方向控制阀
	电液比例阀	电液比例压力阀、电液比例流量阀、电液比例方向阀、电液比例复合阀、电液比例多路阀
	伺服阀	单、两极(喷嘴挡板式、动圈式)电液流量伺服阀、三级电液流量伺服阀、电液压力伺服阀、气液伺服阀、机液伺服阀
	数字控制阀	数字控制压力阀、数字控制流量阀与方向阀

4. 液压控制阀的基本参数

(1)公称通径

公称通径代表阀的通流能力大小,对应阀的额定流量。与阀的进出口连接油管的规格应与阀的通径一致。阀工作时的实际流量应小于或等于它的额定流量,最大不得大于额定流量的 1.1 倍。

(2)额定压力

额定压力代表阀在工作时允许的最高压力。对压力控制阀而言,实际最高压力有时还与阀的调压范围有关;对换向阀而言,实际最高压力还可能受其功率极限的限制。

5.1.2   阀口的结构形式和流量计算公式

1. 阀口的结构形式

液压阀中常见阀口的结构形式如图 5-1 所示。

2. 流量计算公式

各种液压阀阀口都以接近于薄壁小孔为设计目标,这正是为了减小液压油的黏温特性

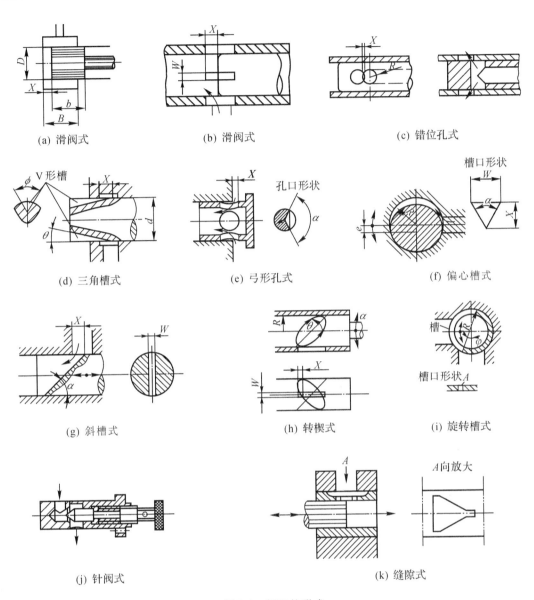

图 5-1　阀口的形式

对阀口通流性能的影响。工程上阀口的流量计算公式为

$$q = CA_T(\Delta p)^m \tag{5-1}$$

式中：C——与阀口形状、液体流态、油液性质有关的系数；

　　　m——流量指数，取值范围为 $0.5\sim1$，m 越小，节流口越接近于薄壁小孔，m 越大，节流口越接近于细长孔；

　　　A_T——通流截面面积；

　　　Δp——流经阀口的压差。

5.1.3　液动力

驱动阀芯的方式有手动、机动、电磁驱动、液压驱动等多种。手动最简单。电磁驱动易于实现自动控制,但高压、大流量时手动和电磁驱动方式常常无法克服巨大的阀芯阻力,这时不得不采用液压驱动方式。稳态时(即阀芯与阀体是相对静止的),阀芯运动的主要阻力为液压不平衡力、稳态液动力、摩擦力(含液压卡紧力);动态时(即阀芯与阀体是相对运动的)还有瞬态液动力、惯性力等。阀芯的稳态液动力和瞬态液动力在高压、大流量时可达数百至数千牛,影响阀芯的操纵稳定性,因此有必要了解它们的特性。下面以应用广泛的滑阀为例进行介绍。

1. 稳态液动力

稳态液动力是阀芯移动完毕、开口固定之后,液流流过阀口时因动量变化而作用在阀芯上的力。图 5-2 所示为油液流过阀口的两种情况。

根据动量方程,取阀芯两凸肩间的容腔中液体作为控制体,可得这两种情况下的轴向液动力都是 $F_{bs} = pqv\cos\varphi$,其方向都是促使阀口关闭的。用薄壁小孔的速度公式 $v = C_V(2\Delta p/\rho)^{1/2}$ 和流量公式 $q = C_d A_T(2\Delta p/\rho)^{1/2}$ 代入上式。可得

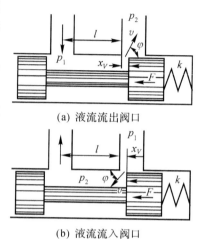

(a) 液流流出阀口

(b) 液流流入阀口

图 5-2　滑阀的稳态液动力

$$F_{bs} = 2C_d C_V A_T \Delta p\cos\varphi \qquad (5\text{-}2)$$

式中:C_d——流量系数;

　　C_V——小孔速度系数;

　　A_T——小孔截面积;

　　Δp——小孔前后压差;

　　φ——液流速度方向角。

在高压大流量的情况下,稳态液动力将会很大,使阀芯的操纵成为突出的问题。这时必须采取措施补偿或消除这个力。图 5-3(a)采用了特种形状的阀腔;图 5-3(b)在阀套上开斜孔,使流出和流入阀腔液体的动量互相抵消,从而减小轴向液动力;图 5-3(c)改变阀芯的颈部尺寸,使液流流过阀芯时有较大的压降,以便在阀芯两端面上产生不平衡液动力,抵消轴向液动力。

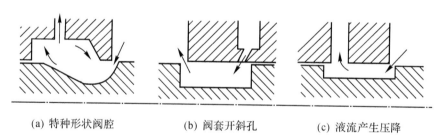

(a) 特种形状阀腔　　　(b) 阀套开斜孔　　　(c) 液流产生压降

图 5-3　稳态液动力的补偿法

滑阀的稳态液动力始终使阀口关闭,相当于一个回复力,故它对滑阀性能的另一影响是使滑阀的工作趋于稳定。

2. 瞬态液动力

瞬态液动力是滑阀在移动过程中(即开口大小发生变化时)阀腔中液流因加速或减速而作用在阀芯上的力。这个力只与阀芯移动速度有关(即与阀口开度的变化率有关),而与阀口开度本身无关。

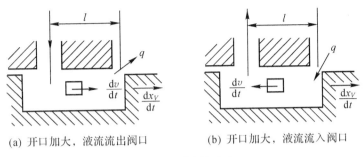

(a) 开口加大，液流流出阀口　　　　　　　(b) 开口加大，液流流入阀口

图 5-4　瞬态液动力

图 5-4 所示为阀芯移动时出现瞬态液动力的情况。当阀口开度发生变化时，阀腔内长度为 l 那部分油液的轴向速度亦发生变化，也就是出现了加速或减速，于是阀芯就受到了一个轴向的反作用力 F_{bt}，这就是瞬态液动力。很明显，若流过阀腔的瞬时流量为 q，阀腔的截面积为 A，阀腔内加速或减速部分油液的质量为 m_0，阀芯移动的速度为 v，则有

$$F_{bt} = -\frac{m_0 \mathrm{d}p}{\mathrm{d}t} = -\frac{\rho A_s l \mathrm{d}v}{\mathrm{d}t} = -\frac{\rho l \mathrm{d}(A_s v)}{\mathrm{d}t} = -\frac{\rho l \mathrm{d}q}{\mathrm{d}t} \tag{5-3}$$

因为 $A_o = W X_V$，当阀口前后的压差不变或变化不大时，流量的变化率 $\dfrac{\mathrm{d}q}{\mathrm{d}t}$ 为

$$\frac{\mathrm{d}q}{\mathrm{d}t} = C_d W \left(\frac{2\Delta p}{\rho}\right)^{\frac{1}{2}} \frac{\mathrm{d}X_V}{\mathrm{d}t}$$

将上式代入式(5-3)，得

$$F_{bt} = -C_d W l (2\rho \Delta p)^{\frac{1}{2}} \frac{\mathrm{d}X_V}{\mathrm{d}t} \tag{5-4}$$

滑阀上瞬态液动力的方向，视油液流入还是流出阀腔而定。图 5-4(a)中油液流出阀腔，则阀口开度加大时长度为 l 的那部分油液加速，开度减小时油液减速，两种情况下瞬态液动力的作用方向都与阀芯的移动方向相反，起着阻止阀芯移动的作用，相当于一个阻尼力。这时式(5-4)中的 l 取正值，并称之为滑阀的"正阻尼长度"。反之，图 5-4(b)中油液流入阀腔，阀口开度变化时引起液流流速变化的结果，都是使瞬态液动力的作用方向与阀芯移动方向相同，起着帮助阀芯移动的作用，相当于一个负的阻尼力。这种情况下式(5-4)中的 l 取负值，并称之为滑阀的"负阻尼长度"。

滑阀上的"负阻尼长度"是造成滑阀工作不稳定的原因之一。

滑阀上如有好几个阀腔串联在一起，阀芯工作的稳定与否就要看各个阀腔阻尼长度的综合作用结果而定。

5.1.4　卡紧力

液压卡紧是一种特殊的流体力学现象，对液压元件性能的影响很大。

液压元件的运动副中有很多环形缝隙，如滑阀阀芯与阀体之间的缝隙等，这些缝隙一般都充满油液。正常情况下，移动阀芯时所需的力只须克服黏性摩擦力，数值要求不大。电磁换向阀是一种利用电磁铁来推动阀芯实现换向的液压阀，其电磁推力仅为 30～50N，使用效果很好，得到了大量的应用。由于电磁换向阀可很方便地实现与 PLC、单片机及工业控制计算机的接口连接，使液压系统成为一种理想的计算机控制对象。

但是,有时情况会变得很糟,特别是在中、高压系统中。当阀芯停止移动一段时间后(一般约5分钟),这个阻力可以增大到数百牛顿,阀芯仅依靠电磁力根本无法推动,就像"卡死了"一样,系统因而无法完成预定的动作。导致这种情况出现的原因,是阀的缝隙处产生了"液压卡紧"。

1. 卡紧力产生的原因

出现液压卡紧有可能是因油温升高导致阀芯膨胀引起的,也有可能是异物进入配合面或配合面划伤破坏了配合副的间隙引起的,但更常见的是阀芯严重偏心使阀体之间形成了直接的机械接触。

除了制造方面的问题之外,径向不平衡力也是造成阀芯偏心的原因。如果缝隙中的液体压力在周向不是均匀分布的,则在此不均匀的压力的作用下,阀芯或者将贴靠阀体,或者将被推向中心。

滑阀阀芯在制造中总难免有一定的锥度,根据压力差方向与锥度方向之间的关系,可以分为顺锥和倒锥两种情形。如果阀芯与阀孔之间是完全同心的,不论顺锥还是倒锥,其缝隙中的压力分布在圆周方向将是完全对称的,不会产生径向力。但如果阀芯与阀孔不同心,情况就变得复杂起来。

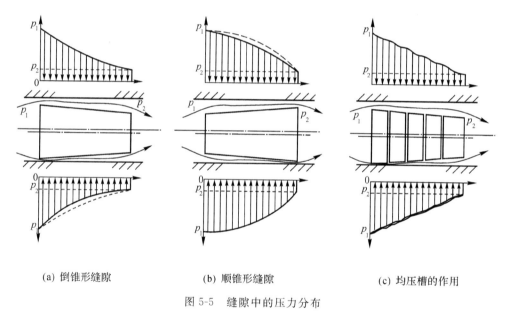

(a) 倒锥形缝隙   (b) 顺锥形缝隙   (c) 均压槽的作用

图 5-5 缝隙中的压力分布

图 5-5(a)所示是不同心时的倒锥及其缝隙中的压力分布,缝隙最小处压力降低得比较慢,而缝隙最大处压力降低得要快一些。两处径向力存在一定的差值,这个径向不平衡力的作用将使阀芯偏心进一步加大。

图 5-5(b)所示是不同心时的顺锥及其缝隙中的压力分布,缝隙最小处压力降低得比较快,而缝隙最大处压力降低得要慢一些。两处径向力存在一定的差值,这个径向不平衡力的作用将使阀芯偏心减小。

倒锥是一种不稳定状态,偏心越大,径向不平衡力就越大,反过来进一步加大偏心,形成恶性循环,最终使阀芯贴靠阀孔壁面,造成液压卡紧。

尽管顺锥有利于减小偏心,但工程上很难保证阀芯处的缝隙一定是顺锥,特别是在缝隙两端压力差方向会改变时更是如此。但顺锥阀常用于低摩擦液压缸活塞的设计。

2. 减小卡紧力的措施

为了减小液压卡紧力,可以采取下述一些措施。

(1)提高阀的加工和装配精度,避免出现偏心。阀芯的圆度和圆柱度误差不大于 0.003～0.005mm,要求带顺锥,阀芯的表面粗糙度 R_a 值不大于 0.2 μm。阀孔的 R_a 值不大于0.4 μm。

(2)在阀芯台肩上开出平衡径向力的均压槽(也有开在阀杆对应位置上)。均压槽可使同一圆周上各处的压力油互相沟通,减小径向不平衡力,使阀芯在中心定位。

(3)使阀芯或阀套在轴向或圆周方向上产生高频小振幅的振动或摆动。

(4)精细过滤油液。

液压元件中普遍采用的均压槽结构,可以有效地防止或减轻倒锥导致的液压卡紧的影响,如图 5-5(c)所示。均压槽是在阀芯上沿轴向分布的一系列环形浅槽,其作用是通过槽的沟通使缝隙相应截面处周向的压力趋于一致。这样,相当于把一个大的倒锥,分割成了若干个小的倒锥,使这些小倒锥所产生的径向不平衡力已经降低到了微乎其微的程度。

一般地,均压槽的尺寸是:宽为 0.3～0.5mm,深为 0.5～0.8mm,槽距为 1～5mm。

阀芯表面粗糙度过大或小的污染物进入缝隙中,也会产生液压卡紧现象。因此,除采用开均压槽的方法来控制液压卡紧外,还必须从制造、抗污染等多方面入手,才能取得好的效果。

换向阀、压力阀以及液压泵等中,均存在液压卡紧现象,这是液压元件中的一个共性问题,必须予以高度重视。

液压元件制造精度要求高,如阀芯的圆度和锥度允差为 0.003～0.005mm,表面粗糙度 R_a 的数值不大于 0.20 μm 等,这些均较一般机械零件的要求高,在很大程度上是为了防止发生液压卡紧。

5.2 压力控制阀

5.2.1 概 述

在液压传动系统中,控制油液压力高低或利用压力实现某些动作的液压阀统称压力控制阀,简称压力阀。

压力阀按其功能可分为溢流阀、减压阀、顺序阀和压力继电器等。这类阀的共同点都是利用作用在阀芯上的液压力和弹簧力相互平衡的原理工作的。

5.2.2 溢流阀

溢流阀是通过阀口的溢流作用,使被控制系统或回路的压力维持恒定,实现稳压、调压或限压作用。溢流阀按其结构原理分为直动型和先导型。

对溢流阀的主要要求是:调压范围大,调压偏差小,压力振摆小,动作灵敏,过流能力大,噪声小。

1. 直动式溢流阀

(1)直动式溢流阀的工作原理和结构

图 5-6(a)所示为锥阀式(还有球阀式和滑阀式)直动型溢流阀的工作原理图。当进油

口 P 从系统接入的油液压力不高时,锥阀芯 2 被弹簧 3 紧压在阀体 1 的孔口上,阀口关闭。当进口油压升高到能克服弹簧阻力时,便推开锥阀芯使阀口打开,油液就由进油口 P 流入,再从回油口 T 流回油箱(溢流),进油压力也就不会继续升高。当通过溢流阀的流量变化时,阀口开度即弹簧压缩量也随之改变。但在弹簧压缩量变化甚小的情况下,可以认为阀芯在液压力和弹簧力作用下保持平衡,溢流阀进口处的压力基本保持为定值。拧动调节螺钉 4 改变弹簧预压缩量,便可调整溢流阀的溢流压力。

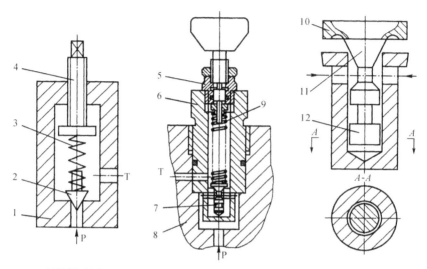

(a) 结构原理图　　(b) DBD 型直动型溢流阀结构原理图　　(c) 阀芯局部放大图

1—阀体;2—锥阀芯;3,9—弹簧;4—调节螺钉;5—上盖;6—阀套;7—阀芯;8—插块阀体
10—偏流盘;11—阀锥;12—阻尼活塞。

图 5-6　直动式溢流阀

这种溢流阀因压力油直接作用于阀芯,与输入弹簧力进行比较,故称直动型溢流阀。直动型溢流阀一般只能用于低压小流量处,因控制较高压力或较大流量时,需要装刚度较大的硬弹簧或阀芯开启的距离较大,不但手动调节困难,而且阀口开度(弹簧压缩量)略有变化便引起较大的压力波动,压力不能稳定。系统压力较高时宜采用先导型溢流阀。

若阀芯的受压面积为 A,则此时阀芯下端受到的液压力为 pA,调压弹簧的预紧力为 F_s,当 $F_s = pA$ 时,阀芯即将开启,这一状态时的压力称之直动溢流阀的开启压力,用 p_k 表示,即

$$p_k A = F_s = K X_0$$

或　　　$$p_k = K X_0 / A$$ 　　　　　　　　　　　　　　　(5-5)

式中:K——弹簧的刚度;

X_0——弹簧的预压缩量。

当 $p_k A > F_s$ 时,阀芯上移,弹簧进一步受到压缩,溢流阀开始溢流,直到阀芯达到某一新的平衡位置时才停止移动。此时进油口的压力为 p,即

$$p = K(X + X_0)/A$$

式中:X——由于阀芯的移动使弹簧产生的附加压缩量。

由于阀芯移动量不大(即 X 变动很小),所以当阀芯处于平衡状态时,可认为阀进口压

力 p 基本保持不变。

图 5-6(b)所示为德国力士乐公司的 DBD 型直动型溢流阀的结构图。图中锥阀下部为减振阻尼活塞,见图 5-6(c)的局部放大图。这种阀是一种性能优异的直动型溢流阀,其静态特性曲线较为理想,接近于直线,其最大调节压力为 40MPa。这种阀的溢流特性好,通流能力也较强,既可作为安全阀又可作为溢流稳压阀使用。该阀阀芯 7 由阻尼活塞 12、阀锥 11 和偏流盘 10 三部分组成(见图 5-6(c)阀芯局部放大)。在阻尼活塞的一侧铣有小平面,以便压力油进入并作用于底端。阻尼活塞作用有两个:导向活塞和阻尼活塞,保证阀芯开始和关闭时既不歪斜又不偏摆振动,提高了稳定性。阻尼活塞与阀锥之间有一与阀锥对称的锥面,故阀芯开启时,流入和流出油液对两锥面的稳态液动力相互平衡,不会产生影响。此外,在偏流盘的上侧支承着弹簧,下侧表面开有一圈环形槽,用以改变阀口开启后回油射流的方向。对这股射流运用动量方程可知,射流对偏流盘轴向冲击力的方向正与弹簧力相反,当溢流量及阀口开度 X 增大时,弹簧力虽增大,但与之反向的冲击力亦增大,相互抵消,反之亦然。因此该阀能自行消除阀口开度 X 变化对压力的影响。故该阀所控制的压力基本不受溢流量变化的影响。锥阀和球阀式阀芯结构简单,密封性好,但阀芯和阀座的接触应力大。实际中滑阀式阀芯用得较多,但泄漏量较大。

(2)溢流阀的性能

溢流阀的性能主要有静态性能和动态性能两种。

①静态特性。溢流阀的静态性能是指阀在系统压力没有突变的稳态情况下,所控制流体的压力、流量的变化情况。溢流阀的静态特性主要指压力—流量特性、启闭特性、压力调节范围、流量许用范围、卸荷压力等。

a.溢流阀的压力—流量特性。溢流阀的压力—流量特性是指溢流阀入口压力与流量之间的变化关系。图 5-7 所示为溢流阀的静态特性曲线,其中 p_{k1} 为直动式溢流阀的开启压力,当阀入口压力小于 p_{k1} 时,溢流阀处于关闭状态,通过阀的流量为零;当阀入口压力大于 p_{k1} 时,溢流阀开始溢流。图 5-7 中 p_{k2} 为先导阀的开启压力,当阀进口压力小于 p_{k2} 时,先导阀关闭,溢流量为零,当压力大于 p_{k2} 时,先导阀开启,然后主阀芯打开,溢流阀开始溢流。在两种阀中,当阀入口压力达到调定压力 p_n 时,通过阀的流量达到额定溢流量 q_n。

由溢流阀的特性分布可知:当阀溢流量发生变化时,阀进口压力波动越小,阀的性能越好。由图 5-7 溢流阀的静态特性曲线可见,先导式溢流阀性能优于直动式溢流阀。

b.溢流阀的启闭特性。启闭特性是对阀的压力—流量的量化计算,是表征溢流阀性能好坏的重要指标,一般用开启压力比率和闭合压力比率表示。当溢流阀从关闭状态逐渐开启,其溢流量达到额定流量的 1% 时所对应的压力,定义为开启压力 p_k。p_k 与调定压力 p_s 之比的百分率,称之为开启压力比率。当溢流阀从全开启状态逐渐关闭,其溢流量为其额定流量的 1% 时,所对应的压力定义为闭合压力 p_k'。p_k' 与调定压力 p_s 之比的百分率,称之为闭合压力比率。开启压力比率与闭合压力比率越高,阀的性能越好。一般开启比率应大于等于 90%,闭合比率应大于等于 85%。图 5-8 所示为溢流阀的启闭特性曲线。曲线 1 为先导式溢流阀的开启特性,曲线 2 为闭合特性。

c.溢流阀的压力稳定性。系统在工作时,由于油泵的流量脉动及负载变化的影响,导致溢流阀的主阀芯一直处于振动状态,阀所控制的油压也因此产生波动。溢流阀的压力稳定性用两个指标度量:一是在整个调压范围内阀在额定流量状态下的压力波动值;二是在额

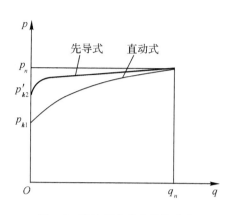

图 5-7 溢流阀的静态特性曲线

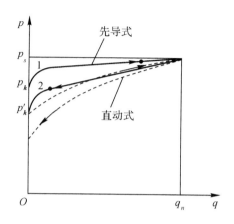

图 5-8 溢流阀的启闭特性曲线

定压力和额定流量状态下,3min 内的压力偏移值。上述两个指标越小,溢流阀的压力稳定性就越好。

d. 溢流阀的卸荷压力。将溢流阀的遥控口与油箱连通后,油泵处于卸荷状态时,溢流阀进出油口压力之差称之为卸荷压力。溢流阀的卸荷压力越小,系统发热越少,一般溢流阀的卸荷压力不大于 0.2MPa,最大不应超过 0.45MPa。

e. 压力调节范围。溢流阀的压力调节范围是指溢流阀能够保证性能的压力使用范围。溢流阀在此范围内调节压力时,进口压力能保持平稳变化,无突跳、迟滞等现象。在实际情况下,当需要溢流阀扩大调压范围时,可通过更换不同刚度的弹簧来实现。如国产调压范围为 12～31.5MPa 的高压溢流阀,更换四种刚性不等的调节弹簧可实现 0.5～7MPa、3.5～14MPa、7～21MPa 和 14～35MPa 四种范围的压力调节。

f. 流量许用范围。溢流阀的流量许用范围一般是指阀额定流量的 15%～100%。阀在此流量范围内工作,其压力应当平衡、噪声小。

②动态特性。溢流阀的动态特性是指在系统压力突变时,阀的响应过程中所表现出的性能指标。图 5-9 所示为溢流阀的动态特性曲线。此曲线的测定过程是:将处于卸荷状态下的溢流阀突然关闭时(一般是由小流量电磁阀切断通油池的遥控口),阀的进口压力迅速提升至最大峰值,然后振荡衰减至调定压力,再使溢流阀在稳态溢流时开始卸荷。经此压力变化循环过程后,可以得出以下动态特性指标:

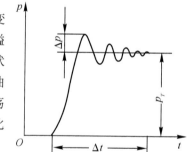

图 5-9 溢流阀的动态特性曲线

a. 压力超调量。最大峰值压力与调定压力之差,称之为压力超调量,用 Δp 表示。压力超调量越小,阀的稳定性越好。

b. 过渡时间。指溢流阀从压力开始升高达到稳定在调定压力所需的时间,用符号 t 表示。过渡时间越短,阀的灵敏性越高。

c. 压力稳定性。溢流阀在调压状态下工作时,由于泵的压力脉动而引起系统压力在调定压力附近产生有规律的波动,这种压力的波动可以从压力表指针的振摆看到,此压力振摆的大小标志阀的压力稳定性。阀的压力振摆越小,压力稳定性越好。一般溢流阀的压力振摆应小于 0.2MPa。

2. 先导型溢流阀

先导型溢流阀是由先导阀和主阀组成。先导阀用以控制主阀芯两端的压差,主阀芯用于控制主油路的溢流。图 5-10(a)所示为一种板式连接的先导型溢流阀的结构原理图。由图可见,先导型溢流阀由先导阀 1 和主阀 2 两部分组成。先导阀就是一个小规格的直动型溢流阀,而主阀阀芯是一个具有锥形端部、上面开有阻尼小孔的圆柱筒。

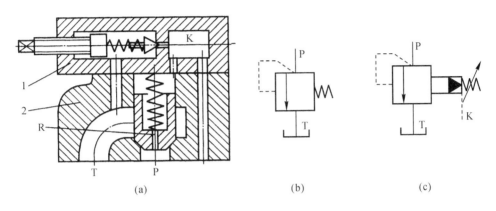

图 5-10　先导型溢流阀工作原理

在图 5-10(a)中,油液从进油口 P 进入,经阻尼孔 R 到达主阀弹簧腔,并作用在先导阀锥阀阀芯上(一般情况下,外控口 K 是堵塞的)。当进油压力不高时,液压力不能克服先导阀的弹簧阻力,先导阀口关闭,阀内无油液流动。这时,主阀芯因前后腔油压相同,故被主阀弹簧压在阀座上,主阀口亦关闭。当进油压力升高到先导阀弹簧的预调压力时,先导阀口打开,主阀弹簧腔的油液流过先导阀口并经阀体上的通道和回油口 T 流回油箱。这时,油液流过阻尼小孔 R,产生压力损失,使主阀芯两端形成了压力差,主阀芯在此压力差的作用下克服弹簧阻力向上移动,使进、回油口连通,达到溢流稳压的目的。调节先导阀的调压螺钉,便能调整溢流压力。更换不同刚度的调压弹簧,便能得到不同的调压范围。

先导型溢流阀的阀体上有一个远程控制口 K,当将此口通过二位二通阀接通油箱时,主阀芯上端的弹簧腔压力接近于零,主阀芯在很小的压力下便可移动到上端,阀口开至最大,这时系统的油液在很低的压力下通过阀口流回油箱,实现卸荷作用。如果将 K 口接到另一个远程调压阀上(其结构和溢流阀的先导阀一样),并使打开远程调压阀的压力小于先导阀的调定压力,则主阀芯上端的压力就由远程调压阀来决定。使用远程调压阀后便可对系统的溢流压力实行远程调节。

溢流阀的图形符号如图 5-10(b),(c)所示。其中,图 5-10(b)所示为溢流阀的一般符号或直动型溢流阀的符号;图 5-10(c)所示为先导型溢流阀的符号。图 5-11 所示为先导型溢流阀的一种典型结构。先导型溢流阀的稳压性能优于直动型溢流阀,但先导型溢流阀是二级阀,其灵敏度低于直动型阀。

3. 溢流阀的应用

溢流阀在每一个液压系统中都有使用。主要应用有:

(1)作溢流阀用。如图 5-12 所示,在用定量泵供油的节流调速回路中,当泵的流量大于节流阀允许通过的流量时,溢流阀使多余的油液流回油箱,此时泵的出口压力保持恒定。

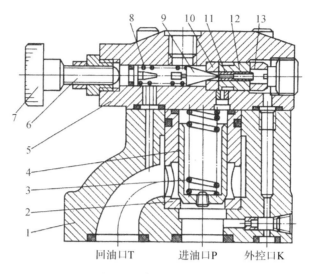

图 5-11 先导型溢流阀

1—阀体;2—主阀套;3—弹簧;4—主阀芯;5—先导阀阀体;6—调节螺钉;7—调节手轮;8—弹簧
9—先导阀阀芯;10—先导阀阀座;11—柱塞;12—导套;13—消振垫

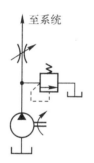

图 5-12 溢流阀起溢流定压的作用

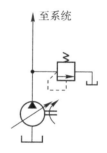

图 5-13 溢流阀作安全阀用

(2)作安全阀用。在图 5-13 由变量泵组成的液压系统中,用溢流阀限制系统的最高压力,防止系统过载。系统在正常工作状态下,溢流阀关闭;当系统过载时,溢流阀打开,使压力油经阀流回油箱。此时,溢流阀为安全阀。

(3)作背压阀用。在图 5-14 所示的液压回路中,溢流阀串联在回油路上,溢流产生背压,使运动部件的运动平稳性增加。

(4)作卸荷阀用。在图 5-15 所示的液压回路中,在溢流阀的遥控口串接一小流量的电磁阀。当电磁铁通电时,溢流阀的遥控口通油箱,此时液压泵卸荷。溢流阀此时作为卸荷阀使用。

5.2.3 减压阀

减压阀是使其出口压力低于进口压力,并且出口压力可以调节的压力控制阀。在液压系统中减压阀用于降低或调节系统中某一支路的压力,以满足某些执行元件的需要。

对减压阀的主要要求是:出口压力维持恒定,不受入口压力、通过流量大小的影响。

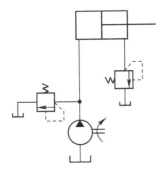

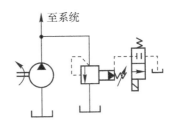

图 5-14 溢流阀作背压阀用　　　　　　图 5-15 溢流阀作卸荷阀用

　　减压阀按其工作原理亦有直动型和先导型之分。按其调节性能又分为保证出口压力为定值的定值减压阀,保证进出口压力差不变的定差减压阀,保证进出口压力成比例的定比减压阀。其中定值减压阀应用最广,简称减压阀。这里只介绍定值减压阀。

1. 直动型减压阀

(1)直动型减压阀工作原理和结构

　　图 5-16(a)所示为直动型减压阀的工作原理图,图 5-16(b)所示为直动型或一般减压阀符号。当阀芯处在原始位置上时,它的阀口是打开的,阀的进、出口沟通。这个阀的阀芯由出口处的压力控制,出口压力未达到调定压力时阀口全开,阀芯处于原始位置。当出口压力达到调定压力时,阀芯上移,阀口关闭,使整个阀处于工作状态。如忽略其他阻力,仅考虑阀芯上的液压力和弹簧力相平衡的条件,则可以认为出口压力基本上维持在某一固定的调定值上。这时如出口压力减小到一定程度,阀芯下移,阀口稍微打开,压降减小,使出口压力回升到调定值上,然后阀口恢复关闭状态。反之,如出口压力增大,则阀芯上移,阀口关小,阀口处阻力加大,压降增大,使出口压力下降到调定值上。

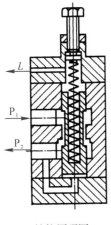
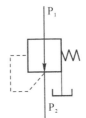

(a) 结构原理图　　　　　　　　　　(b) 一般减压阀职能符号

图 5-16 直动型减压阀

(2)直动型减压阀的性能

理想的减压阀在进口压力、流量发生变化或出口负载增大时,其出口压力 p_2 始终稳定不变。但实际上 p_2 是随 p_1 和 q 的变化而变化,或随负载的增大而有所变化。故减压阀的静态特性主要有 p_1-p_2 特性和 p_2-q 特性。

以图 5-16 所示的直动型减压阀为例,若忽略减压阀阀芯的自重、摩擦力和稳态液动力,则阀芯上的力的平衡方程为

$$p_2A=K(X_c-X_r) \tag{5-6}$$

式中: X_c——当阀芯开口 $X_r=0$ 时的弹簧的预压缩量;

A——阀芯的工作面积。

由此可得

$$p_2=K(X_c-X_r)/A \tag{5-7}$$

当 $X_r\ll X_c$ 时,则式(5-7)可写为

$$p_2=KX_c/A=\text{const} \tag{5-8}$$

图 5-17 所示为减压阀静态特性曲线。其中图 5-17(a),(b)分别为 p_2-p_1 特性曲线和 p_2-q 特性曲线。在图 5-17(a)的 p_2-p_1 特性曲线中,各曲线的拐点(转折点)是阀芯开始动作的点,拐点所对应的压力 p_2 即该曲线的调定压力。当出口压力 p_2 小于其调定压力时, $p_2=p_1$;当出口压力 p_2 大于其调定压力时, $p_2=\text{const}$。在图 5-17(b)的 p_2-q 特性曲线中,当 $p_1=\text{const}$ 时,随着 q 的增加, p_2 略有下降,且 p_1 大则 p_2 下降得少,但总的来说下降得不多,且 p_2 是可调的。

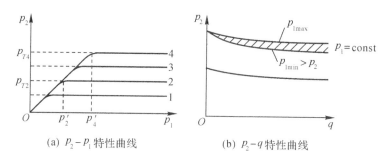

(a) p_2-p_1 特性曲线　　(b) p_2-q 特性曲线

图 5-17　减压阀的静态特性

当减压阀的出油口处不输出油液时,它的出口压力基本上仍能保持恒定,此时有少量的油液通过泄油管流回油箱。

(3)减压阀的特点

减压阀和溢流阀有以下几点不同之处:

①减压阀保持出口处压力基本不变,而溢流阀保持进口处压力基本不变。

②在不工作时,减压阀进、出口互通,而溢流阀进、出口不通。

③为保证减压阀出口压力调定值恒定,它的控制腔需通过泄油口单独外接油箱;而溢流阀的出油口是通油箱的,所以它的控制腔和泄漏油可通过阀体上的通道和出油口接通,不必单独外接油箱。

2. 先导型减压阀

图 5-18(a)所示为传统型先导式减压阀。它是由先导阀和主阀两部分组成。图中 P_1 为进油口, P_2 为出油口,压力油通过主阀芯 4 下端通油槽 a 和主阀芯内阻尼孔 b,进入主

芯上腔 c 后,经孔 d 进入先导阀前腔。当减压阀出口压力 p_2 小于调定压力时,先导阀芯 2 在弹簧力作用下关闭,主阀芯 4 上、下腔压力相等,在弹簧的作用下,主阀芯处于下端位置。此时,主阀芯 4 进出油之间的通道间隙 e 最大,主阀芯全开,减压阀进、出口压力相等。当阀出口压力达到调定值时,先导阀芯 2 打开,压力油经阻尼孔 b 产生压差,主阀芯上、下腔压力不等,下腔压力大于上腔压力,其差值克服主阀弹簧 3 的作用使阀芯抬起,此时通道间隙 e 减小,节流作用增强,使出口压力低于进口压力,并保持在调定值上。

　　当调节手轮 1 时,先导阀弹簧的预压缩量受到调节,使先导阀所控制的主阀芯前腔的压力发生变化,从而调节了主阀芯的开口位置,调节了出口压力。先导式减压阀正常工作时,一般不需要继续往出口输出流量,但主阀口仍然微开,以通过先导流量。由于减压阀出口为系统内的支油路,所以减压阀的先导阀上腔的泄漏口必须单独接油箱。图 5-18(b)为先导式减压阀的职能符号。

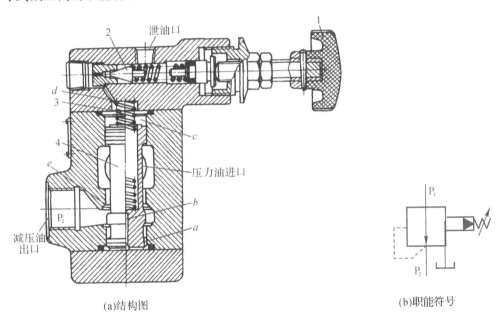

(a)结构图　　　　　　　　(b)职能符号

1—手轮;2—先导阀芯;3—主阀弹簧;4—主阀芯。

图 5-18　传统型先导式减压阀

3. 减压阀的应用

　　(1)减压回路。图 5-19 所示为减压回路,在主系统的支路上串一减压阀,用以降低和调节支路液压缸的最大推力。

　　(2)稳压回路。如图 5-20 所示,当系统压力波动较大、液压缸 2 需要有较稳定的输入压力时,在液压缸 2 进油路上串一减压阀,在减压阀处于工作状态下,可使液压缸 2 的压力不受溢流阀压力波动的影响。

　　(3)单向减压回路。当需要执行元件正反向压力不同时,可用图 5-21 的单向减压回路。图中的用双点划线框起的单向减压阀是具有单向阀功能的组合阀。

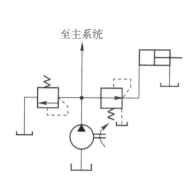

图 5-19　减压回路

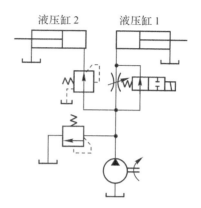

图 5-20　稳压回路

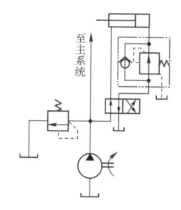

图 5-21　单向减压回路

5.2.4　顺序阀

顺序阀是以压力为控制信号,自动接通或断开某一支路的液压阀。由于顺序阀可以控制执行元件顺序动作,于是称之为顺序阀。

顺序阀按其控制方式不同,可分为内控式顺序阀和外控式顺序阀。内控式顺序阀直接利用阀的进口压力油控制阀的启闭,一般称之为顺序阀;外控式顺序阀利用外来的压力油控制阀的启闭,称之为液控顺序阀。按顺序阀的结构不同,又可分为直动型顺序阀和先导型顺序阀。

1. 直动型顺序阀

(1)直动型顺序阀工作原理和结构

图 5-22 所示为一种直动型内控顺序阀的工作原理图。压力油由进油口经阀体 4 和下盖 7 的小孔流到控制活塞 6 的下方,使阀芯 5 受到一个向上的推动作用。当进口油压较低时,阀芯在弹簧 2 的作用下处于下部位置,这时进、出油口不通。当进口油压力增大到预调的数值以后,阀芯底部受到的推力大于弹簧力,阀芯上移,进出油口连通,压力油就从顺序阀流过。顺序阀的开启压力可以用调压螺钉 1 来调节。在此阀中,控制活塞的直径很小,因而阀芯受到的向上推力不大,所用的平衡弹簧就不需太硬,这样可以使阀在较高的压力下工作。图 5-22(b)和(c)是直动型顺序阀的图形符号。

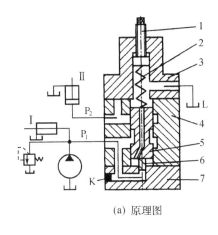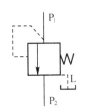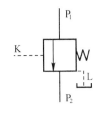

(a) 原理图　　　(b) 内控外泄式直动型　　(c) 外控内泄式直动型
　　　　　　　　　　顺序阀的职能符号　　　顺序阀的职能符号

1—调压螺钉；2—弹簧；3—阀盖；4—阀体；5—阀芯；6—控制活塞；7—下盖。

图 5-22　顺序阀的工作原理

（2）直动型顺序阀的性能

顺序阀在结构上与溢流阀十分相似，但在性能和功能上有很大的区别，主要有：溢流阀出口接油箱，顺序阀出口接下一级液压元件；溢流阀采取内泄式，顺序阀一般为外泄式；溢流阀主阀芯遮盖量小，顺序阀主阀芯遮盖量大；溢流阀打开时阀处于半打开状态，主阀芯开口处节流作用强，顺序阀打开时阀芯处于全打开状态，主通道节流作用弱。

2. 先导型顺序阀

图 5-23（a）所示为先导型顺序阀。该阀是由主阀与先导阀组成。压力油从进油口 P_1 进入，经通道进入先导阀下端，经阻尼孔和先导阀后由泄漏口 L 流回油箱。当系统压力不高时，先导阀关闭，主阀芯两端压力相等，复位弹簧将阀芯推向下端，顺序阀进出油口关闭；当压力达到调定值时，先导阀打开，压力油经阻尼孔时形成节流，在主阀芯两端形成压差，此压力差克服弹簧力，使主阀芯抬起，进出油口打开。图 5-23（b）为先导型顺序阀职能符号。

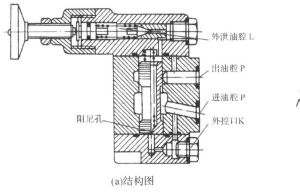

(a)结构图　　　　(b)职能符号

图 5-23　先导型顺序阀

3. 顺序阀的应用

（1）实现执行元件的顺序动作。图 5-24 所示是为实现定位夹紧顺序动作的液压回路。缸 A 为定位缸，缸 B 为夹紧缸。要求进程时（活塞向下运动），A 缸先动作，B 缸后动作。B 缸进油路上串联一单向顺序阀,将顺序阀的压力值调定到高于 A 缸活塞移动时的最高压力。当电磁阀的电磁铁通电时,A 缸活塞先动作,定位完成后,油路压力提高,打开顺序阀,B 缸活塞动作。回程时,两缸同时供油,B 缸的回油路经单向阀回油箱,缸 A 和 B 的活塞同时动作。

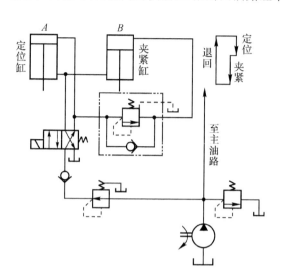

图 5-24　定位夹紧顺序动作回路

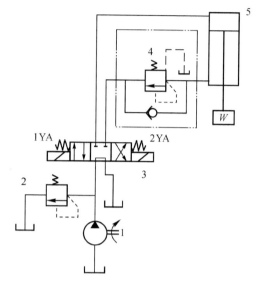

图 5-25　用于单向顺序阀的平衡回路

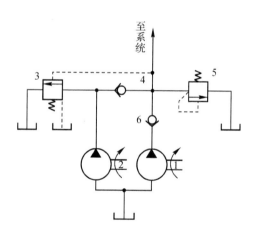

图 5-26　双泵供油系统回路

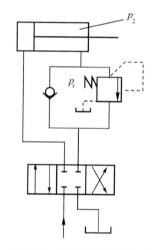

图 5-27　顺序阀做背压阀用

（2）与单向阀组合成单向顺序阀。如图 5-25 所示。在平衡回路上,需防止垂直或倾斜放置的执行元件和与之相连的工作部件因自重而自行下落。

（3）做卸荷阀用。图 5-26 所示为实现双泵供油系统的大流量泵卸荷的回路。大量供油时泵 1 和泵 2 同时供油,此时供油压力小于顺序阀 3 的控制压力;少量供油时,供油压力大于顺序阀 3 的控制压力,顺序阀 3 打开,单向阀 4 关闭,泵 2 卸荷,只有泵 1 继续供油。此时溢流阀起安全阀作用。

（4）做背压阀用。此时阀用于液压缸回油路上,增大背压,使活塞的运动速度稳定。如图 5-27 所示。

5.2.5　压力继电器

1.压力继电器的工作原理、结构及性能

压力继电器是利用液体压力来启闭电气触点的液压—电气转换元件,它在油液压力达到其设定压力时,发出电信号,控制电气元件动作,从而实现泵的加载或卸荷、执行元件的顺序动作或系统的安全保护和连锁等其他功能。任何压力继电器都由压力—位移转换装置和微动开关两部分组成。按前者的结构分有柱塞式、弹簧管式、膜片式和波纹管式四类,其中以柱塞式最常用。

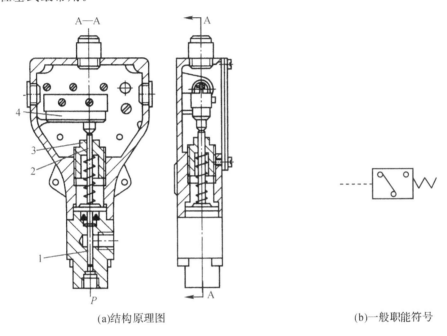

(a)结构原理图　　　　　　　　　　　　(b)一般职能符号

1—柱塞;2—顶杆;3—调节螺钉;4—微动开关。

图 5-28　柱塞式压力继电器

图 5-28(a)所示为柱塞式压力继电器的结构原理图。压力油从油口 P 通入,作用在柱塞 1 的底部。若其压力达到弹簧的调定值时,便克服弹簧阻力和柱塞表面摩擦力推动柱塞上升,通过顶杆 2 触动微动开关 4 发出电信号。图 5-28(b)所示为压力继电器的一般图形符号。

压力继电器的性能参数主要有:

(1)调压范围。指能发出电信号的最低工作压力和最高工作压力的范围。

(2)灵敏度和通断调节区间。压力升高继电器接通电信号的压力(称开启压力)和压力下降继电器复位切断电信号的压力(称闭合压力)之差为压力继电器的灵敏度。为避免压力波动时继电器时通时断,要求开启压力和闭合压力间有一可调节的差值范围,称为通断调节区间。

(3)重复精度。在一定的设定压力下,多次升压(或降压)过程中,开启压力和闭合压力本身的差值称为重复精度。

(4)升压或降压动作时间。压力由卸荷压力升到设定压力,微动开关触点闭合发出电信号的时间,称为升压动作时间,反之称为降压动作时间。

2.压力继电器的应用

（1）安全控制回路。图 5-29 所示为采用压力继电器的安全控制（保护）回路。当系统压力 $p(p=p_p)$ 达到压力继电器事先调定的压力值 p_{kp} 时，压力继电器即发出电信号，使由其控制的系统停止工作，对系统起安全保护作用。

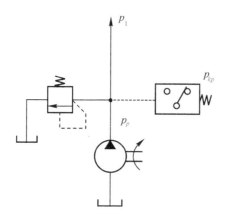

图 5-29　采用压力继电器的安全控制回路

（2）实现执行元件的顺序动作。详见 7.6.1 节顺序动作回路中采用压力继电器的顺序动作回路图。

5.3　流量控制阀

5.3.1　概　述

流量控制阀是通过改变节流口面积的大小，从而改变通过阀的流量。在液压系统中，流量阀的作用是对执行元件的运动速度进行控制。常见的流量控制阀有节流阀、调速阀、溢流节流阀等。

对流量控制阀的主要要求是：具有足够的调节范围；能保证稳定的最小流量；温度和压力变化对流量的影响要小；调节方便，泄漏小等。

5.3.2　节流阀

1.节流阀的工作原理和结构

图 5-30(a)所示为一种普通节流阀的结构图。这种节流阀的节流通道呈轴向三角槽式。油液从进油口 P_1 流入，经孔道 a 和阀芯 2 左端的三角槽进入孔道 b，再从出油口 P_2 流出。调节把手 4 就能通过推杆 3 使阀芯 2 做轴向移动，改变节流口的通流截面积来调节流量。阀芯 2 在弹簧 1 的作用下始终贴紧在推杆 3 上。图 5-30(b)所示为普通节流阀的图形符号。

2.节流阀的性能

（1）节流口的节流特性

节流口的节流特性是指液体流经节流口时，通过节流口的流量所受到的影响因素，以及这些因素与流量之间的关系，从而分析如何减少这些因素影响，以提高流量的稳定性。

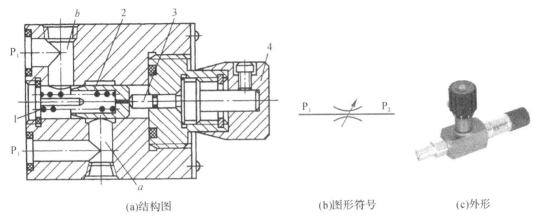

(a)结构图   (b)图形符号   (c)外形

1—弹簧;2—阀芯;3—推杆;4—调节把手;a,b—孔道。

图 5-30 普通节流阀

分析节流特性的理论依据是阀口的流量特性方程式(5-1),即 $q = CA_T(\Delta p)^m$。

(2)影响流量稳定性的因素

①压力对流量稳定性的影响

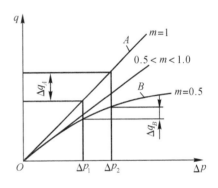

图 5-31 节流口的流量特性曲线

在使用中,当节流阀的通流截面积调整好以后,实际上由于负载的变化,节流口前后的压差亦在变化,使流量不稳定。由式(5-1)和图 5-31 可看出,节流口的 m 越大,Δp 的变化对流量的影响亦越大,因此节流口制成薄壁孔($m = 0.5$)比制成细长孔($m = 1$)好。

②温度对流量稳定性的影响

油温的变化引起黏度变化,从而对流量发生影响,这在细长孔式节流口上是十分明显的。对薄壁孔式节流口来说,当雷诺数 Re 大于临界值时,流量系数 C_d 不受油温影响;但当压力差小,通流截面积小时,C_d 与 Re 有关,流量要受到油温变化的影响。总之,薄壁孔受温度的影响小。

(3)节流口的形状

当节流口的通流截面积小到一定程度时,在保持所有因素都不变的情况下,通过节流口的流量会出现周期性的脉动,甚至造成断流,这就是节流口的阻塞现象。节流口的阻塞会使液压系统中执行元件的速度不均匀,因此每个节流阀都有一个能正常工作的最小流量限制,称为节流阀的最小稳定流量。

常见节流口的形式主要有图 5-1 所示的几种。

图 5-1(j)为针阀式节流口。其节流口的截面形式为环形缝隙。当改变阀芯轴向位置时,通流面积发生改变。此节流口的特点是:结构简单,易于制造,但流通半径小,流量稳定性差,适用于对节流性能要求不高的系统。

图 5-1(f)为偏心槽式节流口。在阀芯上开有周向偏心槽,其截面为三角槽,转动阀芯,可改变通流面积。这种节流口水力半径较针阀式节流口大,流量稳定性较好,但在阀芯上

有径向不平衡力,使阀芯转动费力,一般用于低压系统。

图 5-1(d)为三角槽式节流口。在阀芯断面轴向开有两个轴向三角槽,当轴向移动阀芯时,三角槽与阀体间形成的节流口面积发生变化。这种节流口的工艺性好,径向力平衡,流通半径较大,调节方便,广泛应用于各种流量阀中。

图 5-1(i)为旋转槽式节流口。为得到薄壁孔的效果,在阀芯内孔局部铣出一薄壁区域,然后在薄壁区开出一周向缝隙。此节流口形状近似矩形,通流性能较好。由于接近于薄壁孔,其流量稳定特性也较好。

图 5-1(k)为缝隙式节流口。此节流口的形式为在阀套外壁铣削出一薄壁区域,然后在其中间开一个近似梯形窗口(如图 5-1(k)中 A 向放大图所示)。圆柱形阀芯在阀套光滑圆孔内轴向移动时,阀芯前沿与阀套所开的梯形窗口之间所形成的矩形,形成由矩形到三角形变化的节流口。由于更接近于薄壁孔,通流性能较好。这种节流口为目前最好的节流口之一,用于要求较高的节流阀上。

流量调节范围指通过阀的最大流量和最小流量之比,一般在 50 以上。高压流量阀则在 10 左右。有些阀也采用最大流量与最小流量的实际值来表征阀的流量调节范围,流量调节范围是流量控制阀的参数之一。

普通节流阀的流量调节仅靠一个节流口调节,其流量的稳定性受压力和温度影响较大。

3.节流阀的应用

(1)进口节流调速。将普通节流阀安置在液压缸工进时的进油管路上,和定量泵、溢流阀共同构成节流阀进口节流调速回路,如图 5-32 所示。

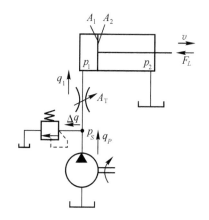 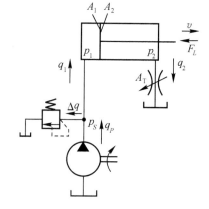

图 5-32　普通节流阀的进口节流调速回路　　　图 5-33　普通节流阀的出口节流调速回路

(2)出口节流调速。将普通节流阀安置在液压缸工进时的回油管路上,与定量泵、溢流阀共同构成节流阀出口节流调速回路,如图 5-33 所示。

在上述两种调速回路中,节流阀的开口调大,液压缸的速度便提高,反之则降低,即调节节流阀过流断面(开口)的大小,就调整了液压缸的运动速度。

(3)旁路节流调速。将普通节流阀安置在液压缸工进时呈并联的管路上,与定量泵和溢流阀便构成了节流阀旁路节流调速回路,如图 5-34 所示。调节节流阀的开口大小,便调整了液压缸的运动速度。与进口、出口调速不同的是,节流阀的开口调大,液压缸的速度降低,反之亦然。且这里的溢流阀做安全阀用,即系统正常工作时,溢流阀关闭;系统过载并达到事先设定的危险压力时,溢流阀才开启溢流,使系统压力不再升高,起安全保护作用。

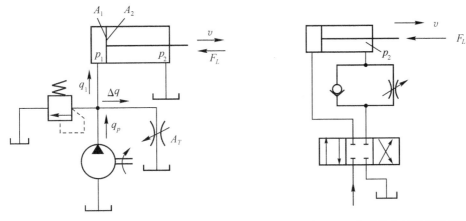

图 5-34　普通节流阀的旁路节流调速回路　　　　图 5-35　普通节流阀做背压阀用

(4)做背压阀用。将普通节流阀安置在液压缸工进时回油管路上,可使液压缸的回油建立起压力 p_2,即形成背压,此时作背压阀用,如图 5-35 所示。

(5)组成容积节流调速回路。普通节流阀和压差式变量泵等组合在一起可构成容积节流调速回路。详见 7.5.4 容积节流调速回路一节。

5.3.3　调速阀和溢流节流阀

从通过阀的流量公式可知,通过节流阀的流量受其进出口两端压差变化影响。在液压系统中,执行元件的负载变化时引起系统压力变化,进而使节流阀两端的压差也发生变化,而执行元件的运动速度与通过节流阀的流量有关,因此,负载变化,其运动速度也相应发生变化。为了使流经节流阀的流量不受负载变化的影响,必须对节流阀前后的压差进行压力补偿,使其保持在一个稳定值上。这种带压力补偿的流量阀称为调速阀。

目前调速阀中所采取的保持节流阀前后压差恒定的压力补偿的方式主要有两种:其一是将减压阀与节流阀串联,称之为调速阀;其二是将定压溢流阀与节流阀并联,称之为溢流节流阀。在此介绍这两种阀。

1.调速阀

(1)调速阀的工作原理和结构

调速阀由定差减压阀和节流阀两部分组成。定差减压阀可以串联在节流阀之前,也可串联在节流阀之后。图 5-36(a)所示为调速阀的工作原理图。图中 1 为定差减压阀阀芯,2 为节流阀阀芯,压力为 p_1 的油液流经减压阀节流口 h 后,压力降为 p_2。然后经节流阀节流口流出,其压力降为 p_3。进入节流阀前的压力为 p_2 的油液,经通道 e 和 f 进入定差减压的 b 和 c 腔,而流经节流口压力为 p_3 的油液,经通道 g 被引入减压阀 a 腔。当减压阀的阀芯在弹簧力 F_s、液动力 F_y、液压力 $A_3 p_3$ 和 $(A_1 + A_2)p_2$ 的作用下处于平衡位置时,调速阀处于工作状态。此时,若调速阀出口压力 p_3 因负载增大而增加时,作用在减压阀芯左端的压力增加,阀芯失去平衡向右移动,减压阀开口 X_R 增大,减压作用减小,p_2 增加,结果节流阀口两端压差 $\Delta p = p_2 - p_3$ 基本保持不变。同理,当 p_3 减小时,减压阀芯左移,p_2 也减少,节流阀节流口两端压差同样基本不变。这样,通过节流口的流量基本不会因负载的变化而改变。图 5-36(b)所示为调速阀的图形符号,图 5-36(c)所示为调速阀的简化图形符号。

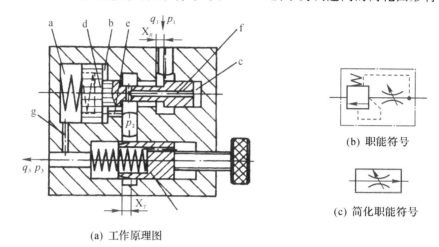

(a) 工作原理图

(b) 职能符号

(c) 简化职能符号

1—定差减压阀;2—节流阀。

图 5-36　调速阀工作原理图及符号

(2)调速阀的性能

调速阀能保持流量稳定的功能,主要是由具有压力补偿作用的减压阀起作用,从而保持节流阀口前后的压差近似不变,最后使流量近似恒定。建立静态特性方程式的主要依据是动力学方程和流量连续性方程以及相应的流量表达式。

①减压阀的流量方程式为

$$q_R = C_R \omega(X_R)\left[2(p_1 - p_2)/\rho\right]^{1/2} \tag{5-9}$$

式中:C_R——减压阀口的流量系数;

　　$\omega(X_R)$——减压阀口的过流面积;

　　X_R——减压阀芯位移量(向右方向为正);

　　ρ——油液密度;

　　p_1——调速阀的进口压力,即减压阀的进口压力;

　　p_2——减压阀的出口压力,即节流阀的进口压力。

②节流阀的流量方程式为

$$q_T = C_T \beta(X_T)\left[2(p_2 - p_3)/\rho\right]^{1/2} \tag{5-10}$$

式中:C_T——节流阀口的流量系数;

　　$\beta(X_T)$——节流阀口的过流面积;

　　p_3——调速阀的出口压力,即节流阀的出口压力。

③减压阀芯的受力平衡方程式为

$$p_2 A_b + p_2 A_c + F_Y = p_3 A_a + K(X_0 - X_R)$$

$$A_a = A_b + A_c$$

$$p_2 - p_3 = \left[K(X_0 - X_R) - F_Y\right]/A_a \tag{5-11}$$

式中:A_a——减压阀芯受力面积;

　　F_Y——稳态液动力;

　　K——弹簧刚度;

X_0——原始位置时的弹簧预缩量；

X_R——减压阀芯位移量(向左方向为正)。

④根据流量连续性方程,不计内泄漏,则

$$q_R = q_T \tag{5-12}$$

由式(5-11)可知,X_0、X_R、K 和 A_a 值决定了(p_2-p_3)的值。通过理论分析和实验验证,选择(p_2-p_3)为 0.3MPa 左右。

由式(5-10)可知,要保持流量稳定就要求(p_2-p_3)压差稳定。当节流阀口开度 X_T 调定后,阀的进出口压力 p_1 或 p_3 变化时,X_R 也变化,弹簧力 F_s 和液动力 F_Y 也要发生变化。由式(5-11)可知,弹簧力变化量 ΔF_s 与液动力 ΔF_Y 变化量的差值 ΔF 越小,A_a 越大,(p_2-p_3)的变化量就越小。合理设计减压阀的弹簧刚度和减压阀口的形状,就会得到较好的等流量特性。

图 5-37 所示为调速阀与普通节流阀相比较的特性曲线,即阀两端压差 Δp 与通过阀的流量 q_T 之间关系的曲线。由图 5-37 可知,在压差较小时,调速阀的特性与普通节流阀相同,此时,由于压差较小,不能将调速阀中的减压阀芯抬起,减压阀失去压力补偿作用,调速阀与节流阀的这部分曲线重合;当阀两端压差大于某一值时,减压阀芯处于工作状态,通过调速阀的流量就不受阀两端压差的影响了,而通过节流阀的流量仍然随压差的变化而改变,两者的曲线出现明显的差别。Δp_{min} 是调速阀的最小稳定工作压差,一般在 1MPa 左右。

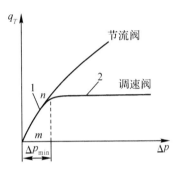

1—无压力补偿;2—有压力补偿。

图 5-37　节流阀和调速阀的静态特性曲线

(3)调速阀的应用

调速阀的应用与节流阀相似,凡是节流阀能应用的场合,调速阀均可应用。与普通节流阀不同的是,调速阀应用于对速度稳定性要求较高的液压系统中。

2.溢流节流阀

(1)溢流节流阀的工作原理和结构

溢流节流阀是节流阀与定差溢流阀并联而成的组合阀,它也能补偿因负载变化而引起的流量变化。图 5-38 所示为结构图,图 5-39 所示为工作原理图。与调速阀不同,用于实现压力补偿的差压式溢流阀 1 的进口与节流阀 2 的进口并联,节流阀的出口接执行元件,差压式溢流阀的出口接回油箱。节流阀的前后压力 p_1 和 p_2 经阀体内部通道反馈作用在差压式溢流阀的阀芯两端,在溢流阀阀芯受力平衡时,压力差(p_1-p_2)被弹簧力确定为基本不变,因此流经节流阀的流量基本稳定。

图 5-38 结构中安全阀 3 的进口与节流阀的进口并联,用于限制节流阀的进口压力 p_1 的最大值,对系统起安全保护作用。溢流节流阀正常工作时,安全阀处于关闭状态。

若因负载变化引起节流阀出口压力 p_2 增大,差压式溢流阀芯弹簧端的液压力将随之增大,阀芯原有的受力平衡被破坏,阀芯向阀口减小的方向位移,阀口减小使其阻尼作用增强,于是进口压力 p_1 增大,阀芯受力重新平衡。因差压式溢流阀的弹簧刚度很小,因此阀芯的位移对弹簧力影响不大,即阀芯在新的位置平衡后,阀芯两端的压力差,也就是节流阀

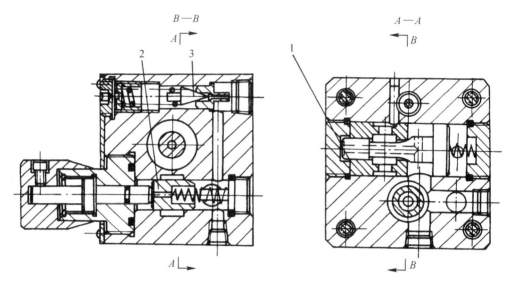

1—差压式溢流阀；2—节流阀；3—安全阀。

图 5-38　溢流节流阀结构图

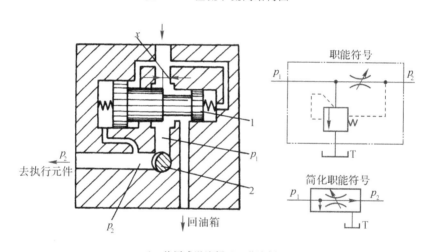

1—差压式溢流阀；2—节流阀。

图 5-39　溢流节流阀工作原理图

前后压力差(p_1-p_2)保持不变。当负载变化引起节流阀出口压力p_2减小时，类似上面的分析，同样可保证节流阀前后压力差(p_1-p_2)基本不变。

（2）溢流节流阀的性能

溢流节流阀能保持流量稳定的功能，主要对具有流量补偿作用的定差溢流阀起作用，从而通过p_1随p_2的变化来保持节流口前后的压差近似不变，使流量保持近似恒定。溢流节流阀的静态特性与调速阀相同。

（3）溢流节流阀的应用

溢流节流阀和调速阀都能使速度基本稳定，但其性能和使用范围不完全相同。主要差别是：

①溢流节流阀入口压力即泵的供油压力p随负载的大小而变化。负载大，供油压力

大,反之亦然。因此,泵的功率输出合理,损失较小,效率比采用调速阀的调速回路高。

②溢流节流阀的流量稳定性较调速阀差,在小流量时尤其如此。因此,在有较低稳定流量要求的场合不宜采用溢流节流阀,而对速度稳定性要求不高、功率又较大的节流调速系统应用较多,如插床、拉床、刨床。

③在使用中,溢流节流阀只能安装在节流调速回路的进油路上,而调速阀在节流调速回路的进油路、回油路和旁油路上都可以应用。因此,调速阀比溢流节流阀应用广泛。

5.4　方向控制阀

5.4.1　概　述

方向控制阀是控制和改变液压系统中各油路之间液流方向的阀,方向控制阀可分为单向阀和换向阀两大类。

对换向阀的主要要求是:压力损失要小;泄漏要小;换向平稳、迅速且可靠。

5.4.2　单向阀

单向阀是用以防止油液倒流的元件。按控制方式不同,又可分为普通单向阀和液控单向阀两种。前者简称单向阀。

1.普通单向阀

(1)普通单向阀的工作原理和结构

普通单向阀又称止回阀,其作用是使液体只能向一个方向流动,反向截止。单向阀按阀芯的结构形式不同,可分为球芯阀、柱芯阀和锥芯阀;按液体的流向与进出口的位置关系,又分为直通式阀和直角式阀两类。

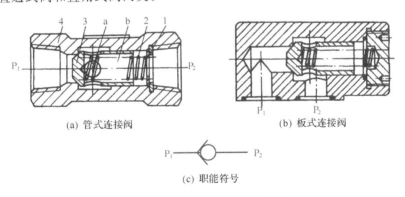

(a) 管式连接阀　　　　(b) 板式连接阀

(c) 职能符号

1—挡圈;2—弹簧;3—阀芯;4—阀体。

图 5-40　锥形阀芯直通式单向阀

图 5-40(a),(b)均为普通直通式单向阀,只是连接方式不同。其工作原理:当液压油从 P_1 口流入时,压力油推动阀芯,压缩弹簧,从 P_2 口流出。当液压油从 P_2 口流入时,阀芯锥面紧压在阀体的结合面上,油液无法通过。当单向阀导通时,使阀芯开启的压力称开启压力。单向阀的开启压力一般为 0.03~0.05MPa。若用作背压阀时可更换弹簧,开启压力可达 0.2~0.6MPa。图 5-40(c)所示为普通单向阀的图形符号。

图 5-41 所示为直角式单向阀,其工作原理与直通式阀相似。

(2)普通单向阀的应用

①单向阀安装在泵的出口处,可以防止由于系统压力突然升高而损坏泵。

②图 5-42 是在进口调速时,单向阀安装在液压缸工进时的回油管路上做背压阀使用,使系统运动平稳性增加,并减少负载突然变小时液压缸的前冲现象。

③图 5-43 是单向阀用于锁紧回路:当负载 F_L 增大,使液压缸 A 腔油压超过溢流阀的调定压力时,溢流阀将增大溢流,使液压缸有可能向 A 端移动,使油液倒流。在这种情

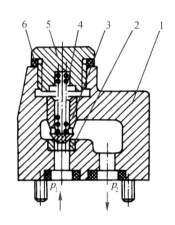

1—阀体;2—阀座;3—阀芯;4—弹簧;5—阀盖;6—密封圈。

图 5-41 锥形阀芯直角式单向阀

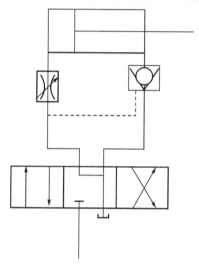

图 5-42 单向阀用于背压

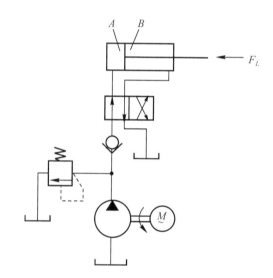

图 5-43 单向阀用于锁紧回路

况下,加置一单向阀使 A 腔锁紧,可不受外载变化的影响(如不考虑换向阀泄漏的影响)。

④单向阀还可以与节流阀(或调速阀)、顺序阀、减压阀等组合使用,构成单向节流阀(见图 5-44(a))、单向顺序阀(见图 5-44(b))、单向定值减压阀(见图 5-44(c))等,起到旁路作用。

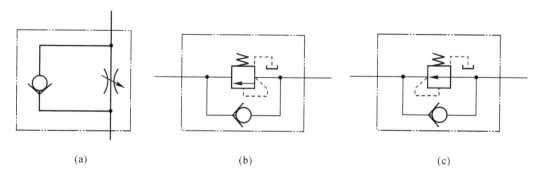

(a)   (b)   (c)

图 5-44 单向阀的组合使用(职能符号图)

2. 液控单向阀

（1）液控单向阀的工作原理和结构

液控单向阀又称为单向闭锁阀，其作用是使液流有控制地单向流动。液控单向阀分为普通型和卸荷型两类。

图 5-45（a）所示为普通液控单向阀，它是由单向阀和微型控制液压缸组成。其工作原理为：当液控口 K 有控制油压时，压力油推动活塞 5，进而推动锥阀芯 2 开启，使油口从 P_1 到 P_2 或从 P_2 到 P_1 均能接通；当液控油口 K 油压为零时，与普通单向阀功能一样，油口 P_1 到 P_2 导通，P_2 到 P_1 不通，L 为泄漏孔。图 5-45（b）所示为液控单向阀的职能符号。

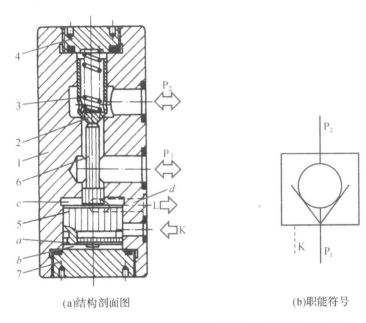

(a)结构剖面图　　　　　　　　(b)职能符号

1—阀体；2—阀芯；3—弹簧；4—上盖；5—控制活塞；6—活塞顶杆；7—下盖。

图 5-45　普通液控单向阀

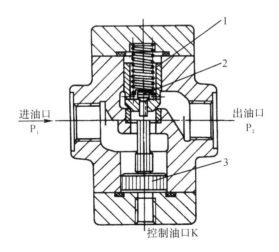

1—单向阀芯；2—卸荷阀芯；3—微动活塞。

图 5-46　带卸荷阀芯的液控单向阀

图 5-46 所示为带卸荷阀芯的液控单向阀。其卸荷过程为:活塞 3 首先顶起卸荷阀芯 2,使高压油首先通过卸荷阀芯卸荷,然后再打开单向阀芯 1,使油口反向导通。

(2)液控单向阀的应用

①图 5-47 所示是采用液控单向阀的锁紧回路。在垂直放置液压缸的下腔管路上安置液控单向阀,就可将液压缸(负载)较长时间保持(锁定)在任意位置上,并可防止由于换向阀的内部泄漏而引起带有负载的活塞杆下落。

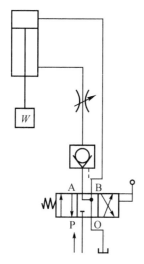

图 5-47　采用液控单向阀的锁紧回路

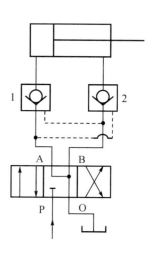

图 5-48　双向液压锁的锁紧回路

②图 5-48 所示是采用两个液控单向阀(又称双向液压锁)的锁紧回路。当三位换向阀处于左位机能时,由液压泵输出的压力油正向通过液控单向阀 1 进入液压缸左腔,同时由控制油路将液控单向阀 2 打开,使液压缸右腔原来封闭的油液流回油箱,活塞向右运动。反之,当三位换向阀处于右位机能时,正向打开液控单向阀 2,同时打开液控单向阀 1,使液压缸右腔进油,左腔回油,活塞向左运动。当三位换向阀处中位时,由于两个液控单向阀的进油口都和油箱相通,使液控单向阀都处于关闭状态,液压缸两腔的油液均不能流出,液压缸的活塞便锁紧在停止的位置上。这种回路锁紧的可靠性及锁定位置精度仅受液压缸本身泄漏的影响。

③若单出杆液压缸的两腔的有效工作面积相差很大,当有杆腔进油无杆腔回油得到快速运动时,无杆腔的回油量很大。如果换向阀的规格是按进入液压缸有杆腔所需流量选择的,那么液压缸无杆腔排出的流量就要超过换向阀的额定流量,这就有可能造成过大的压力损失,并产生噪声、振动等现象。为避免上述现象的发生,可在回路中增设一液控单向阀旁通排油,如图 5-49 所示。

④图 5-50 所示为采用液控单向阀双速回路。当二位四通换向阀 1 右位起作用(同时二位三通阀

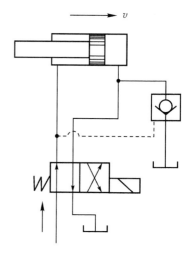

图 5-49　采用液控单向阀的旁通排油回路

2 的右位也起作用)时,来自油泵(进油路)的油液经阀 1 的右位进入液压缸 5 的无杆腔,同时控制油路经阀 2 的右位接通液控单向阀 4,并将单向阀 4 打开,从而使液压缸 5 的活塞向左运动,其排油经阀 4、阀 1 右位流回油箱,使液压缸得到快速移动。快速移动到一定位置,阀 2 的左位起作用,致使液控单向阀的控制油路接通油箱,液控单向阀关闭,这时液压缸的回油只有经过流量阀 3(图中为节流阀)再经阀 1 流回油箱,液压缸获得了由阀 3 调节、控制的工进、慢速移动(慢速移动结束后,阀 1 左位起作用,泵的来油经阀 1 左位、液控单向阀 4 的正向进入液压缸 5 有杆腔,液压缸回油经阀 1 左位流回油箱,活塞向右运动,液压缸复位)。

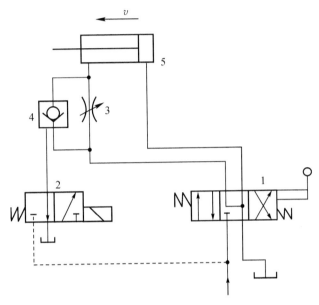

图 5-50　采用液控单向阀的双速回路

⑤图 5-51 所示是采用液控单向阀的保压回路。在图示位置,液压泵卸荷。当阀 3 的右

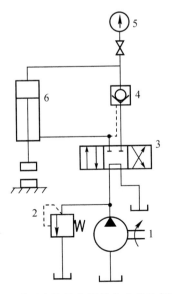

图 5-51　采用液控单向阀的自动补油保压回路

位机能起作用时,泵 1 经液控单向阀 4 向液压缸 6 上腔供油,活塞自初始位置快速前进,接近物件。当活塞触及物件后,液压缸上腔压力上升,并达到预定压力值时,电接触式压力表 5 发出信号,将阀 3 移至中位,使泵 1 卸荷,液压缸上腔由液控单向阀 4 保压。当液压缸上腔的压力下降到某一规定值时,电接触式压力表 5 又发出信号,使阀 3 右位又起作用,泵 1 再次重新向液压缸 6 的上腔供油,使压力回升。如此反复,实现自动补油保压。当阀 3 的左位机能起作用时,活塞快速退回原位。

上述保压回路能在 20MPa 的工作压力下保压 10min,压力下降不超过 2MPa。它的保压时间长,压力稳定性也好。

5.4.3 换向阀

换向阀是利用阀芯与阀体间相对运动来切换油路中液流的方向的液压元件,从而使液压执行元件启动、停止或变换运动方向。

对换向阀的主要要求是:(1)油液流经阀时的压力损失要小;(2)互不相通的油口间的泄漏要小;(3)换向平稳、迅速且可靠。

换向阀应用广泛,品种繁多。按阀芯运动的方式可分为滑阀与转阀两类;按操纵方式可分为手动、机动、电动、液动、电液动等;按阀芯在阀体内占据的工作位置可分为二位、三位、多位等;按阀体上主油路的数量可分为二通、三通、四通、五通、多通等;按阀的安装方式可分为管式、板式、法兰式。在此重点介绍换向阀的工作原理、典型结构、性能特点、图形符号及主要应用。

1. 滑阀式换向阀的工作原理

图 5-52 所示为滑阀式换向阀工作原理图。阀芯是具有若干个环槽的圆柱体,阀体孔内开有 5 个沉割槽,每个沉割槽都通过相应的孔道与主油路连通。其中 P 为进油口,T 为回油口,A 和 B 分别与液压缸的左右两腔连通。当阀芯处于图 5-52(a)所示位置时,P 与 B,A 与 T 相通,活塞向左运动;当阀芯处于图 5-52(b)所示位置时,P 与 A,B 与 T 相通,活塞向右运动。

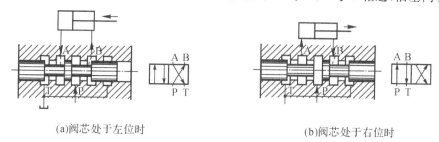

(a)阀芯处于左位时　　　　　　　　　　　(b)阀芯处于右位时

图 5-52　滑阀式换向阀工作原理图

2. 滑阀式换向阀的结构和职能符号

(1)主体结构

阀体和滑动阀芯是滑阀式换向阀的结构主体。表 5-2 所示是其最常见的结构型式。由表可见,阀体上开有多个通口,阀芯相对于阀体移动后可以停留在不同的工作位置上。以表中末行的三位五通阀为例,阀体上有 P,A,B,T_1,T_2 五个通口,阀芯有左、中、右三个工作位置。当阀芯处在图示中间位置时,五个通口都关闭;当阀芯移向左端时,通口 T_2 关闭,通口 P 和 B 相通。通口 A 和 T_1 相通;当阀芯移向右端时,通口 T_1 关闭,通口 P 和 A 相通、通口 B 和 T_2 相通。这种结构形式由于具有使五个通口都关闭的工作状态,故可使受它控制的执行元件在任意位置上停止运动。并且它有两个回油口,可得到不同的回油方式。

表 5-2　滑阀式换向阀主体部分的结构型式

名　　称	结构原理图	职能符号	使用场合	
二位二通阀			控制油路的连通与切断(相当于一个开关)	
二位三通阀			控制液流方向(从一个方向变换成另一个方向)	
二位四通阀			不能使执行元件在任一位置停止运动	控制执行元件换向
三位四通阀			能使执行元件在任一位置停止运动	执行元件正反向运动时回油方式相同
二位五通阀			不能使执行元件在任一位置停止运动	执行元件正反向运动时回油方式不同
三位五通阀			能使执行元件在任一位置停止运动	

(2)换向阀的"位"和"通"

"位"和"通"是换向阀的重要概念。不同的"位"和"通"构成了不同类型的换向阀。通常所说的"二位阀""三位阀"是指换向阀的阀芯有两个或三个不同的工作位置。所谓"二通阀""三通阀""四通阀"是指换向阀的阀体上有两个、三个、四个各不相通且可与系统中不同油管相连的油道接口(不计控制油口与泄漏油口等非主油口),不同油道之间只能通过阀芯移位时阀口的开关来接通。

几种不同的"位"和"通"。滑阀式换向阀的主体部分的结构形式和图形符号如表 5-2 所示。

表 5-2 中图形符号的含义如下:

①用方框表示阀的工作位置,有几个方框就表示有几"位"。

②方框内的箭头表示油路处于接通状态,但箭头方向不一定表示液流的实际方向。

③方框内符号"⊥"或"⊤"表示该通路不通。

④方框外部连接的接口数有几个,就表示几"通"。

⑤一般情况下,阀与系统供油路连接的进油口用字母 P 表示,阀与系统回油路连接的回路口用 T(有时用 O)表示;而阀与执行元件连接的油口用 A,B 等表示。有时在图形符号上用 L 表示泄油口。

⑥换向阀都有两个或两个以上的工作位置,其中一个为常态位,即阀芯未受到操纵力作用时所处的位置。图形符号中的中位是三位阀的常态位。利用弹簧复位的二位阀则以靠近弹簧的方框内的通路状态为其常态位。绘制系统图时,油路一般应连接在换向阀的常态位上。

(3)滑阀式换向阀的机能

①二位二通换向阀常态机能

二位二通换向阀(见图 5-53(b))的两个油口之间的状态只有两种:通或断,如图 5-53(a)所示。自动复位式(如弹簧复位)的二位二通换向阀滑阀机能,有常闭式(O 型)和常开式(H 型)两种,如图 5-53(c)所示。

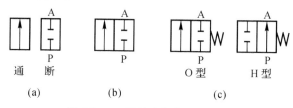

图 5-53　二通换向阀的滑阀机能

②三位换向阀的中位机能

三位四通换向阀的滑阀机能(又称中位机能)有很多种,各通口间不同的连通方式,可满足不同的使用要求。三位四通换向阀常见的中位机能、型号、符号及其特点,如表 5-3 所示。为表示和分析的方便,常将各种不同的中位机能用一个字母来表示。不同的中位机能可通过改变阀芯的形状和尺寸得到。三位五通换向阀的情况与此相仿。

表 5-3　三位四通换向阀的中位机能

滑阀机能	符　号	中位油口状况、特点及应用
O 型		P,A,B,T 四口全封闭,液压泵保压,液压缸闭锁,可用于多个换向阀的并联工作
H 型		四口全串通,活塞处于浮动状态,在外力作用下可移动,用于泵卸荷
Y 型		P 口封闭,A,B,T 三口相通,活塞浮动,在外力作用下可移动,用于泵保压
K 型		P,A,T 相通,B 口封闭,活塞处于闭锁状态,用于泵卸荷

续表

滑阀机能	符 号	中位油口状况、特点及应用
M 型		P 和 T 相通,A 与 B 均封闭,活塞闭锁不动,用于泵卸荷,也可用多个 M 型换向阀并联工作
X 型		四油口处于半开启状态,泵基本上卸荷,但仍保持一定压力
P 型		P,A,B 相通,T 封闭,泵与缸两腔相通,可组成差动回路
J 型		P 与 A 封闭,B 与 T 相通,活塞停止,但在外力作用下可向右边移动,泵仍保压
C 型		P 与 A 相通,B 与 T 皆封闭,活塞处于停止位置
N 型		P 和 B 皆封闭,A 与 T 相通,与 J 型机能相似,只是 A 与 B 互换了,功能也类似
U 型		P 和 T 都封闭,A 与 B 相通,活塞浮动,在外力作用下可移动,用于泵保压

在分析和选择阀的中位机能时,通常考虑以下几点:

a.系统保压。当 P 口被堵塞,系统保压,液压泵能用于多缸系统。当 P 口不太通畅地与 T 口接通时(如 X 型),系统能保持一定的压力供控制油路使用。

b.系统卸荷。P 口通畅地与 T 口接通时,系统卸荷。

c.换向平稳性和精度。当通液压缸的 A 和 B 两口都堵塞时,换向过程易产生液压冲击,换向不平稳,但换向精度高。反之,A 和 B 两口都通 T 口时,换向过程中工作部件不易制动,换向精度低,但液压冲击小。

d.启动平稳性。阀在中位时,液压缸某腔如通油箱,则启动时该腔内因无油液起缓冲作用,启动不太平稳。

e.液压缸"浮动"和在任意位置上的停止。阀在中位,当 A,B 两口互通时,卧式液压缸呈"浮动"状态,可利用其他机构移动工作台,调整其位置。当 A,B 两口堵塞或与 P 口连接(在非差动情况下)时,则可使液压缸在任意位置处停下来。

（3）换向阀的过渡机能

除中位机能外，有的系统还对阀芯换向过程中各油口的连通方式，即过渡机能提出了要求。根据过渡位置各油口连通状态及阀口节流形式尚可派生出其他滑阀机能，在液压符号中，这种过渡机能被画在各工位通路符号之间，并用虚线与之隔开。过渡过程虽只有一瞬间，且不能形成稳定的油口连通状态，但其作用不能忽视。如换位过程中，二位四通阀的四个油口若能半开启，则可减小换向冲击，同时使 P 口保持一定压力，此即 X 型过渡机能，符号如图 5-54(a)所示，图 5-54(b)所示为具有 HMH 型过渡机能二位四通阀符号。换向阀的过渡机能加长了阀芯的行程，这对电磁换向阀尤为不利，因为过长的阀芯行程不仅影响到电磁换向阀动作的可靠性，而且还延长了它的动作时间，所以电磁换向阀一般都是标准的换向机能而不设置过渡机能；只有液动（或电液动）换向阀才设计成不同的过渡机能。不同机能的滑阀，其阀体是通用件，区别仅在于阀芯台肩结构、轴向尺寸及阀芯上径向通孔的个数。

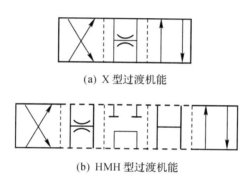

(a) X 型过渡机能

(b) HMH 型过渡机能

图 5-54　换向阀的过渡机能

（4）滑阀式换向阀的操纵方式及典型结构

使换向阀芯移动的驱动力有多种方式，目前主要有手动、机动、电动、液动、电液联动等几种方式。下面介绍液压阀的典型结构。

①手动换向阀

手动换向阀是用控制手柄直接操纵阀芯的移动而实现油路切换的阀。

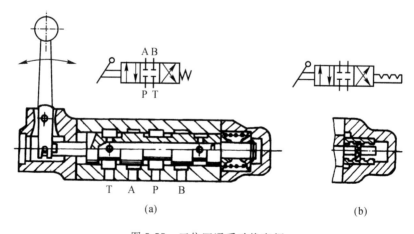

图 5-55　三位四通手动换向阀

图 5-55(a)所示为弹簧自动复位的三位四通手动换向阀。由图可以看到:向右推动手柄时,阀芯向左移动,油口 P 与 A 相通,油口 B 通过阀芯中间的孔与油口 T 连通;当松开手柄时,在弹簧作用下,阀芯处于中位,油口 P,A,B,T 全部封闭。当向左推动手柄时,阀芯处于右位,油口 P 与 B 相通,油口 A 与 T 相通。

图 5-55(b)所示为钢球定位的三位四通手动换向阀,它与弹簧自动复位的换向阀主要区别为:手柄可在三个位置上任意停止,不推动手柄,阀芯不会自动复位。

②机动换向阀

机动换向阀又称为行程阀,它是靠安装在执行元件上的挡块 5 或凸轮推动阀芯移动。机动换向阀通常是两位阀,图 5-56(a)为二位三通机动换向阀。在图示位置,阀芯 2 在弹簧 1 的作用下处于上位,油口 P 与 A 连通;当运动部件挡块 5 压下滚轮 4 时,阀芯向下移动,油口 P 与 T 连通。图 5-56(b)为二位三通机动换向阀的图形符号。

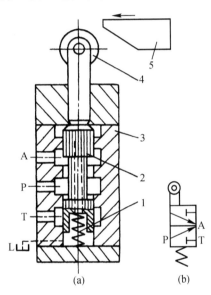

1—弹簧;2—阀芯;3—阀体;4—滚轮;5—挡块。

图 5-56　二位三通机动换向阀

机动换向阀结构简单,换向平稳可靠,但必须安装在运动部件附近,油管较长,压力损失较大。

③电磁换向阀

电磁换向阀是利用电磁铁的吸合力,控制阀芯运动实现油路换向。电磁换向阀控制方便,应用广泛,但由于液压油通过阀芯时所产生的液动力使阀芯移动受到阻碍,受到电磁吸合力限制,电磁换向阀只能用于控制较小流量的回路。

a.电磁铁。电磁换向阀中的电磁铁是驱动阀芯运动的动力元件。按电源可分为直流电磁铁和交流电磁铁;按活动衔铁是否在液压油充润状态下运动,可分为干式电磁铁和湿式电磁铁。

交流电磁铁可直接使用 380V,220V,110V 交流电源,具有电路简单,无需特殊电源,吸合力较大等优点,由于其铁心材料由矽钢片叠压而成,体积大,电涡流造成的热损耗和噪声无法消除,因而具有发热大、噪声大,且有工作可靠性差、寿命短等缺点,应用在设备换向精度要求不高的场合。

直流电磁铁需要一套变压与整流设备,所使用的直流电流为 12V,24V,36V 或 110V,由于其铁心材料一般由整体工业纯铁制成,因而具有电涡流损耗小、无噪声、体积小、工作可靠性好、寿命长等优点。但直流电磁铁需特殊电源,造价较高,加工精度也较高,一般用在换向精度要求较高的场合。

图 5-57 所示为干式电磁铁结构图。干式电磁铁结构简单、造价低、品种多、应用广泛。但为了保证电磁铁不进油,在阀芯推动杆 4 处设置了密封圈 10,此密封圈所产生的摩擦力,消耗了部分电磁推力,同时也限制了电磁铁的使用寿命。

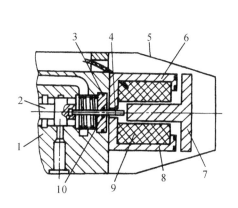

1—阀体;2—阀芯;3—密封圈;4—推动杆;5—外壳
6—分磁环;7—衔铁;8—定铁心;9—线圈;10—密封圈。

图 5-57　干式电磁铁结构

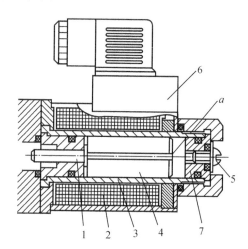

1—推杆;2—线圈;3—导磁导套缸;4—衔铁
5—放气螺钉;6—插头组件;7—挡板。

图 5-58　湿式电磁铁结构图

图 5-58 所示为湿式电磁铁结构图。由图可知,电磁阀推杆 1 上的密封圈被取消,换向阀端的压力油直接进入衔铁 4 与导磁导套缸 3 之间的空隙处,使衔铁在充分润滑的条件下工作,工作条件得到了改善。油槽 a 的作用是使衔铁两端油室互相连通,并又存在一定的阻尼,使衔铁运动更加平稳。线圈 2 安放在导磁导套缸 3 的外面不与液压油接触,其寿命大大提高。当然,湿式电磁铁存在造价高,换向频率受限等缺点。湿式电磁铁也各有直流和交流电磁铁之分。

b. 二位二通电磁换向阀。图 5-59(a)所示为二位二通电磁换向阀结构图。由图 5-59(a)可以看出,阀体上两个沉割槽分别与开在阀体上的油口相连(由箭头表示),阀体两腔由通道相连。当电磁铁未通电时,阀芯 2 被弹簧 3 压向左端位置,顶在挡板 5 的端面上,此时油口 P 与 A 不通;当电磁铁通电时,衔铁 8 向右吸合,推杆 7 推动阀芯向右移动,弹簧 3 压缩,油口 P 与 A 接通。图 5-59(b)所示为二位二通电磁换向阀的图形符号。

c. 三位四通电磁换向阀。图 5-60(a)所示为三位四通电磁换向阀结构图。由图可知,阀芯 2 上有两个环槽,阀体上开有五个沉割槽,中间三个沉割槽分别与油口 P,A,B 相连(由箭头表示),两边两个沉割槽由内部通道相连后与油口 T 相通(由箭头表示)。当两端电磁铁 8,9 均不通电时,阀芯在两端弹簧 5 的作用下处于中间位置,油口 A,B,P,T 均不导通;当电磁铁 9 通电时,推杆推动阀芯 2 向左移动,油口 P 与 A 接通,B 与 T 接通;当电磁铁 8 通电

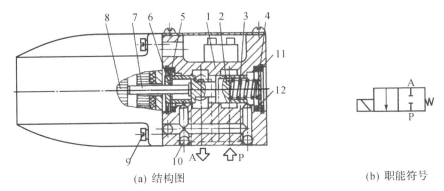

(a) 结构图　　　　　　　　　　　　　　(b) 职能符号

1—阀体；2—阀芯；3—弹簧；4,5,6—挡块；7—推杆；8—电磁铁；9—螺钉；10—钢球；11—弹簧挡圈；12—密封圈。

图 5-59　二位二通电磁换向阀

时，推杆推动阀芯 2 向右移动，油口 P 与 B 接通，A 与 T 接通。图 5-60(b)所示为三位四通电磁换向阀的职能符号。

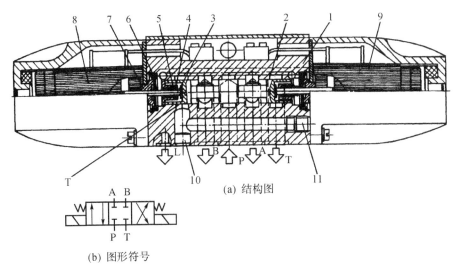

(a) 结构图

(b) 图形符号

1—阀体；2—阀芯；3—推杆；4—定位套；5—弹簧；6,7—挡板；8,9—电磁铁；10—封堵；11—螺塞。

图 5-60　三位四通电磁换向阀

④液动换向阀

　　液动换向阀是利用液压系统中控制油路的压力油来推动阀芯移动实现油路的换向。由于控制油路的压力可以调节，可以产生较大的推力。液动换向阀可以控制较大流量的回路。

　　图 5-61(a)所示为三位四通液动换向阀的结构图。阀芯 2 上开有两个环槽，阀体 1 孔内开有五个沉割槽。阀体的沉割槽分别与油口 P，A，B，T 相连(左右两沉割槽在阀体内有内部通道相连)，阀芯两端有两个控制油口 K_1，K_2 分别与控制油路连通。当控制油口 K_1 与 K_2 均无压力油时，阀芯 2 处于中间位置，油口 P，A，B，T 互不相通。当控制油口 K_1 有压力油时，压力油推动阀芯 2 向右移动，使之处于右端位置，油口 P 与 A 连通，油口 B 与 T 连通。当控制油口 K_2 有压力油时，压力油推动阀芯 2 向左移动，使之处于左端位置，油口 P 与 B 连通，油口 A 与 T 连通。图 5-61(b)所示为三位四通液动换向阀的职能符号。

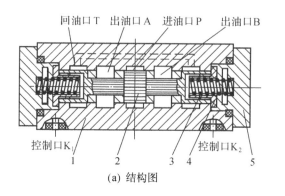
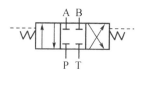

(a) 结构图   (b) 职能符号

1—阀体；2—阀芯；3—弹簧；4—弹簧套；5—阀端盖。

图 5-61　三位四通液动换向阀

⑤电液动换向阀

电液动换向阀简称电液换向阀，由电磁换向阀和液动换向阀组成。电磁换向阀为 Y 型中位机能的先导阀，用于控制液动换向阀换向；液动换向阀为 O 型中位机能的主换向阀，用于控制主油路换向。

电液换向阀集中了电磁换向阀和液动换向阀的优点。它既可方便地换向，也可控制较大的液流流量。图 5-62(a)所示为三位四通电液换向阀结构原理图，图 5-62(b)所示为该阀的职能符号，图 5-62(c)所示为该阀的简化职能符号。

由图 5-62(a)可知，电液换向阀的原理为：当电磁铁 4,6 均不通电时，电磁阀芯 5 处于中位，控制油进口 P′被关闭，主阀芯 1 两端均不通压力油，在弹簧作用下主阀芯处于中位，主油路 P,A,B,T 互不导通。当电磁铁 4 通电时，电磁阀芯 5 处于右位，控制油 P′通过单向阀 2 到达液动阀芯 1 左腔；回油经节流阀 7、电磁阀芯 5 流回油箱 T′，此时主阀芯向右移动，主油路 P 与 A 导通，B 与 T 导通。同理，当电磁铁 6 通电、电磁铁 4 断电时，先导阀芯向左移，控制油压使主阀芯向左移动，主油路 P 与 B 导通，A 与 T 导通。

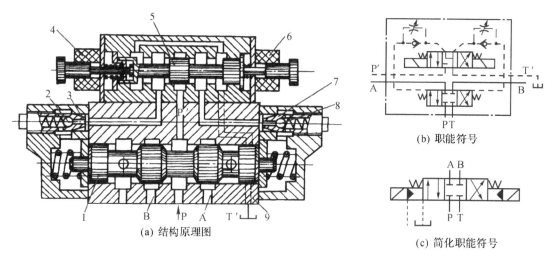

(a) 结构原理图   (b) 职能符号

(c) 简化职能符号

1—液动阀阀芯；2,8—单向阀；3,7—节流阀；4,6—电磁铁；5—电磁阀芯；9—阀体。

图 5-62　三位四通电液换向阀

电液换向阀内的节流阀可以调节主阀芯的移动速度,从而使主油路的换向平稳性得到改善。有的电磁换向阀无此调节装置。

3. 转阀式换向阀

转阀式换向阀又称转阀。图 5-63 所示为转阀式换向阀工作原理图。阀芯 1 上开有 4 个对称的圆缺,两两对应连通,阀体 2 上开有四个油口分别与油泵 P、油箱 T、油缸两腔 A 和 B 连通。当阀体处于图 5-63(a)所示位置时,P 与 A 连通,B 与 T 连通,活塞向右运动;当阀芯处于图 5-63(b)所示位置时,P、A、B、T 均不连通,活塞停止运动;当阀芯处于图 5-63(c)所示位置时,P 与 B 连通,A 与 T 连通,活塞向左运动。图 5-63(d)为转阀的职能符号。

转阀阀芯上的径向液压力是不平衡的,转动比较费力,而且内部密封也比较差,一般只适用于低压小流量,常被作为先导阀或小流量换向阀。

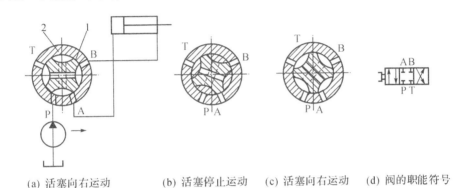

(a) 活塞向右运动   (b) 活塞停止运动   (c) 活塞向右运动   (d) 阀的职能符号

图 5-63 转阀式换向阀工作原理图

4. 球阀式换向阀

球阀式换向阀又称球阀。图 5-64(a)所示为电磁球阀的结构原理图,它主要由左、右阀座、球阀、操纵杆、杠杆、弹簧等组成。图中 P 口压力油除通过右阀座孔作用在球阀的右边外,还经过阀体上的通道 b 进入操纵杆的空腔并作用在球阀的左边,于是球阀所受轴向液压力平衡。

在电磁铁不通电无电磁力输出时,球阀在右端弹簧力的作用下紧压在左阀座孔上,油口 P 与 A 连通,油口 T 关闭。当电磁铁通电时,则电磁吸力推动铁芯左移,杠杆绕支点沿逆时针方向转动,电磁吸力经放大(一般放大 3～4 倍)后通过操纵杆给球阀施加一个向右的力。该力克服球阀右边的弹簧力将球阀推向右阀座孔,于是油口 P 与 A 不通,油口 A 与 T 连通,油路换向。

图示的球式换向阀为二位三通阀,在装上专用底板后可构成四通阀。与电磁滑阀相比,电磁球阀有下列特点:

(1)无液压卡死现象,对油液污染不敏感,换向性能好。

(2)密封为线密封,密封性能好,最高工作压力可达 63MPa。

(3)电磁吸力经放大后传给阀芯,推动大。

(4)使用介质的黏度范围大,可以直接用于高水基、乳化液。

(5)球阀换向时,中间过渡位置三个油口互通,故不能像滑阀那样具有多种中位机能。

(6)因要保证左、右阀座孔与阀体孔的同心,因此加工、装配工艺难度较大,成本较高。

(7)目前主要用在超高压小流量的液压系统或做二通插装阀的先导阀。

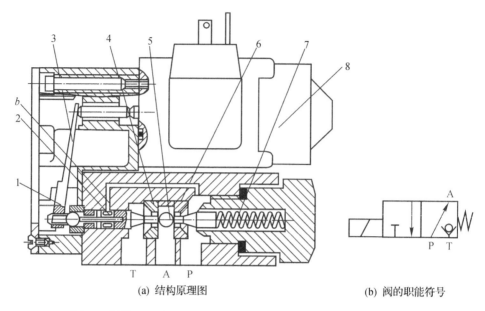

(a) 结构原理图　　　　　　　　　(b) 阀的职能符号

1—支点；2—操纵杆；3—杠杆；4—左阀座；5—球阀；6—右阀座；7—弹簧；8—电磁铁。

图 5-64　球式换向阀

5. 多路换向阀

多路换向阀是一种集成化结构的手动控制复合式换向阀，通常由多个换向阀及单向阀、溢流阀、补油阀等组成。其换向阀的个数由多路集成控制的执行机构数目而定，溢流阀、补油阀、单向阀和过载阀可根据要求装设。多路换向阀以其多项的功能、集成的结构和方便的操作性，在矿山机械、冶金机械、工程机械等行走液压设备中得到广泛的应用。

（1）多路阀的结构型式。多路阀的结构型式常分为组合式多路阀和整体式多路阀两种。组合式多路阀又叫作分片式多路阀。它由若干片阀体组成，一个换向阀称为一片，用螺栓将叠加的各片连接起来。它可以用很少几种单元阀体组合成多种不同功能的多路阀，能够适应多种机械的需要。它具有通用性较强，制造工艺性好等特点；但也存在阀体体积大，片间须密封，阀体容易变形而卡住阀芯，内泄漏较为严重等问题。

整体式多路阀是把具有固定数目的多个换向阀体铸造成一个整体，所有换向阀滑阀及各种阀类元件均装在这一阀体内。该阀体内铸造油道，利于设计安排，其拐弯处过渡圆滑，过流损失小，通流能力大，阀体刚性好，阀芯配合精度可得到较大的提高，机加工工作量减小，内外泄漏小，结构更加紧凑。这种阀的缺点是铸造及加工要求的工艺性高，清砂工作困难，制造时质量控制难度较大。

（2）多路阀油路的连接方式。根据主机工作性能要求，各换向阀之间的油路连接，通常有并联、串联、混联三种方式。

图 5-65（a）所示为并联油路的多路阀。这类多路阀，从系统来的压力油可直接通到各联滑阀的进油腔，各联滑阀的回油腔又都直接通到多路换向阀的总回油口。当采用这种油路连通方式的多路换向阀同时工作时，压力油总是先进入油压较低的执行元件。因此，只有执行元件进油腔的油压相等时，它们才能同时动作。并联油路的多路换向阀压力损失较小。

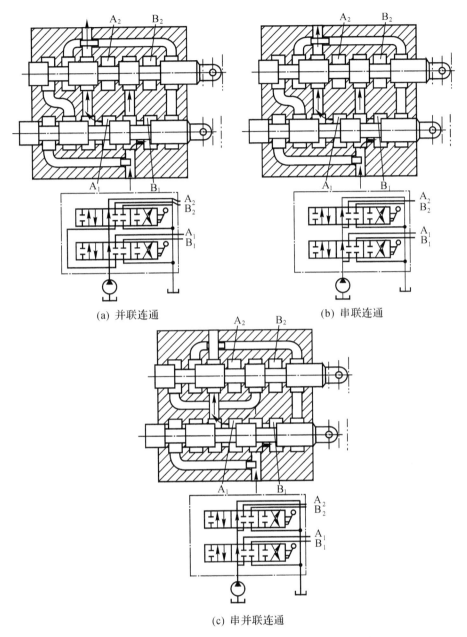

(a) 并联连通
(b) 串联连通
(c) 串并联连通

A₁—第一个执行元件的工作油口；   B₁—第一个执行元件的工作油口

A₂—第二个执行元件的工作油口；   B₂—第二个执行元件的工作油口

图 5-65   多路阀的油路连通方式及符号

　　图 5-65(b)所示为串联油路连接的多路阀。在这类阀中每一联滑阀的进油腔都与前一联滑阀的中位回油路相通，这样可使串联油路内数个执行元件同时动作。实现上述动作的条件是：液压泵所能提供的油压要大于所有正在工作的执行元件两腔压差之和。串联油路的多路换向阀的压力损失较大。

　　图 5-65(c)所示为串并联油路连接的多路阀。在此阀中，每一联滑阀的进油腔都与前

一联滑阀的中位回油路相通,每一联滑阀的回油腔则直接与总回油路连接,即各滑阀的进油腔串联,回油腔并联。它的特点是:当某一联滑阀换向时,其后各联滑阀的进油路均被切断。因此,各滑阀之间具有互锁功能,可以防止误动作。

　　除上述三种基本型式外,当多路换向阀的联数较多时,还常常采用上述几种油路连接形式的组合,称为复合油路连接。

5.5　插装阀、叠加阀、数字阀

5.5.1　插装阀

　　插装阀又称为二通插装阀、逻辑阀、锥阀,是一种以二通型单向元件为主体、采用先导控制和插装式连接的新型液压控制元件。插装阀具有一系列的优点,主阀芯质量小、行程短、动作迅速、响应灵敏、结构紧凑、工艺性好、工作可靠、寿命长,便于实现无管化连接和集成化控制等,特别适用于高压大流量系统。二通插装阀控制技术在锻压机械、塑料机械、冶金机械、铸造机械、船舶、矿山以及其他工程领域都得到了广泛的应用。

1. 插装阀的基本结构及工作原理

　　二通插装阀的主要结构由插装件、控制盖板、先导控制阀和集成块体四部分组成,如图 5-66(a)所示,图 5-66(b)所示是其原理符号图。

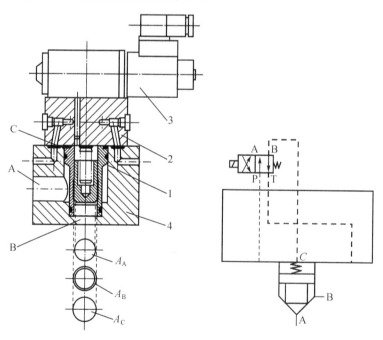

(a) 结构原理图　　　　　　(b) 原理符号图

1—插装件;2—控制盖板;3—先导控制阀;4—集成块。

图 5-66　插装阀结构原理图和原理符号图

插装阀有两个主通道进出油口 A,B 和一个控制油口 C。工作时,阀口是开启还是关闭取决于阀芯的受力状况。通常状况下,阀芯的重量、阀芯与阀体的摩擦力和液动力可以忽略不计,则

$$\sum F = p_{\mathrm{C}}A_{\mathrm{C}} - p_{\mathrm{B}}A_{\mathrm{B}} - p_{\mathrm{A}}A_{\mathrm{A}} + F_s + F_y \qquad (5\text{-}13)$$

式中: p_{C}——控制腔 C 腔的压力;

　　　A_{C}——控制腔 C 腔的面积;

　　　p_{B}——主油路 B 口的压力;

　　　A_{B}——主油路 B 口的控制面积;

　　　p_{A}——主油路 A 口的压力;

　　　A_{A}——主油路 A 口的控制面积,且 $A_{\mathrm{C}} = A_{\mathrm{A}} + A_{\mathrm{B}}$;

　　　F_s——弹簧力;

　　　F_y——液动力(一般可忽略不计)。

当 $\sum F > 0$ 时,阀芯处于关闭状态,A 口与 B 口不通;当 $\sum F < 0$ 时,阀芯开启,A 口与 B 口连通; $\sum F = 0$ 时,阀芯处于平衡位置。由上式可以看出,采取适当的方式控制 C 腔的压力 p_c 就可以控制主油路中 A 口与 B 口的油流方向和压力,由图 5-66(a)还可以看出,如果采取措施控制阀芯的开启高度(也就是阀口的开度),就可以控制主油路中的流量。

以上所述即为二通插装阀的基本工作原理。在这里特别要强调的一点是:二通插装阀 A 口控制面积与 C 腔控制面积之比 $\beta = A_{\mathrm{C}}/A_{\mathrm{A}}$,称为面积比。它是一个十分重要的参数,对二通插装阀的工作性能有重要的影响。

(1)插装阀的插装件

插装件是由阀芯、阀体、弹簧和密封件等组成,根据其用途不同可分为方向阀插装件、压力阀插装件、流量阀插装件三种。其结构既可以是锥阀式结构,也可以是滑阀式结构。插装件是插装阀的主体。插装元件为中空的圆柱形,前端为圆锥形封面的组合体。性能不同的插装阀其阀芯的结构不同,如插装阀芯的圆锥端既可以为封堵的锥面,也可以有带阻尼孔或开三角槽的圆锥面。插装元件安装在插装块体内,可以自由地轴向移动。控制插装阀芯的启闭和开启量的大小,可以控制主油路液体的流动方向、压力和流量。同一通径的三种插装件的安装尺寸相同,但阀芯的结构形式和阀体孔直径不同。图 5-67 所示为三种插装件的结构图及其职能符号。

方向阀插装件的阀芯半锥角 $\alpha = 45°$,面积比 $\beta = 2$,即油口作用面积 $A_{\mathrm{A}} = A_{\mathrm{B}}$,油口 A,B 可双向流动。

压力阀插装件中的减压阀阀芯为滑阀,面积比 $\beta = 1$。即油口作用面积 $A_{\mathrm{A}} = A_{\mathrm{C}}$, $A_{\mathrm{B}} = 0$,油口 A 出油,溢流阀和顺序阀的阀芯半锥角 $\alpha = 15°$,面积比 $\beta = 1.1$,油口 A 进油,油口 B 出油。

为得到好的压力流量增益,常把阀芯设计成带尾部的结构,尾部窗口可以是矩形,也可以是三角形,面积比 $\beta = 1$ 或 1.1。一般油口 A 进油,油口 B 出油。

(2)插装阀的控制盖板

控制盖板由盖板内嵌装各种微型先导控制元件(如梭阀、单向阀、插式调压阀等)以及

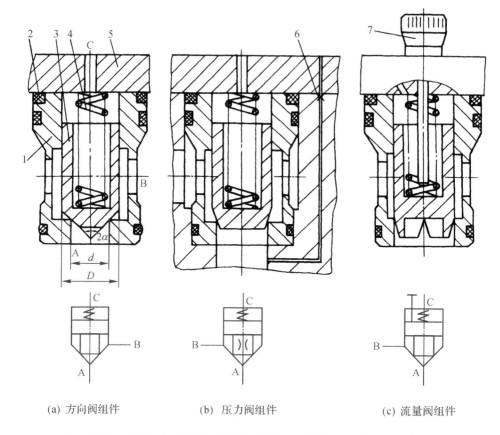

(a) 方向阀组件   (b) 压力阀组件   (c) 流量阀组件

1—阀套;2—密封圈;3—阀芯;4—弹簧;5—盖板;6—阻尼孔;7—阀芯行程调节杆。

图 5-67 插装阀基本组件

其他元件组成。内嵌的各种微型先导控制元件与先导控制阀结合可以控制插装件的工作状态,在控制盖板上还可以安装各种检测插装件工作状态的传感器等。根据控制功能的不同,控制盖板可以分为方向控制盖板、压力控制盖板和流量控制盖板三大类。当具有两种以上功能时,称为复合控制盖板。控制盖板主要功能是固定插装件、沟通控制油路与主阀控制腔之间的联系等。

(3)插装阀的先导控制阀

安装在控制盖板上(或集成块上),对插装件动作进行控制的小通径控制阀,主要有6mm 和 10mm 通径的电磁换向阀、电磁球阀、压力阀、比例阀、可调阻尼器、缓冲器以及液控先导阀等。当主插件通径较大时,为了改善其动态特性,也可以用较小通径的插装件进行两级控制。先导控制元件用于控制插装件阀芯的动作,以实现插装阀的各种功能。

(4)集成块

用来安装插装件、控制盖板和其他控制阀,沟通主要油路。

2. 插装阀的应用

(1)插装方向控制阀

同普通液压阀相类似,插装阀与换向阀组合,可形成各种形式的插装方向阀。图 5-68所示为几种插装方向阀示例。

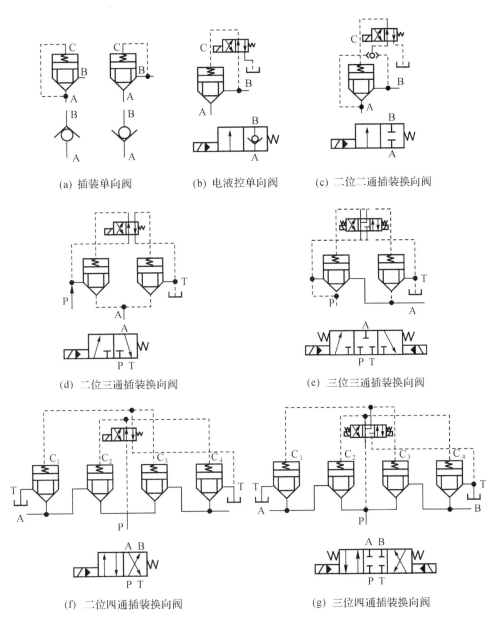

(a) 插装单向阀　　　(b) 电液控单向阀　　　(c) 二位二通插装换向阀

(d) 二位三通插装换向阀　　　(e) 三位三通插装换向阀

(f) 二位四通插装换向阀　　　(g) 三位四通插装换向阀

图 5-68　插装方向控制阀

　①插装单向阀。如图 5-68(a)所示,将插装阀的控制油口 C 口与 A 或 B 连接,形成插装单向阀。若 C 与 A 口连接,则阀口 B 到 A 导通,A 到 B 不通;若 C 与 B 口连接,则阀口 A 到 B 口导通,B 到 A 不通。

　②电液控单向阀。如图 5-68(b)所示,当电磁阀不通电时,B 口与 C 口连通,此时只能从 A 到 B 导通,B 到 A 不通;当电磁阀通电时,C 口通过电磁阀接油箱,此时 A 口与 B 口可以双向导通。

　③二位二通插装换向阀。如图 5-68(c)所示,当电磁阀不通电时,油口 A 与 B 关闭;当电磁阀通电时,油口 A 与 B 导通。

　　④二位三通插装换向阀。如图 5-68(d)所示,当电磁阀不通电时,油口 A 与 T 导通,油口 P 关闭;当电磁阀通电时,油口 P 与 A 导通,油口 T 关闭。

　　⑤三位三通插装换向阀。如图 5-68(e)所示,当电磁阀不通电时,控制油使两个插装件关闭,油口 P,T,A 互不连通;当电磁阀左电磁铁通电时,油口 P 与 A 连通,油口 T 关闭;当电磁阀右电磁铁通电时,油口 A 与 T 连通,油口 P 关闭。

　　⑥二位四通插装换向阀。如图 5-68(f)所示,当电磁阀不通电时,油口 P 与 B 导通,油口 A 与 T 导通;当电磁阀通电时,油口 P 与 A 导通,油口 B 与 T 导通。

　　⑦三位四通插装换向阀。如图 5-68(g)所示,当电磁阀不通电时,控制油使四个插装件关闭,油口 P,T,A,B 互不连通;当电磁阀左电磁铁通电时,油口 P 与 A 连通,油口 B 与 T 连通;当电磁阀右电磁铁通电时,油口 P 与 B 连通,油口 A 与 T 连通。

　　根据需要还可以组成具有更多位置和不同机能的四通换向阀。例如一个由二位四通电磁阀控制的三通阀和一个由三位四通电磁阀控制的三通阀组成的四通阀则具有 6 种工作机能。如果用两个三位四通电磁阀来控制,则可构成一个九位的四通换向阀。

　　如果四个插装件各自用一个电磁阀进行分别控制时,就可以构成一个具有 12 种工作机能的四通换向阀,如图 5-69 所示。这种组合形式机能最全,适用范围最广,通用性最好,电磁阀品种简单划一。但是应用的电磁阀数量最多,对电气控制的要求较高,成本也高。在实际使用中,一个四通换向阀通常不需要这么多的工作机能,所以为了减少电磁阀数量,减少故障,应该多采用上述的只用一个或两个电磁阀集中控制的形式。

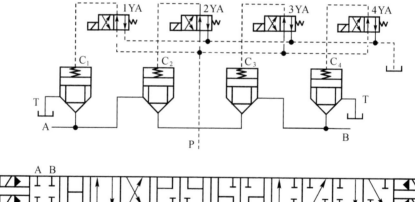

图 5-69　十二位四通电液动换向阀

　　(2)压力控制插装阀

　　采用带阻尼的插装阀芯并在控制口 C 安装压力控制阀,就组成了图 5-70 所示的各种插装式压力控制阀。

　　①图 5-70(a)所示为插装式溢流阀,用直动式溢流阀来控制油口 C 的压力。当油口 B 接油箱时,阀口 A 处的压力达到溢流阀控制口的调定值后,油液从 B 口溢流。其工作原理与传统的先导式溢流阀完全一样。

　　②图 5-70(b)所示为插装式电磁溢流阀,溢流阀的先导回路上再加一个电磁阀来控制其卸荷,便构成一个电磁溢流阀。这种形式在二通插装阀系统中是很典型的,它的应用非

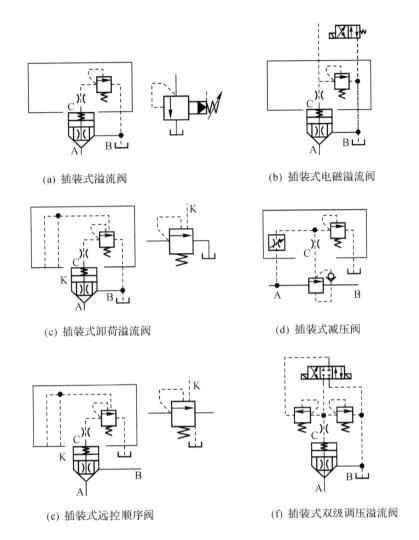

(a) 插装式溢流阀　　　　　　　　　(b) 插装式电磁溢流阀

(c) 插装式卸荷溢流阀　　　　　　　(d) 插装式减压阀

(e) 插装式远控顺序阀　　　　　　　(f) 插装式双级调压溢流阀

图 5-70　插装压力控制阀

常普遍。电磁阀不通电时,系统卸荷;通电时溢流阀工作,系统升压。

③图 5-70(c)所示为插装式卸荷溢流阀,用卸荷溢流阀来控制油口 C 的压力。当远控油路没有油压时,系统按溢流阀调定的压力工作;当远控油路有控制油压时,系统卸荷。

④图 5-70(d)所示为插装式减压阀,当 A 口的压力低于先导溢流阀调定的压力时,A 口与 B 口直通不起减压作用。当 A 口压力达到先导溢流阀调定的压力时,先导溢流阀开启,减压阀芯动作,使 B 口的输出压力稳定在调定的压力上。

⑤图 5-70(e)所示为插装式远控顺序阀,B 口不接油箱,与负载相接,先导溢流阀的出口单独接油箱,就成为一个先导式顺序阀,当远控油路没有油压时,就是内控式顺序阀;当远控油路有控制油压时,就是远控式顺序阀。

⑥图 5-70(f)所示为插装式双级调压溢流阀,用两个先导溢流阀控制一个压力插装件,用一个三位四通换向阀控制两个先导阀的导通,更换不同中位机能的换向阀,就有不同的

控制方式,如包括卸荷功能就有三级调压。

(3)插装式流量阀

控制插装件阀芯的开启高度就能使它起到节流作用。如图 5-71(a)所示,插装件与带行程调节器的盖板组合,由调节器上的调节杆限制阀芯的开口大小,就形成了插装节流阀。若将插装式节流阀与定差减压阀连接,就组成了插装式调速阀,如图 5-71(b)所示。

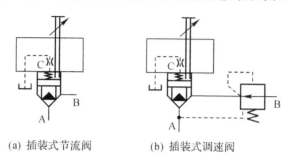

(a) 插装式节流阀　　　(b) 插装式调速阀

图 5-71　插装式流量阀

总之插装阀经过适当的连接和组合,可组成各种功能的液压控制阀。实际的插装阀系统是一个集方向、流量、压力于一体的复合油路,一组插装油路既可以由不同通径规格的插装件组合,也可与普通液压阀组合,组成复合系统,还可以与比例阀组合,组成电液比例控制的插装阀系统。

5.5.2　叠加阀

叠加阀是叠加式液压阀的简称,是在集成块的基础上发展起来的一种新型液压元件。叠加阀的结构特点是阀体本身既是液压阀的机体,又具有通道体和连接体的功能。使用叠加阀可实现液压元件间无管化集成连接,使液压系统连接方式大为简化,系统紧凑,功耗减少,设计安装周期缩短。

目前,叠加阀的生产已形成系列。每一种通径系列的叠加阀的主油路通道的位置、直径、安装螺钉的大小、位置、数量都与相应通径的主换向阀相同。因此,每一通径系列的叠加阀都可叠加起来组成相应的液压系统。

在叠加式液压系统中一个主换向阀及相关的其他控制阀所组成的子系统可以叠加成一个阀组,阀组与阀组之间可以用底板或油管连接形成总液压回路。因此,在进行液压系统设计时,完成了系统原理图的设计后,还要绘制成叠加阀式液压系统图。为便于设计和选用,目前所生产的叠加阀都给出其型谱符号。有关部门已颁布了国产普通叠加阀的典型系列型谱。

叠加阀根据工作性能,可分为单功能阀和复合功能阀两类。

1. 单功能叠加阀

单功能叠加阀与普通液压阀一样,也具有压力控制阀(如溢流阀、减压阀、顺序阀等)、流量阀(如节流阀、单向节流阀、调速阀等)和方向阀(如换向阀、单向阀、液控单向阀等)。为便于连接形成系统,每个阀体上都具备 P、T、A、B 四条及以上贯通的通道,阀内油口根据阀的功能分别与自身相应的通道相连接。为便于叠加,在阀体的结合面上,上述各通道的位置相同。由于结构的限制,这些通道多数是用精密铸造成型的异型孔。

　　单功能叠加阀的控制原理、内部结构均与普通同类板式液压阀相似,为避免重复,在此仅以 Y1 型溢流阀为例,说明叠加阀的结构特点。

　　图 5-72 所示为先导叠加式溢流阀。图中先导阀为锥阀,主阀芯为前端锥形面的圆柱形。压力油从阀口 P 进入主阀芯右端 e 腔,作用于主阀芯 6 右端,同时通过小孔 d 进入主阀芯左腔 b,再通过小孔 a 作用于锥阀芯 3 上。当进油口压力小于阀的调整压力时,锥阀芯关闭,主阀芯无溢流。当进油口压力升高,达到阀的调整压力后,锥阀芯打开,液流经小孔 d 和 a 到达出油口 T_1,液流流经阻尼孔 d 时产生压力降,使主阀芯两端产生压力差。此压力差克服弹簧力使主阀芯 6 向左移动,主阀芯开始溢流。调节推杆 1 可压缩弹簧 2,从而调节阀的调定压力。图 5-72(b) 为叠加式溢流阀的型谱符号。

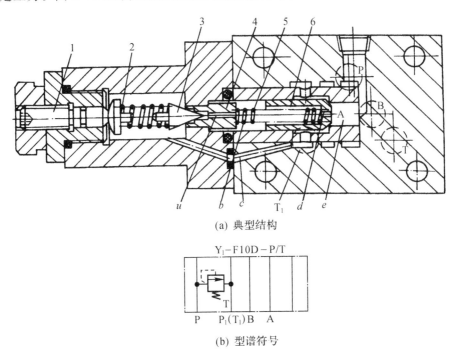

(a) 典型结构

$Y_1-F10D-P/T$

(b) 型谱符号

1—推杆;2,5—弹簧;3—锥阀芯;4—锥阀座;6—主阀芯。

图 5-72　叠加式溢流阀

2. 复合功能叠加阀

　　复合功能叠加阀又称为多机能叠加阀。它是在一个控制阀芯单元中实现两种以上的控制机能的叠加阀。在此以顺序背压阀为例,介绍复合叠加阀的结构特点。

　　图 5-73 所示为顺序背压叠加阀,其作用是在差动系统中,当执行元件快速运动时,保证液压缸回油畅通;当执行元件进入工进工作过程后,顺序阀自动关闭,背压阀工作,在油缸回油腔建立起所需的背压。该阀的工作原理为:当执行元件快进时,A 口的压力低于顺序阀的调定压力值,主阀芯 1 在调压弹簧 2 的作用下,处于左端,油口 B 液流畅通,顺序阀处于常通状态。执行件进入工进后,由于流量阀的作用,使系统的压力提高,当进油口 A 的压力超过顺序阀的调定值时,控制活塞 3 推动主阀芯右移,油路 B 被截断,顺序阀关闭,此时 B 腔回油阻力升高,压力油作用在主阀芯上开有轴向三角槽的台阶左端面上,对阀芯产生向

右的推力。主阀芯 1 在 A,B 两腔油压的作用下,继续向右移动使节流阀口打开,B 腔的油液经节流口回油,维持 B 腔回油保持一定值的压力。

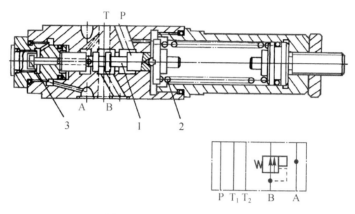

1—主阀芯;2—调压弹簧;3—控制活塞。

图 5-73　顺序背压叠加阀

5.5.3　数字阀

用数字信息直接控制阀口的开启和关闭,从而实现液流压力、流量、方向控制的液压控制阀,称为电液数字阀,简称数字阀。数字阀可直接与计算机接口,不需要 D/A 转换器。数字阀与伺服阀、比例阀相比,其具有结构简单、工艺性好、价格低廉、抗污染能力强、工作稳定可靠、功耗小等优点。在计算机实时控制的电液系统中,已部分取代了比例阀或伺服阀,为计算机在液压领域的应用开拓了一个新的途径。

1. 数字阀的工作原理与组成

对计算机而言,最普通的信号是量化为两个量级的信号,即"开"和"关"。用数字量来控制阀的方法很多,常用的是由脉数调制(PNM)演变而来的增量控制法以及脉宽调制(PWM)控制法。

增量控制数字阀采用步进电机—机械转换器。通过步进电动机,在脉数(PNM)信号的基础上,使每个采样周期的步数在前一个采样周期步数上增加或减少步数,以达到需要的幅值,由机械转换器输出位移,控制液压阀阀口的开启和关闭。图 5-74 所示为增量式数字阀用于液压系统的框图。

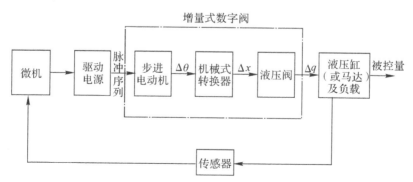

图 5-74　增量式数字阀控制系统框图

脉宽调制式数字阀通过脉宽调制放大器将连续信号调制为脉冲信号并放大,然后输送给高速开关数字阀,以开启时间的长短来控制阀的开口大小。在需要做两个方向运动的系统中,要用两个数字阀分别控制不同方向的运动。这种数字阀用于控制系统的框图,如图 5-75 所示。

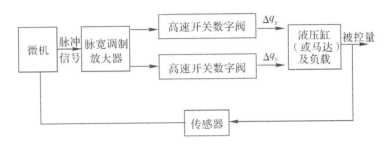

图 5-75　脉宽调制式数字阀控制系统方框图

以上两种控制方式中步进电动机使用较成熟,国外已有系列产品。脉宽调制式数字阀尚在研制阶段。

2. 数字阀的典型结构

(1) 数字式流量控制阀

图 5-76 所示为步进电动机直接驱动的数字式流量控制阀的结构图。当计算机给出脉冲信号后,步进电动机 1 转过一个角度 $\Delta\theta$,作为机械转换装置的滚珠丝杠 2 将旋转角度 $\Delta\theta$ 转换为轴向位移 Δx,直接驱动节流阀阀芯 3,从而开启阀口。步进电动机转过一定步数,可控制阀口的一定开度,从而实现流量控制。

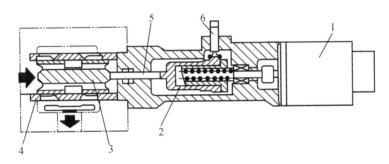

1—步进电动机;2—滚珠丝杠;3—阀芯;4—阀套;5—连杆;6—零位移传感器。

图 5-76　数字式流量控制阀

从图中可以看出,开在阀套上的节流口有两个,其中右节流口为非圆周通流,左节流口为全圆周通流。阀芯向左移时先开启右节流口,阀的开口较小,移动一段距离后左节流口打开,两节流口同时通油,阀的开口增大。这种节流开口分两段调节的大小形式,可改善小流量时的调节性能。

(2) 高速开关型数字阀

图 5-77 所示为力矩马达与球阀组成的高速开关型数字阀。力矩马达得到计算机输入的脉冲信号后衔铁偏转(图示为顺时针方向),推动球阀 2 向下运动,关闭压力油口 P_p,油腔 L_2 通回油 P_R,球阀 4 在下端压力油 P_p 的作用下向上运动,开启 P_p 和 P_A。与此同时,球阀

1因压力油 P_p 的作用而处在上边位置,油腔 L_1 与 P_p 沟通,球阀 3 向下关闭,切断 P_p 与 P_R 的通路。如力矩马达衔铁反向偏转,则压力油腔 P_p 与回油腔 P_R 沟通,油口 P_A 被切断,由此可知,此阀为二位三通换向阀。其工作压力可达 20MPa,额定流量为 1.2L/min,切换时间为0.8ms。

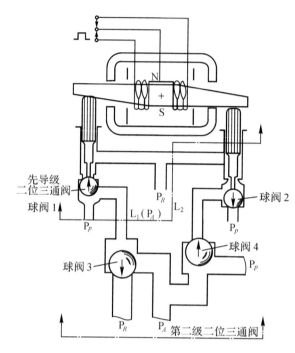

图 5-77　高速开关型数字阀

本章小结

液压控制阀是通过改变液压系统中液流的压力、流量和方向,从而控制执行元件运动方向和运动速度的元件,是液压系统中必不可少的重要元件。压力控制阀主要有溢流阀、减压阀、顺序阀、压力继电器等,是控制液压系统油液压力的阀。流量控制阀有节流阀、调速阀、溢流节流阀、分流阀(集流阀)等,是控制液压系统油液流量的阀。方向控制阀包括单向阀和换向阀两大类,单向阀又分为普通单向阀和液控单向阀,而换向阀又根据不同的操纵方式、工作位置、油口连通情况分为多种形式,其基本作用就是控制液压系统的油液流动方向。插装阀和叠加阀是根据阀的连接方式不同来区分的,其主要特点是组成的液压系统集成度高。数字阀分为数字式流量控制阀和高速开关型数字阀,它们在现代高精度的液压传动系统中应用越来越广泛。

实训3　液压控制阀的拆装

1. 实训目的

(1)通过对各种液压阀的拆装,了解其结构、组成和特点。

（2）加深对液压阀性能的理解。

2. 实训要求和方法

（1）先看液压阀的三维动态分解图，以教师讲解注意事项，由学生自己动手拆装为主的方式。学生以小组为单位，边拆装边讨论遇到的问题。

（2）拆装时注意不要丢失小的零件，实训要把液压阀拆开然后安装回去。

（3）每次实训后，由指导老师给出思考题作为本次实训的报告内容。

3. 实训内容

（1）拆装单向阀和换向阀的一种。

（2）拆装溢流阀、减压阀、顺序阀、压力继电器中的任意一种。

（3）拆装节流阀和调速阀中的一种。

思考与练习

5-1　何谓液压控制阀？按机能分有哪几类？按连接方式分有哪几类？

5-2　什么叫单向阀？其工作原理如何？开启压力有何要求？当做背压阀时采取何种措施？

5-3　液控单向阀为什么要有内泄式和外泄式之分？什么情况下采用外泄式？

5-4　何谓换向阀的"位"与"通"？图形符号应如何表达？

5-5　换向阀的操纵、定位和复位方式有哪些？电液换向阀有何特点？

5-6　何谓换向阀的中位机能？选用时应考虑哪几类？

5-7　溢流阀的作用是什么？其工作原理如何？

5-8　先导型溢流阀的阻尼孔有什么作用？是否可将它堵死或随意加大？

5-9　先导型溢流阀远程控制口的压力设计有何要求？是否可直接通油箱？

5-10　减压阀的作用是什么？其工作原理如何？其进、出油口可否接反？

5-11　减压阀常用于夹紧油路，当夹紧液压缸夹紧工件，无流量通过减压阀时，其夹紧缸的工作压力是否还存在？其大小如何？

5-12　顺序阀的控制与泄油的组合方式有哪几类？简述其用途。

5-13　现有一溢流阀和一减压阀，由于铭牌不清，在不拆开阀的情况下，如何区分？

5-14　影响节流阀流量稳定性的因素有哪些？

5-15　调速阀与节流阀的结构及流量—压力曲线有何区别？当调速阀进、出油口接反时会出现什么情况？

5-16　试说明图示回路中液压缸往复移动的工作原理。为什么无论是进还是退，只要负载 G 一过中线，液压缸就会发生断续停顿的现象？为什么换向阀一到中位，液压缸便左右推不动？

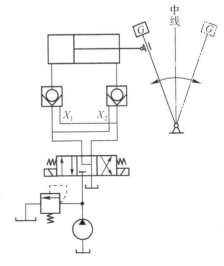

题 5-16 图

5-17 如图示系统,若不计管路压力损失时,液压泵的输出压力为多少?

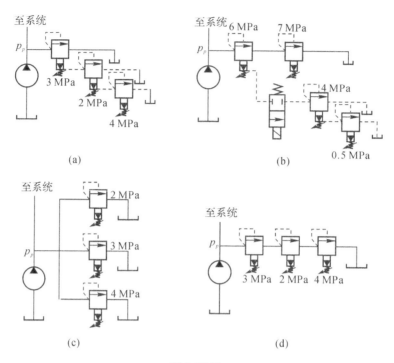

题 5-17 图

5-18 两个不同调整压力的减压阀串联后的出口压力取决于哪一个减压阀的调整压力? 为什么? 当两个不同调整压力的减压阀并联时,出口压又取决于哪一个减压阀? 为什么?

5-19 图中溢流阀的调定压力为 5MPa,减压阀的调定压力为 2.5MPa,设缸的无杆腔面积 $A=50\text{cm}^2$,液流通过单向阀和非工作状态下的减压阀时的压力损失分别为 0.2MPa 和 0.3MPa。试问,当负载为 0、7.5kN 和 30kN 时:

(1)缸能否移动?

(2)A、B、C 三点的压力数值各为多少?

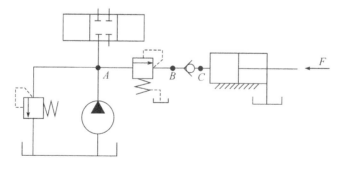

题 5-19 图

5-20 如图示的减压回路,已知液压缸无杆腔的有效面积均为 100cm^2,有杆腔的有效面积均为 50cm^2,当最大负载均为 $F_1=14\times10^3\text{N}$。$F_2=4500\text{N}$,背压 $p=1.5\times10^5\text{Pa}$,节流阀 2 的压差 $\Delta p=2\times10^5\text{Pa}$ 时,试问:

(1)A、B、C 各点的压力(忽略管路损失);

(2)泵和阀 1、2、3 最小应选多大的额定压力?

(3)若两缸进给速度分别为 $v_1=3.5\text{cm/s}$,$v_2=4\text{cm/s}$,泵和各阀的额定流量应选多大?

(4)若通过节流阀的流量为 10L/min,通过减压阀的流量为 20L/min,试求两缸的运动速度。

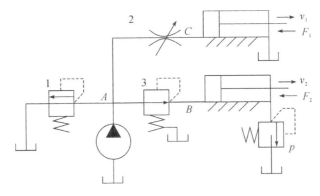

题 5-20 图

5-21 如图所示系统,缸 I、II 的外负载 $F_1=20000\text{N}$,$F_2=30000\text{N}$,有效工作面积都是 $A=50\text{cm}^2$,要求缸 II 先于缸 I 动作,问:

(1)顺序阀和溢流阀的调整压力分别为多少?

(2)不计管道阻力损失,缸 I 动作时,顺序阀进口、出口压力分别为多少?

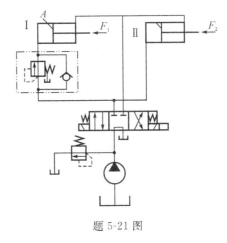

题 5-21 图

5-22 如图所示,A 缸速度可调节。试回答:

(1)在 A 缸运动到底后,B 缸能否自动顺序动作而向右移? 说明理由。

（2）在不增加也不改换元件的条件下，如何修正顺序动作而向右移？说明理由。

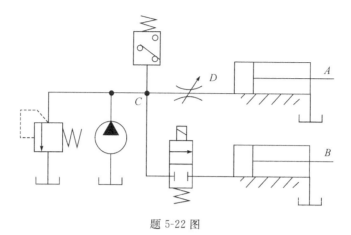

题 5-22 图

5-23　如图所示的回路中，溢流阀的调整压力为 $p_Y = 5\text{MPa}$，减压阀的调整压力 $p_J = 2.5\text{MPa}$。试分析下列情况，并说明减压阀的阀口处于什么状态。

（1）当泵压力 $p_p = p_Y$ 时，夹紧缸使工件夹紧后，A、C 点的压力为多少？

（2）当泵压力由于工作缸快进而降到 $p_Y = 1.5\text{MPa}$ 时，A、C 点的压力各为多少？

（3）夹紧缸在未夹紧工件前做空载运动时，A、B、C 三点的压力各为多少？

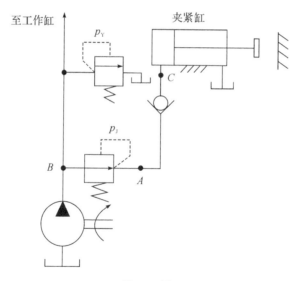

题 5-23 图

5-24　节流阀的最小稳定流量具有什么意义？影响其数值的因素主要有哪些？

5-25　如图所示为用插装阀组成的两组方向控制阀，试分析其功能相当于什么换向阀，并用标准的职能符号画出。

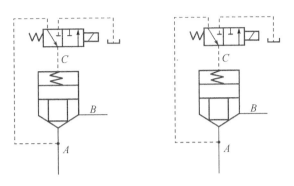

题 5-25 图

5-26　如图所示为插装式锥阀组成方向阀的两个例子。如果阀关闭时 A、B 有压力差,试判断 DT 得电和断电时,图(a)和(b)的压力油能否开启锥阀产生流动? 并分析锥阀的密封性。

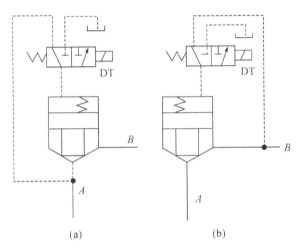

(a)　　　　　　(b)

题 5-26 图

本章资源

第6章　液压辅助元件

【本章内容提要】

液压辅助元件有过滤器、蓄能器、管件、密封件、油箱和热交换器等。本章主要介绍了这些液压辅助元件的结构、特点、应用等。

【基本要求、重点和难点】

基本要求:通过学习,要求掌握液压辅助元件的结构原理,要求熟知这些液压辅助元件的使用方法及适用场合。

重点:①掌握这些液压辅助元件的使用方法及适用场合。②过滤器的主要安装位置,蓄能器的主要功用,主要密封件的类型、特点等。

难点:蓄能器性能参数的计算。

6.1　概　述

液压辅助元件有过滤器、蓄能器、管件、密封件、油箱和热交换器等,除油箱通常需要自行设计外,其余皆为标准件。液压辅助元件和液压元件一样,都是液压系统中不可缺少的组成部分。它们对系统的性能、效率、温升、噪声和寿命的影响不亚于液压元件本身,必须加以重视。

6.2　过滤器

液压油中往往含有颗粒状杂质,其会造成液压元件相对运动表面的磨损、滑阀卡滞、节流孔口堵塞,使系统工作可靠性大为降低。在系统中安装一定精度的过滤器,是保证液压系统正常工作的必要手段。

6.2.1　油的污染度和过滤器的过滤精度

1.油液的污染度

液压油液的污染是液压系统发生故障的主要原因。关于液压油液的污染及其控制,已在第2章中作了详细的叙述,这里不再重复。控制污染的最主要措施是控制过滤精度,使用过滤器和过滤装置。

2.过滤器的过滤精度

过滤器的过滤精度是指滤芯能够滤除的最小杂质颗粒的大小,以直径 d 作为公称尺寸表示,按精度可分为粗过滤器($d<100\mu m$)、普通过滤器($d<10\mu m$)、精过滤器($d<5\mu m$)、特精过滤器($d<1\mu m$)。一般对过滤器的基本要求是:

(1)能满足液压系统对过滤精度要求,即能阻挡一定尺寸的杂质进入系统。

(2)滤芯应有足够强度,不会因压力而损坏。

(3)通流能力大,压力损失小。

(4)易于清洗或更换滤芯。

表 6-1 所示为各种液压系统的过滤精度要求。

表 6-1　各种液压系统的过滤精度要求

系统类别	润滑系统	传动系统			伺服系统
工作压力/MPa	0~2.5	<14	14~32	>32	≤21
精度 $d/\mu m$	≤100	25~50	≤25	≤10	≤5

6.2.2　过滤器的种类和典型结构

按滤芯的材料和结构形式,过滤器可分为网式、线隙式、纸质滤芯式、烧结式过滤器及磁性过滤器等。按过滤器安放的位置不同,还可以分为吸滤器\压滤器和回油过滤器。考虑到泵的自吸性能,吸油过滤器多为粗滤器。

(1)网式过滤器

图 6-1 所示为网式过滤器,其滤芯以铜网为过滤材料,在周围开有很多孔的塑料或金属筒形骨架上,包着一层或两层铜丝网,其过滤精度取决于铜网层数和网孔的大小。这种过滤器结构简单,通流能力大,清洗方便,但过滤精度低,一般用于液压泵的吸油口。

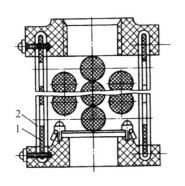

图 6-1　网式滤油器

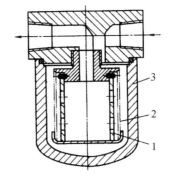

图 6-2　线隙式过滤器

(2)线隙式过滤器

线隙式过滤器如图 6-2 所示,用钢线或铝线密绕在筒形骨架的外部来组成滤芯,依靠铜丝间的微小间隙滤除混入液体中的杂质。其结构简单,通流能力大,过滤精度比网式过滤器高,但不易清洗,多为回油过滤器。

（3）纸质过滤器

纸质过滤器如图 6-3 所示,其滤芯为平纹或波纹的酚醛树脂或木浆微孔滤纸制成的纸芯,将纸芯围绕在带孔的镀锡铁做成的骨架上,以增大强度。为增加过滤面积,纸芯一般做成折叠形。其过滤精度较高,一般用于油液的精过滤,但堵塞后无法清洗,需经常更换滤芯。

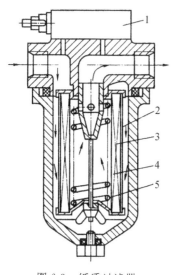

图 6-3　纸质过滤器

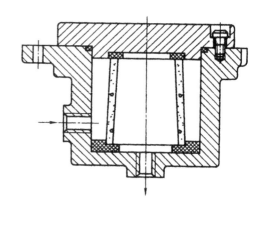

图 6-4　烧结式过滤器

（4）烧结式过滤器

烧结式过滤器如图 6-4 所示,其滤芯用金属粉末烧结而成,利用颗粒间的微孔来挡住油液中的杂质通过。其滤芯能承受高压,抗腐蚀性好,过滤精度高,适用于要求精滤的高压、高温液压系统。

6.2.3　过滤器的选用原则、安装位置及注意的问题

1. 过滤器的选用原则

过滤器按其过滤精度(滤去杂质的颗粒大小)的不同,有粗过滤器、普通过滤器、精密过滤器和特精过滤器四种,它们分别能滤去大于 $100\mu m$,$10\sim100\mu m$,$5\sim10\mu m$ 和 $1\sim5\mu m$ 大小的杂质。

选用过滤器时,要考虑下列几点:

（1）过滤精度应满足预定要求。

（2）能在较长时间内保持足够的通流能力。

（3）滤芯具有足够的强度,不因液压的作用而损坏。

（4）滤芯抗腐蚀性能好,能在规定的温度下持久地工作。

（5）滤芯清洗或更换简便。

因此,过滤器应根据液压系统的技术要求,按过滤精度、通流能力、工作压力、油液黏度、工作温度等条件选定其型号。

2. 安装位置及注意的问题

过滤器在液压系统中的安装位置通常有以下几种(如图 6-5 所示)。

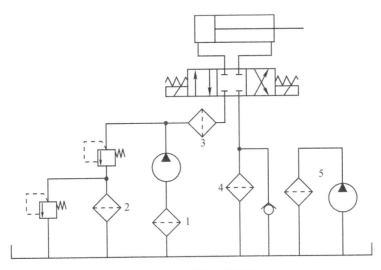

图 6-5　过滤器的安装位置

（1）安装在泵的吸油口处

泵的吸油路上一般都安装有表面型过滤器，目的是滤去较大的杂质微粒以保护液压泵。此外过滤器的过滤能力应为泵流量的两倍以上，压力损失小于 0.02MPa。

（2）安装在系统分支油路上

（3）安装在泵的出口油路上

此处安装过滤器的目的是用来滤除可能侵入阀类等元件的污染物。其过滤精度应为 $10\sim15\mu m$，且能承受油路上的工作压力和冲击压力，压力降应小于 0.35MPa。同时应安装安全阀以防过滤器堵塞。

（4）安装在系统的回油路上

这种安装起间接过滤作用，一般与过滤器并联安装一背压阀，当过滤器堵塞达到一定压力值时，背压阀打开。

（5）单独过滤系统

大型液压系统可专设一液压泵和过滤器组成独立过滤回路。

液压系统中除了整个系统所需的过滤器外，还常常在一些重要元件（如伺服阀、精密节流阀等）的前面单独安装一个专用的精过滤器来确保它们正常工作。

6.3　蓄能器

蓄能器是液压系统中的储能元件，它能储存多余的压力油液，并在系统需要时释放。

6.3.1　蓄能器的作用、类型及其结构

1. 蓄能器的作用

蓄能器的作用是将液压系统中的压力油储存起来，在需要时又重新放出。其主要作用表现在以下几个方面。

（1）作辅助动力源

在间歇工作或实现周期性动作循环的液压系统中，蓄能器可以把液压泵输出的多余压力油储存起来。当系统需要时，由蓄能器释放出来。这样可以减少液压泵的额定流量，从而减小电机功率消耗，降低液压系统温升。

（2）系统保压或作紧急动力源

对于执行元件长时间不动作，而要保持恒定压力的系统，可用蓄能器来补偿泄漏，从而使压力恒定。对某些系统要求当泵发生故障或停电时，执行元件应继续完成必要的动作，这时需要有适当容量的蓄能器作紧急动力源。

（3）吸收系统脉动，缓和液压冲击

蓄能器能吸收系统压力突变时的冲击，如液压泵突然启动或停止，液压阀突然关闭或开启，液压缸突然运动或停止，也能吸收液压泵工作时的流量脉动所引起的压力脉动，相当于油路中的平滑滤波，这时需在泵的出口处并联一个反应灵敏而惯性小的蓄能器。

2. 蓄能器的结构形式

图 6-6 所示为蓄能器的结构形式，通常有重力式、弹簧式和充气式等几种。目前常用的是利用气体压缩和膨胀来储存、释放液压能的充气式蓄能器。

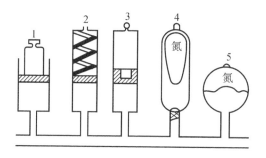

图 6-6　蓄能器的结构形式

（1）活塞式蓄能器

活塞式蓄能器中的气体和油液由活塞隔开，其结构如图 6-7 所示。活塞 1 的上部为压缩空气，气体由阀 3 充入，其下部经油孔通向液压系统，活塞 1 随下部压力油的储存和释放而在缸筒 2 内来回滑动。这种蓄能器结构简单、寿命长，它主要用于大体积和大流量。但因活塞有一定的惯性和 O 形密封圈存在较大的摩擦力，所以反应不够灵敏。

（2）皮囊式蓄能器

皮囊式蓄能器中气体和油液用皮囊隔开，其结构如图 6-8 所示。皮囊用耐油橡胶制成，固定在耐高压的壳体的上部，皮囊内充入惰性气体，壳体下端的提升阀 4 由弹簧加菌形阀构成。压力油由此通入，并能在油液全部排出时，防止皮囊膨胀挤出油

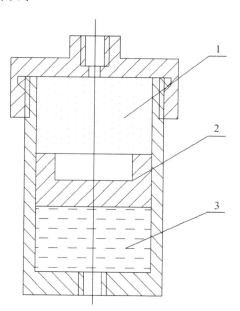

图 6-7　活塞式蓄能器

口。这种结构使气、液密封可靠,并且因皮囊惯性小而克服了活塞式蓄能器响应慢的弱点,因此,它的应用范围非常广泛,其弱点是工艺性较差。

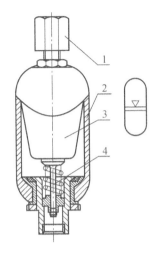

1—充气阀;2—壳体;3—皮囊;4—提升阀。

图 6-8　皮囊式蓄能器

(3)薄膜式蓄能器

薄膜式蓄能器利用薄膜的弹性来储存、释放压力能,主要用于体积和流量较小的情况,如用作减振器、缓冲器等。

(4)弹簧式蓄能器

弹簧式蓄能器利用弹簧的压缩和伸长来储存、释放压力能。它的结构简单,反应灵敏,但容量小,可用于小容量、低压回路起缓冲作用,不适用于高压或高频的工作场合。

(5)重力式蓄能器

重力式蓄能器主要用于在冶金等大型液压系统的恒压供油。其缺点是反应慢,结构庞大,现在已很少使用。

6.3.2　蓄能器的参数计算

容量是选用蓄能器的依据,其大小视用途而异,现以皮囊式蓄能器为例加以说明。

1. 作辅助动力源时的容量计算

当蓄能器作动力源时,蓄能器储存和释放的压力油容量和皮囊中气体体积的变化量相等,而气体状态的变化遵守玻意耳定律,即

$$p_0 V_0^n = p_1 V_1^n = p_2 V_2^n \tag{6-1}$$

式中:p_0——皮囊的充气压力;

V_0——皮囊充气的体积,由于此时皮囊充满壳体内腔,故 V_0 亦即蓄能器容量;

p_1——系统最高工作压力,即泵对蓄能器充油结束时的压力;

V_1——皮囊被压缩后相应于 p_1 时的气体体积;

p_2——系统最低工作压力,即蓄能器向系统供油结束时的压力;

V_2——气体膨胀后相应该时的气体体积。

体积差 $\Delta V = V_2 - V_1$ 为供给系统油液的有效体积。将它代入式(6-1),便可求得蓄能

器容量,即

$$V_0 = \left(\frac{p_2}{p_0}\right)^{\frac{1}{n}} V_2 = \left(\frac{p_2}{p_0}\right)^{\frac{1}{n}}(V_1 + \Delta V) = \left(\frac{p_2}{p_0}\right)^{\frac{1}{n}}\left[\left(\frac{p_0}{p_1}\right)^{\frac{1}{n}} V_0 + \Delta V\right]$$

由上式得

$$V_0 = \frac{\Delta V\left(\frac{p_2}{p_0}\right)^{\frac{1}{n}}}{1 - \left(\frac{p_2}{p_1}\right)^{\frac{1}{n}}} \tag{6-2}$$

充气压力 p_0 在理论上可与 p_2 相等,但是为保证在 p_2 时蓄能器仍有能力补偿系统泄漏,则应使 $p_0 < p_2$,一般取 $p_0 = (0.8 \sim 0.85)p_2$。如已知 V_0,也可反过来求出储能时的供油体积,即

$$\Delta V = V_0 p_0^{\frac{1}{n}}\left[\left(\frac{1}{p_2}\right)^{\frac{1}{n}} - \left(\frac{1}{p_1}\right)^{\frac{1}{n}}\right] \tag{6-3}$$

在以上各式中,n 是与气体变化过程有关的指数。当蓄能器用于保压和补充泄漏时,气体压缩过程缓慢,与外界热交换得以充分进行,可认为是等温变化过程,这时取 $n=1$。而当蓄能器作辅助或应急动力源时,释放液体的时间短,气体快速膨胀,热交换不充分,这时可视为绝热过程,取 $n=1.4$。在实际工作中,气体状态的变化在绝热过程和等温过程之间,因此,$n=1 \sim 1.4$。

2. 用来吸收冲击用时的容量计算

当蓄能器用于吸收冲击时,其容量的计算与管路布置、液体流态、阻尼及泄漏大小等因素有关,准确计算比较困难。一般按经验公式计算缓冲最大冲击力时所需要的蓄能器最小容量,即

$$V_0 = \frac{0.004qp_1(0.0164L - t)}{p_1 - p_2} \tag{6-4}$$

式中:p_1——允许的最大冲击(kPa/cm^2);

　　　p_2——阀口关闭前管内压力(kPa/cm^2);

　　　V_0——用于冲击的蓄能器的最小容量(L);

　　　L——发生冲击的管长,即压力油源到阀口的管道长度(m);

　　　t——阀口关闭的时间(s),突然关闭时取 $t=0$。

6.3.3　蓄能器的安装、使用与维护

蓄能器的安装、使用与维护应注意的事项如下:

(1)蓄能器作为一种压力容器,选用时必须采用有完善质量体系保证并取得有关部门认可的产品。

(2)选择蓄能器时必须考虑与液压系统工作介质的相容性。

(3)气囊式蓄能器应垂直安装,油口向下,否则会影响气囊的正常收缩。

(4)蓄能器用于吸收液压冲击和压力脉动时,应尽可能安装在振动源附近;用于补充泄漏,使执行元件保压时,应尽量靠近该执行元件。

(5)安装在管路中的蓄能器必须用支架或支承板加以固定。

（6）蓄能器与管路之间应安装截止阀，以便充气检修；蓄能器与液压泵之间应安装单向阀，以防止液压泵停车或卸载时，蓄能器内的液压油倒流回液压泵。

6.4　油　箱

6.4.1　油箱的作用和种类

油箱的基本功能是储存工作介质，散发系统工作中产生的热量，分离油液中混入的空气、沉淀污染物及杂质。

按油面是否与大气相通，可分为开式油箱与闭式油箱。开式油箱广泛用于一般的液压系统，闭式油箱则用于水下和高空无稳定气压的场合。这里仅介绍开式油箱。

液压系统中的油箱有整体式和分离式两种。整体式油箱利用主机的内腔作为油箱，这种油箱结构紧凑，各处漏油易于回收，但增加了设计和制造的复杂性，维修不便，散热条件不好，且会使主机产生热变形。分离式油箱单独设置，与主机分开，减少了油箱发热和液压源振动对主机工作精度的影响，因此得到了普遍的应用，特别是在精密机械上。

6.4.2　油箱的基本结构、设计、使用和维护

1. 油箱的基本结构

油箱的典型结构如图 6-9 所示。由图可见，油箱内部用隔板 7 和 9 将吸油管 1 与回油管 4 隔开。顶部、侧部和底部分别装有过滤网 2、液位计 6 和排放污油的放油阀 8。安装液压泵及其驱动电机的安装板 5 则固定在油箱顶面上。

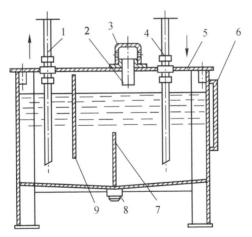

1—吸油管；2—过滤网；3—空气过滤器；4—回油管；5—安装板；6—液位计；7,9—隔板；8—放油阀。

图 6-9　油箱结构示意图

此外，近年来又出现了充气式的闭式油箱，它不同于图 6-9 开式油箱之处在于油箱是整个封闭的。顶部有一充气管，可送入 $0.05 \sim 0.07\mathrm{MPa}$ 过滤纯净的压缩空气。空气或者直接与油液接触，或者被输入到蓄能器式的皮囊内不与油液接触。这种油箱的优点是改善了液压泵的吸油条件，但它要求系统中的回油管、泄油管承受背压。油箱本身还需配置安全

阀、电接点压力表等元件以稳定充气压力,因此它只在特殊场合下使用。

2. 油箱的设计

在初步设计时,油箱的有效容量可按下述经验公式确定

$$V = mq_p \tag{6-5}$$

式中:V——油箱的有效容量;

q_p——液压泵的流量;

m——经验系数,低压系统 $m=2\sim4$,中压系统 $m=5\sim7$,中高压或高压系统 $m=6\sim12$。

对功率较大且连续工作的液压系统,必要时还要进行热平衡计算,以此确定油箱的容量。下面根据图 6-9 所示的油箱结构示意图,分述设计要点如下。

(1)泵的吸油管与系统回油管之间的距离应尽可能远些,管口都应插于最低液面以下,但离油箱底要大于管径的 $2\sim3$ 倍,以免吸空和飞溅起泡。吸油管端部所安装的过滤器,离箱壁要有 3 倍管径的距离,以便四面进油。回油管口应截成 $45°$ 斜角,以增大回流截面,并使斜面对着箱壁,以利散热和沉淀杂质。

(2)在油箱中设置隔板,以便将吸、回油隔开,迫使油液循环流动,利于散热和沉淀。

(3)设置空气滤清器与液位计。空气滤清器的作用是使油箱与大气相通,保证泵的自吸能力,滤除空气中的灰尘杂物,有时兼作加油口。它一般布置在顶盖上靠近油箱边缘处。

(4)设置放油口与清洗窗口。将油箱底面做成斜面,在最低处设放油口,平时用螺塞或放油阀堵住,换油时将其打开放走油污。为了便于换油时清洗油箱,大容量的油箱一般均在侧壁设清洗窗口。

(5)最高油面只允许达到油箱高度的 80%。油箱底脚高度应在 150mm 以上,以便散热、搬移和放油。油箱四周要有吊耳,以便起吊装运。

(6)油箱正常工作温度应在 $15\sim66℃$。必要时应安装温度控制系统,或设置加热器和冷却器。

6.5　密封装置

密封是解决液压系统泄漏问题最重要、最有效的手段。液压系统如果密封不良,可能出现不允许的外泄漏。外泄漏的油液将会污染环境,还可能使空气进入吸油腔,影响液压泵的工作性能和液压执行元件运动的平稳性(产生爬行)。泄漏严重时,系统容积效率过低,甚至工作压力达不到要求值。若密封过度,虽可防止泄漏,但会造成密封部分的剧烈磨损,缩短密封件的使用寿命,增大液压元件内的运动摩擦阻力,降低系统的机械效率。因此,合理地选用和设计密封装置在液压系统的设计中十分重要。

6.5.1　系统对密封装置的要求

(1)在工作压力和一定的温度范围内,应具有良好的密封性能,并随着压力的增加能自动提高密封性能。

(2)密封装置和运动件之间的摩擦力要小,摩擦系数要稳定。

(3)抗腐蚀能力强,不易老化,工作寿命长,耐磨性好,磨损后在一定程度上能自动补偿。

(4)结构简单,使用、维护方便,价格低廉。

6.5.2　常用密封装置结构特点

密封按其工作原理来分可分为非接触式密封和接触式密封。前者主要指间隙密封,后者指密封件密封。

1.间隙密封

间隙密封(见图 6-10)是靠相对运动件配合面之间的微小间隙来进行密封的,常用于柱塞、活塞或阀的圆柱配合副中。一般在阀芯的外表面开有几条等距离的均压槽,它的主要作用是使径向压力分布均匀,减少液压卡紧力,同时使阀芯在孔中对中性好,以减小间隙的方法来减少泄漏。同时槽所形成的阻力,对减少泄漏也有一定的作用。均压槽一般宽为 0.3～0.5mm,深为 0.5～1.0mm。圆柱面配合间隙与直径大小有关,对于阀芯与阀孔一般取 0.005～0.017mm。

这种密封的优点是摩擦力小,缺点是磨损后不能自动补偿,主要用于直径较小的圆柱面之间,如液压泵内的柱塞与缸体之间、滑阀的阀芯与阀孔之间的配合。

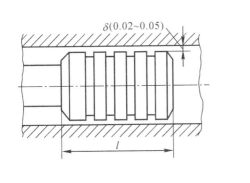

图 6-10　间隙密封

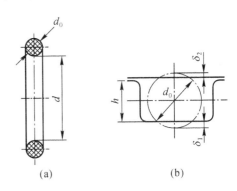

图 6-11　O 形密封圈

2.O 形密封圈

O 形密封圈一般用耐油橡胶制成,其横截面呈圆形。它具有良好的密封性能,内、外侧和端面都能起密封作用,结构紧凑,运动件的摩擦阻力小,制造容易,装拆方便,成本低,且高、低压均可以用,所以在液压系统中得到广泛的应用。

图 6-11 所示为 O 形密封圈的结构。图 6-11(a)所示为其外形圈,图 6-11(b)所示为装入密封沟槽的情况。δ_1,δ_2 为 O 形圈装配后的预压缩量,通常用压缩率 W 表示,即 $W = [(d_0 - h)/d_0] \times 100\%$。对于固定密封,往复运动密封和回转运动密封,应分别达到 15%～20%,10%～20% 和 5%～10%,才能取得满意的密封效果。当油液工作压力超过 10MPa 时,O 形圈在往复运动中容易被油液压力挤入间隙而提早损坏,如图 6-12(a)所示。为此要在它的侧面安放 1.2～1.5mm 厚的聚四氟乙烯挡圈,单向受力时在受力侧的对面安放一个挡圈,如图 6-12(b)所示;双向受力时则在两侧各放一个挡圈,如图 6-12(c)所示。

O 形密封圈的安装沟槽,除矩形外,还有 V 形、燕尾形、半圆形、三角形等,实际应用中可查阅有关手册及国家标准。

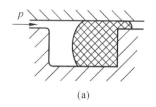 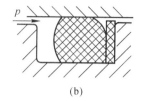 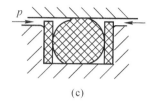

图 6-12 O 形密封圈的工作情况

3. 唇形密封圈

唇形密封圈根据截面的形状可分为 Y 形、V 形、U 形、L 形等。其工作原理如图 6-13 所示。液压力将密封圈的两唇边 h 压向形成间隙的两个零件的表面。这种密封作用的特点是能随着工作压力的变化自动调整密封性能,压力越高则唇边被压得越紧,密封性越好;当压力降低时唇边压紧程度也随之降低,从而减少了摩擦阻力和功率消耗,除此之外,还能自动补偿唇边的磨损,保持密封性能不降低。

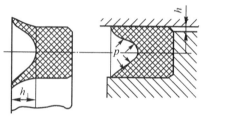

图 6-13 唇形密封圈的工作原理

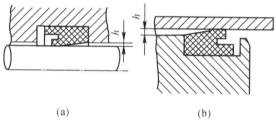

图 6-14 小 Y 形密封圈

目前,液压缸中普遍使用如图 6-14 所示的小 Y 形密封圈作为活塞和活塞杆的密封。其中图 6-4(a)所示为轴用密封圈,图 6-14(b)所示为孔用密封圈。这种小 Y 形密封圈的特点是断面宽度和高度的比值大,增加了底部支承宽度,可以避免摩擦力造成的密封圈的翻转和扭曲。

在高压和超高压情况下(压力大于 25MPa)V 形密封圈也有应用。此时 V 形密封圈的形状如图 6-15 所示,它由多层涂胶织物压制而成,通常由压环、密封环和支承环三个圈叠在一起使用,此时已能保证良好的密封性。当压力更高时,可以增加中间密封环的数量。这种密封圈在安装时要预压紧,所以摩擦阻力较大。

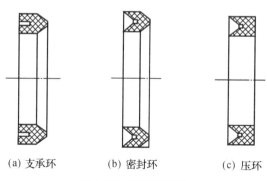

(a) 支承环   (b) 密封环   (c) 压环

图 6-15 V 形密封圈

唇形密封圈安装时应使其唇边开口面对压力油,使两唇张开,分别贴紧在机件的表面上。

4. 组合式密封装置

随着液压技术应用的日益广泛,系统对密封的要求越来越高,普通的密封圈单独使用已不能很好地满足密封要求,特别是使用寿命和可靠性方面的要求。因此,研究和开发了包括密封圈在内的由两个以上元件组成的组合式密封装置。

图 6-16(a)所示的为 O 形密封圈与截面为矩形的聚四氟乙烯塑料滑环组成的组合密封装置。其中,滑环 2 紧贴密封面,O 形圈 1 为滑环提供弹性预压力,在介质压力等于零时构成密封。由于密封间隙靠滑环,而不是 O 形圈,因此摩擦阻力小而且稳定,可以用于40MPa的高压;往复运动密封时,速度可达 15m/s;往复摆动与螺旋运动密封时,速度可达 5m/s。

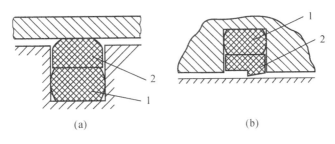

(a)　　　　　　　　　　　(b)

图 6-16　组合式密封装置

矩形滑环组合密封的缺点是抗侧倾能力稍差,在高、低压交变的场合下工作容易漏油。图 6-16(b)所示为由支持环 2 和 O 形圈 1 组成的轴用组合密封,由于支持环与被密封件之间为线密封,其工作原理类似唇边密封。支持环采用一种经特别处理的化合物,具有极佳的耐磨性、低摩擦和保形性,不存在橡胶密封低速时易产生的"爬行"现象。它的工作压力可达 80MPa。

组合式密封装置由于充分发挥了橡胶密封圈和滑环(支持环)的长处,因此不仅工作可靠,摩擦力低而稳定,而且使用寿命比普通橡胶密封提高近百倍,在工程上的应用日益广泛。

5. 回转轴的密封装置

回转轴的密封装置型式很多,图 6-17 所示是一种耐油橡胶制成的回转轴用密封圈。它的内部由直角形圆环铁骨架支撑着,密封圈的内边围着一条螺旋弹簧,把内边收紧在轴上,以进行密封。这种密封圈主要用作液压泵、液压马达和回转式液压缸的伸出轴的密封,以防止油液漏到壳体外部。它的工作压力一般不超过 0.1MPa,最大允许线速度为 4~8m/s,并需在有润滑情况下工作。

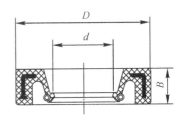

图 6-17　回转轴用密封圈

6.5.3　密封装置的选用

密封件在选用时必须考虑因素如下。

(1)密封的性质,是动密封,还是静密封;是平面密封,还是环行间隙密封。

(2)动密封是否要求静、动摩擦系数要小,运动是否平稳,同时考虑相对运动耦合面之间的运动速度、介质工作压力等因素。

(3)工作介质的种类和温度对密封件材质的要求,同时考虑制造和拆装是否方便。

6.6　管道与管接头

液压系统中将管道、管接头和法兰盘等通称为管件,其作用是保证油路的连通,并便于拆卸、安装。根据工作压力、安装位置确定管件的连接结构,与泵、阀等连接的管件应由其接口尺寸决定管径。

6.6.1　管　道

1.管道的分类及应用

液压系统中管道的分类特点和应用场合见表 6-2。

表 6-2　管道的分类特点和应用场合

种类	特点和应用范围
钢管	价廉、耐油、抗腐、刚性好,但装配不易弯曲成形。常在拆装方便处用作压力管道,中压以上用无缝钢管,低压用焊接钢管
紫铜管	价格高,抗振能力差,易使油液氧化,但易弯曲成形。用于仪表和装配不便处
尼龙管	半透明材料,可观察流动情况。加热后可任意弯曲成形和扩口,冷却后即定形。承压能力较低,一般在 2.8～8MPa
塑料管	耐油、价廉、装配方便,长期使用会老化。只用于压力低于 0.5MPa 的回油或泄油管路
橡胶管	用耐油橡胶和钢丝编织层制成,价格高。多用于高压管路。还有一种用耐油橡胶和帆布制成,用于回油管路

2.管道的尺寸计算

管道的内径 d 和壁厚可采用下列两式计算,并需圆整为标准数值,即

$$d=2\sqrt{\frac{q}{\pi[v]}} \tag{4-6}$$

$$\delta=\frac{pdn}{2[\sigma_b]} \tag{4-7}$$

式中:$[v]$——允许流速,推荐值为:吸油管为 0.5～1.5m/s,回油管为 1.5～2m/s,压力油管为 2.5～5m/s,控制油管取 2～3m/s,橡胶软管应小于 4m/s;

n——安全系数,对于钢管,$p\leqslant7$MPa 时,$n=8$;7MPa$<p\leqslant17.5$MPa 时,$n=6$;$p>17.5$MPa 时,$n=4$;

$[\sigma_b]$——管道材料的抗拉强度(Pa),可由《材料手册》查出。

3.管道的安装要求

(1)管道应尽量短,最好横平竖直,拐弯少。为避免管道皱折,减少压力损失,管道装配的弯曲半径要足够大,管道悬伸较长时要适当设置管夹及支架。

(2)管道尽量避免交叉。平行管距要大于 10mm,以防止干扰和振动,并便于安装管接头。

(3)软管直线安装时要有一定的余量,以适应油温变化、受拉和振动产生的 -2%～$+4\%$ 的长度变化的需要。弯曲半径要大于 10 倍软管外径,弯曲处到管接头的距离至少等

于 6 倍外径。

6.6.2　管接头

管接头用于管道和管道、管道和其他液压元件之间的连接。对管接头的主要要求是安装拆卸方便,抗振动,密封性能好。

1. 管接头的类型及其结构

目前用于硬管连接的管接头型式主要有扩口式管接头、卡套式管接头和焊接式管接头三种。用于软管连接主要有扣压式。

（1）硬管接头

硬管接头结构形式如图 6-18 所示,具体特点如下:

扩口式管接头。适用于紫铜管、薄钢管、尼龙管和塑料管等低压管道的连接,拧紧接头螺母,通过管套使管子压紧密封。

卡套式管接头。拧紧接头螺母后,卡套发生弹性变形便将管子夹紧。它对轴向尺寸要求不严,装拆方便,但对连接用管道的尺寸精度要求较高。

焊接式管接头。接管与接头体之间的密封方式有球面、锥面接触密封和平面加 O 形圈密封两种。前者有自位性,安装要求低,耐高温,但密封可靠性稍差,适用于工作压力不高的液压系统。后者密封性好,可用于高压系统。

此外尚有二通、三通、四通、铰接等数种形式的管接头,供不同情况下选用。具体可查阅有关手册。

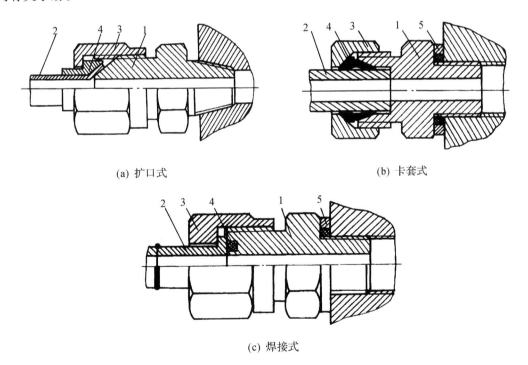

(a) 扩口式　　　　　　　　　　(b) 卡套式

(c) 焊接式

1—接头体;2—接管;3—螺母;4—O 形密封圈;5—组合密封圈。

图 6-18　硬管接头的连接形式

（2）胶管接头

胶管接头随管径和所用胶管钢丝层数的不同,工作压力在 6～40MPa。图 6-19 所示为扣压式胶管接头的具体结构。

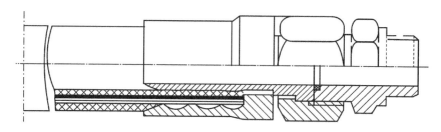

图 6-19　扣压式胶管接头

6.7　热交换器

液压系统的工作温度一般希望保持在 30～50℃ 的范围之内,最高不超过 65℃,最低不低于 15℃。如果液压系统靠自然冷却仍不能使油温控制在上述范围内时,就需要安装冷却器;反之,如环境温度太低,无法使液压泵启动或正常运转时,就需安装加热器。

6.7.1　冷却器

液压系统中用得较多的冷却器是强制对流式多管头冷却器,如图 6-20 所示。油液从进油口 5 流入,从出油口 3 流出;冷却水从进水口 7 流入,通过多根散热管 6 后由出水口 1 流出。油液在水管外部流动时,它的行进路线因冷却器内设置了隔板 4 而加长,因而增加了散热效果。近来出现一种翅片管式冷却器,水管外面增加了许多横向或纵向散热翅片,大大扩大了散热面积和热交换效果,其散热面积可达光滑管的 8～10 倍。

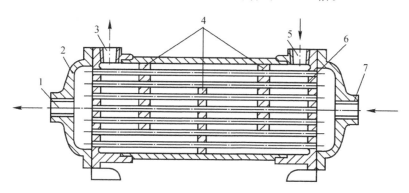

1—出水口;2—壳体;3—出油口;4—隔板;5—进油口;6—散热管;7—进水口。
图 6-20　对流式多管头冷却器

当液压系统散热量较大时,可使用化工行业中的水冷式板式换热器,它可及时地将油液中的热量散发出去,其参数及使用方法见相应的产品样本。

一般冷却器的最高工作压力在 1.6MPa 以内。使用时应安装在回油管路或低压管路上,所造成的压力损失一般为 0.01～0.1MPa。

6.7.2　加热器

液压系统的加热一般采用结构简单,能按需要自动调节最高和最低温度的电加热器。这种加热器的安装方式如图 6-21 所示,它用法兰盘水平安装在油箱侧壁上,发热部分全部浸在油液内。加热器应安装在油液流动处,以利于热量的交换。由于油液是热的不良导体,因而单个加热器的功率容量不能太大,以免其周围油液的温度过高而发生变质现象。

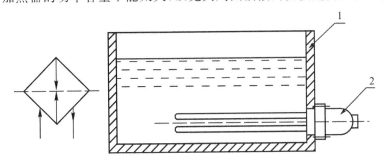

1—油箱;2—电加热器。

图 6-21　加热器的安装

本章小结

液压辅助元件包括:过滤器、蓄能器、油箱、密封件、管件、热交换器等。过滤器是通过过滤油液中的杂质来确保液压元件及系统不受污染物的侵蚀,按过滤精度不同,分为粗、普通、精、特精四种,类型有网式、线隙式、纸芯式、烧结式等几种。蓄能器是液压系统中的储能元件,能储存一定量的压力油,当系统需要时,能迅速释放供系统使用。在结构上有皮囊式、重力式、活塞式等,功用作辅助动力源、保压和补充泄漏、缓和冲击和吸收压力脉动等。油箱是一种非标准辅件,根据需要进行设计,主要用于储存油液、散热、分离油液中的气体和沉淀油中的杂质。密封件主要用于减少液压系统的泄漏,从而提高液压系统的效率,形式有密封件密封和间隙密封。管件包括管道和管接头,是液压系统各元件传递流体动力的纽带,为系统输送流体的压力、流量等。热交换器包括加热器和冷却器,主要保证液压油在规定的油温范围内,以提高传动质量。

思考与练习

6-1　试列举系统中滤油器的安装位置及其各自的作用。

6-2　某皮囊式蓄能器用作动力源,其容积为 4L,充气压力 $p_0 = 3.2$MPa,系统的最高工作压力为 $p_1 = 8$MPa,最低工作压力为 $p_2 = 8$MPa,试求蓄能器排出的油液体积(蓄能器的工作状态为等温过程)。

6-3　简述蓄能器在液压系统中的功用和在安装使用中应注意的问题。

6-4　简述油箱的功用及设计时应注意的问题。

6-5　液压系统对密封装置有哪些要求?有哪些常用的密封装置?如何选用?

6-6　简述各种油管的特点及使用场合。

第 7 章　液压基本回路

【本章内容提要】

本章主要介绍了液压压力控制回路、速度控制回路、方向控制回路、多缸动作回路等常用回路的组成、工作原理和性能、分析方法、功能及其在实际液压系统中的应用。

【基本要求、重点和难点】

基本要求:了解液压压力控制回路、速度控制回路、方向控制回路、多缸动作回路等常用回路的组成、工作原理和性能;理解压力控制回路、速度控制回路、方向控制回路、多缸动作回路等的分析方法,掌握压力控制回路、速度控制回路、方向控制回路、多缸动作回路的功能及在实际液压系统中的应用。

重点:液压压力控制回路、速度控制回路、方向控制回路、多缸动作回路等回路的工作原理。

难点:液压压力控制回路、速度控制回路、方向控制回路、多缸动作回路的功能分析及其在实际液压系统中的应用。

7.1　概　述

任何一个液压系统,无论它所要完成的动作有多么复杂,总是由一些基本回路组成的。所谓基本回路,就是由一些液压元件组成,用来完成特定功能的油路结构。熟悉和掌握这些基本回路的组成、工作原理及应用是分析、设计和使用液压系统的基础。

液压系统按照工作介质的循环方式可分为开式系统和闭式系统。常见的液压系统大多为开式系统。开式系统的特点是:液压泵从油箱吸油,经控制阀进入执行元件,执行元件的回油再经控制阀流回油箱,工作油液在油箱中冷却、分离空气和沉淀杂质后再进入工作循环。开式系统结构简单,但因油箱内的油液直接与空气接触,空气易进入系统,导致系统运行时产生一些不良后果。闭式系统的特点为液压泵输出的压力油直接进入执行元件,执行系统的回油直接与液压泵的吸油管相连。在闭式系统中,由于油液基本上都在闭合回路内循环,油液升高较快,但所用的油箱容积小,系统结构紧凑。闭式系统的结构较复杂,成本较高,通常适用于功率较大的液压系统。

液压基本回路按其在液压系统中的功能可分为压力控制回路、速度控制回路、方向控制回路以及其他控制回路。

7.2　压力控制回路

压力控制回路是用压力阀来控制和调节液压系统主油路或某一支路的压力,以满足执行元件所需的力或力矩的要求。利用压力控制回路可实现对系统进行调压、减压、增压、卸荷、保压与工作机构的平衡等各种控制。

7.2.1　调压回路

当液压系统工作时,液压泵应向系统提供所需压力的液压油,同时,又能节省能源,减少油液发热,提高执行元件运动的平稳性,所以,应设置调压或限压回路。当液压泵一直工作在系统的调定压力时,就要通过溢流阀调节并稳定液压泵的工作压力。在变量泵系统中或旁路节流调速系统中用溢流阀(当安全阀用)限制系统的最高安全压力。当系统在不同的工作时间内需要有不同的工作压力,可采用二级或多级调压回路。

1. 单级调压回路

如图 7-1 所示,通过液压泵 1 和溢流阀 2 的并联连接,即可组成单级调压回路。通过调节溢流阀的压力,可以改变泵的输出压力。当溢流阀的调定压力确定后,液压泵就在溢流阀的调定压力下工作,从而实现了对液压系统进行调压和稳压控制。如果将液压泵 1 改换为变量泵,这时溢流阀将作为安全阀使用,液压泵的工作压力低于溢流阀的调定压力,这时溢流阀不工作。当系统出现故障,液压泵的工作压力上升时,一旦压力达到溢流阀的调定压力,溢流阀将开启,并将液压泵的工作压力限制在溢流阀的调定压力下,使液压系统不致因压力过载而受到破坏,从而保护了液压系统。

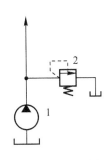

1—液压泵;2—溢流阀。

图 7-1　单级调压回路

2. 二级调压回路

图 7-2 所示为二级调压回路,该回路可实现两种不同的系统压力控制。由先导式溢流阀 2 和远程调压阀 4 各调一级,当二位二通电磁阀 3 处于图示位置时,系统压力由阀 2 调定,当阀 3 得电后处于右位时,系统压力由阀 4 调定。但要注意:阀 4 的调定压力一定要小于阀 2 的调定压力,否则不能实现。当系统压力由阀 4 调定时,先导式溢流阀 2 的先导阀口关闭,但主阀开启,液压泵的溢流流量经主阀回油箱,这时阀 4 亦处于工作状态,并有油液通过。应当指出:若将阀 3 与阀 4 对换位置,则仍可进行二级调压,并且在二级压力转换点上获得比图 7-15(b) 所示回路更为稳定的压力转换。

3. 多级调压回路

图 7-3 所示为三级调压回路。三级压力分别由先导式溢流阀 1、调压阀(溢流阀)2,3 调定,当电磁铁 1YA,2YA 失电时,系统压力由先导式溢流阀调定。当 1YA 得电时,系统压力由溢流阀 2 调定。当 2YA 得电时,系统压力由溢流阀 3 调定。在这种调压回路中,阀 2 和阀 3 的调定压力要低于主溢流阀的调定压力,而阀 2 和阀 3 的调定压力之间没有一定的大小关系。当阀 2 或阀 3 工作时,阀 2 或阀 3 相当于阀 1 上的另一个先导阀。

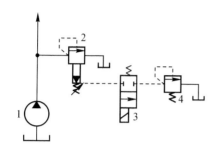

1—液压泵;2—先导式溢流阀;3—二位二通换向阀;
4—调压阀(溢流阀)。

图 7-2 二级调压回路

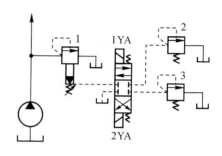

1—先导式溢流阀;2,3—调压阀(溢流阀)。

图 7-3 多级调压回路

7.2.2 减压和增压回路

1. 减压回路

当泵的输出压力是高压而局部回路或支路要求低压时,可以采用减压回路,如机床液压系统中的定位、夹紧、回路分支以及液压元件的控制油路等,它们往往要求比主油路较低的压力。减压回路较为简单,一般是在所需低压的支路上串接减压阀。采用减压回路虽能方便地获得某支路稳定的低压,但压力油经减压阀口时要产生压力损失。

最常见的减压回路为通过定值减压阀与主油路相连,如图 7-4(a)所示。回路中的单向阀为主油路压力降低(低于减压阀调整压力)时防止油液倒流,起短时保压作用,减压回路中也可以采用类似两级或多级调压的方法来获得两级或多级减压。图 7-4(b)所示为利用先导式减压阀 1 的远控口接一远控溢流阀 2,则可由阀 1、阀 2 各调得一种低压。但要注意:阀 2 的调定压力值一定要低于阀 1 的调定减压值。

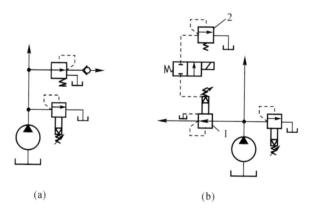

(a)   (b)

1—先导式减压阀;2—溢流阀。

图 7-4 减压回路

为了使减压回路工作可靠,减压阀的最低调整压力不应小于 0.5MPa,最高调整压力至少应比系统压力小 0.5MPa。当减压回路中的执行元件需要调速时,调速元件应放在减压阀的后面,以避免减压阀泄漏(指由减压阀泄油口流回油箱的油液)对执行元件的速度产生影响。

2. 增压回路

如果系统或系统的某一支油路需要压力较高但流量又不大的压力油,而采用高压泵又不经济,或者根本就没有必要增设高压力的液压泵时,就常采用增压回路,这样不仅易于选择液压泵,而且系统工作较可靠,噪声小。增压回路中提高压力的主要元件是增压缸或增压器。

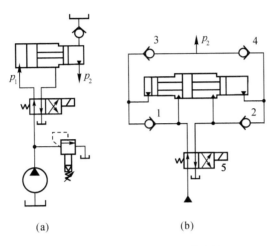

(a)　　　　　　　　　　　　　　(b)

1、2、3、4—单向阀;5—二位二通换向阀。

图 7-5　增压回路

(1)单作用增压缸的增压回路。图 7-5(a)所示为利用增压缸的单作用增压回路,当系统在图示位置工作时,系统的供油压力 p_1 进入增压缸的大活塞腔,此时在小活塞腔即可得到所需的较高压力 p_2;当二位四通电磁换向阀右位接入系统时,增压缸返回,辅助油箱中的油液经单向阀补入小活塞。因而该回路只能间歇增压,所以称之为单作用增压回路。

(2)双作用增压缸的增压回路。图 7-5(b)所示为采用双作用增压缸的增压回路,其能连续输出高压油。在图示位置,液压泵输出的压力油经换向阀 5 和单向阀 1 进入增压缸左端大、小活塞腔,右端大活塞腔的回油通油箱,右端小活塞腔增压后的高压油经单向阀 4 输出,此时单向阀 2 和 3 被关闭。当增压缸活塞移到右端时,换向阀得电换向,增压缸活塞向左移动。同理,左端小活塞腔输出的高压油经单向阀 3 输出。这样,增压缸的活塞不断往复运动,两端便交替输出高压油,从而实现了连续增压。

7.2.3　卸荷回路

在液压系统工作中,有时执行元件短时间停止工作,不需要液压系统传递能量,或者执行元件在某段工作时间内保持一定的力,而运动速度极慢,甚至停止运动。在这种情况下,不需要液压泵输出油液,只需要很小流量的液压油,于是液压泵输出的压力油全部或绝大部分从溢流阀流回油箱,造成能量的无谓消耗,引起油液发热,使油液加快变质,而且还影响液压系统的性能及泵的寿命。为此,需要采用卸荷回路。卸荷回路的功用是指在液压泵驱动电动机不频繁启闭的情况下,使液压泵在功率输出接近于零的情况下运转,以减少功率损耗,降低系统发热,延长泵和电动机的寿命。因为液压泵的输出功率为其流量和压力的乘积,因而,两者任一近似为零,功率损耗即近似为零,因此液压泵的卸荷有流量卸荷和压力卸荷两种。前者主要是使用变量泵,使变量泵仅为补偿泄漏而以最小流量运转,此方法比较简单,但泵仍处在高压状态下运行,磨损比较严重;压力卸荷的方法是使泵在接近零压下运转。

常见的压力卸荷方式有以下几种:

(1)换向阀卸荷回路。M,H 和 K 型中位机能的三位换向阀处于中位时,泵即卸荷,图 7-6 所示为采用 M 型中位机能的电液换向阀的卸荷回路。这种回路切换时压力冲击小,但回路中必须设置单向阀,以使系统能保持 0.3MPa 左右的压力,供操纵控制油路之用。

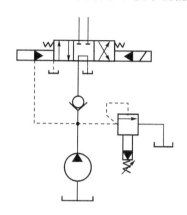

图 7-6　M 型中位机能卸荷回路

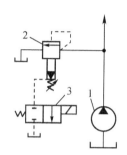

1—液压泵;2—先导式溢流阀;3—二位二通电磁换向阀。

图 7-7　溢流阀远控口卸荷

(2)用先导型溢流阀远程控制口的卸荷回路。图 7-2 中若去掉调压阀 4,使二位二通电磁阀直接接油箱,便构成一种用先导型溢流阀的卸荷回路,如图 7-7 所示。这种卸荷回路卸荷压力小,切换时冲击也小。

7.2.4　平衡回路

平衡回路的功用在于防止垂直或倾斜放置的液压缸和与之相连的工作部件因自重而自行下落。图 7-8(a)所示为采用单向顺序阀的平衡回路,当 1YA 得电后活塞下行时,回油路上就存在着一定的背压。只要将这个背压调到能支承住活塞和与之相连的工作部件的自重,活塞就可以平稳地下落。当换向阀处于中位时,活塞就停止运动,不再继续下移。这种回路当活塞向下快速运动时功率损失大,锁住时活塞和与之相连的工作部件会因单向顺序阀和换向阀的泄漏而缓慢下落,因此它只适用于工作部件重量不大、活塞锁住时定位要求不高的场合。图 7-8(b)所示为采用液控顺序阀的平衡回路。当活塞下行时,控制压力油打开液控顺序阀,背压消失,因而回路效率较高;当停止工作时,液控顺序阀关闭以防止活塞和工作部件因自重而下降。这种平衡回路的优点是只有上腔进油时活塞才下行,比较安全可靠;缺点是活塞下行时平稳性较差。这是因为活塞下行时,液压缸上腔油压降低,将使顺序阀关闭。当顺序阀关闭时,因活塞停止下行,使液压缸上腔油压升高,又打开液控顺序阀,因此液控顺序阀始终工作在启闭的过渡状态,因而影响工作的平稳性。这种回路适用于运动部件重量不是很大、停留时间较短的液压系统中。

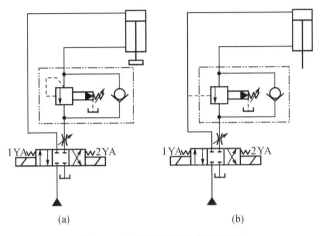

图 7-8　采用顺序阀的平衡回路

7.2.5　保压回路

在液压系统中,常要求液压执行机构在一定的行程位置上停止运动,或在有微小的位移下稳定地维持住一定的压力,这就要采用保压回路。最简单的保压回路是密封性能较好的液控单向阀的回路,但是,阀类元件所在处的泄漏使得这种回路的保压时间不能维持太久。常用的保压回路有以下几种。

1. 利用液压泵的保压回路

利用液压泵的保压回路也就是在保压过程中,液压泵仍以较高的压力(保压所需压力)工作。此时,若采用定量泵则压力油几乎全部经溢流阀流回油箱,系统功率损失大,易发热,故只在小功率的系统且保压时间较短的场合下才使用。若采用变量泵,则在保压时泵的压力较高,但输出流量几乎等于零,因而液压系统的功率损失小。这种保压方法能随泄漏量的变化而自动调整输出流量,因而其效率也较高。

2. 利用蓄能器的保压回路

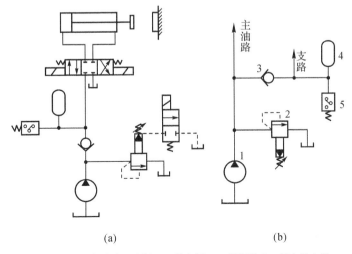

1—液压泵;2—先导式溢流阀;3—单向阀;4—蓄能器;5—压力继电器。

图 7-9　利用蓄能器的保压回路

图 7-9(a)所示的回路,当主换向阀在左位工作时,液压缸向前运动且压紧工件,进油路压力升高至调定值,压力继电器动作使二通阀通电,泵即卸荷,单向阀自动关闭,液压缸则由蓄能器保压。缸压不足时,压力继电器复位使泵重新工作。保压时间的长短取决于蓄能器的容量,调节压力继电器的工作区间即可调节缸中压力的最大值和最小值。图 7-9(b)所示为多缸系统中的保压回路,这种回路当主油路压力降低时,单向阀 3 关闭,支路由蓄能器保压补偿泄漏,压力继电器 5 的作用是当支路压力达到预定值时发出信号,使主油路开始动作。

3. 自动补油保压回路

图 7-10 所示为采用液控单向阀和电接触式压力表的自动补油式保压回路。其工作原理为:当 1YA 得电,换向阀右位接入回路,液压缸上腔压力上升至电接触式压力表的上限值时,上触点接电,使电磁铁 1YA 失电,换向阀处于中位,液压泵卸荷,液压缸由液控单向阀保压。当液压缸上腔压力下降到预定下限值时,电接触式压力表又发出信号,使 1YA 得电,液压泵再次向系统供油,使压力上升。当压力达到上限值时,上触点又发出信号,使1YA 失电。因此,这一回路能自动地使液压缸补充压力油,使其压力能长期保持在一定范围内。

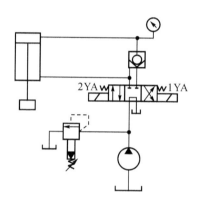

图 7-10　自动补油的保压回路

实训 4　压力控制回路连接与调试

1. 实训目的

(1)了解减压阀的内部结构、工作原理;掌握并应用减压阀的二级调压及多级调压。

(2)了解减压回路在实际生产的中应用范围。

2. 实训要求和方法

(1)按照本实验的要求,按液压回路图接好回路;用计算机编写好 PLC 程序并成功地下载至 PLC;二位二通电磁换向阀控制端子接入 10.00,检查无误。

(2)启动泵站前,先检查安全阀 4 是否完全打开;关闭减压阀 1,关闭调压阀 3;启动泵,调节安全阀 4 并确定安全阀压力范围内,压力值从压力表 P1 上直接读取;慢慢打开减压阀,观察并记录压力表 P1、压力表 P2 的压力值;按下 PLC 按钮 1,使二位二通电磁换向阀处于得电的位置,慢慢调节调压阀 3(不能高于减压阀 1 的调压值);观察并记录压力表 P1 值、压力表 P2 值。

3. 实训内容

实训图如下所示。

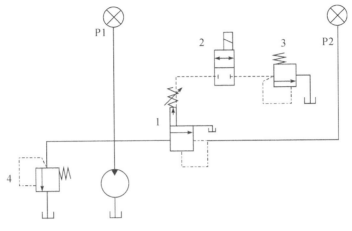

实训 4 附图

7.3　速度控制回路(一)——调速回路

7.3.1　调速回路概述

速度控制回路是研究液压系统的速度调节和变换问题。常用的速度控制回路有调速回路、快速回路、速度换接回路等。本节中分别对上述三种回路进行介绍。

调速回路的基本原理。从液压马达的工作原理可知,液压马达的转速 n_m 由输入流量和液压马达的排量 V_m 决定,即 $n_m = q/V_m$,液压缸的运动速度 v 由输入流量和液压缸的有效作用面积 A 决定,即 $v = q/A$ 。

通过上面的关系式可以知道,要想调节液压马达的转速 n_m 或液压缸的运动速度 v ,可通过改变输入流量 q ,改变液压马达的排量 V_m 和改变缸的有效作用面积 A 等方法来实现。由于液压缸的有效面积 A 是定值,因此只有改变流量 q 的大小来调速。而改变输入流量 q ,可以通过采用流量阀或变量泵来实现。改变液压马达的排量 V_m ,可通过采用变量液压马达来实现。因此,调速回路主要有以下几种方式:

(1)节流调速回路。由定量泵供油,用流量阀调节进入或流出执行机构的流量来实现调速。

(2)容积调速回路。用调节变量泵或变量马达的排量来调速。

(3)容积节流调速回路。用限压变量泵供油,由流量阀调节进入执行机构的流量,并使变量泵的流量与调节阀的调节流量相适应来实现调速。

此外还可采用几个定量泵并联,按不同速度的需要来启动一个泵或几个泵供油实现分级调速。

7.3.2　节流调速回路

节流调速原理。节流调速回路是通过调节流量阀的通流截面积大小来改变进入执行机构的流量,从而实现运动速度的调节。

如图 7-11 所示,如果调节回路里只有节流阀,则液压泵输出的油液全部经节流阀流入液压缸。改变节流阀节流口的大小,只能改变油液流经节流阀速度的大小,而总的流量不会改变,在这种情况下节流阀不能起调节流量的作用,液压缸的速度不会改变。

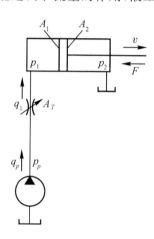

图 7-11　只有节流阀的回路

1. 采用节流阀的调速回路

(1)进油节流调速回路

进油调速回路是将节流阀装在执行机构的进油路上,用控制进入执行机构的流量以达到调速的目的,其调速原理如图 7-12(a)所示。其中定量泵产生的多余油液通过溢流阀流回油箱,这是进油节流调速回路工作的必要条件,因此溢流阀的调定压力与泵的出口压力 p_p 相等。

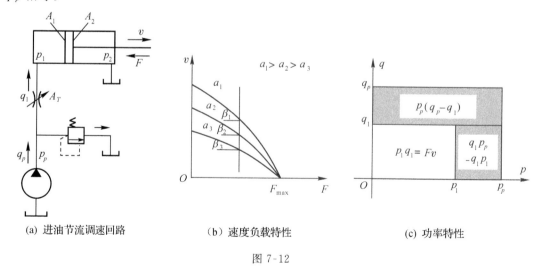

(a) 进油节流调速回路　　　(b) 速度负载特性　　　(c) 功率特性

图 7-12

①速度负载特性

当不考虑回路中各处的泄漏和油液的压缩时,活塞运动速度为

$$v = \frac{q_1}{A_1} \tag{7-1}$$

活塞受力方程为

$$p_1 A_1 = p_2 A_2 + F \tag{7-2}$$

式中：F——外负载力；

　　　p_2——液压缸回油腔压力。当回油腔通油箱时,$p_2 \approx 0$。

于是　　$p_1 = \dfrac{F}{A_1}$

进油路上通过节流阀的流量方程为

$$q_1 = C A_T (\Delta p_T)^m$$

$$q_1 = C A_T (p_p - p_1)^m = C A_T \left(p_p - \frac{F}{A_1} \right)^m \tag{7-3}$$

于是

$$v = \frac{q_1}{A_1} = \frac{C A_T}{A_1^{1+m}} (p_p A_1 - F)^m \tag{7-4}$$

式中：C——与油液种类等有关的系数；

　　　A_T——流阀的开口面积；

　　　Δp_T——节流阀前后的压强差,$\Delta p_T = p_p - p_1$；

　　　m——节流阀的指数。当为薄壁孔口时,$m = 0.5$。

式(7-4)为进油路节流调速回路的速度负载特性方程,它描述了执行元件的速度 v 与负载 F 之间的关系。如以 v 为纵坐标,F 为横坐标,将式(7-4)按不同节流阀通流面积 A_T 作图,可得一组抛物线,称为进油路节流调速回路的速度负载特性曲线,如图 7-12(b)所示。

由式(7-4)和图 7-12(b)可以看出,当其他条件不变时,活塞的运动速度与节流阀通流面积 A_T 成正比,调节 A_T 就能实现无级调速。这种回路的调速范围较大,$R_{cmax} = \dfrac{v_{max}}{v_{min}} \approx 100$。当节流阀通流面积 A_T 一定时,活塞运动速度 v 随着负载 F 的增加按抛物线规律下降。但不论节流阀通流面积如何变化,当 $F = p_p A_1$ 时,节流阀两端压差为零,因此没有流体通过节流阀,活塞也就停止了运动,此时液压泵的全部流量经溢流阀流回油箱。该回路的最大承载能力即为 $F_{max} = p_p A_1$。

②功率特性

调速回路的功率特性是以其自身的功率损失(不包括液压缸、液压泵和管路中的功率损失)、功率损失分配情况和效率来表达的。在图 7-12(a)中,液压泵输出功率即为该回路的输入功率,即

$$P_p = p_p q_p$$

液压缸输出的有效功率为

$$P_1 = Fv = F \frac{q_1}{A_1} = p_1 q_1$$

回路的功率损失为

$$\Delta P = P_p - P_1 = p_p q_p - p_1 q_1$$
$$= p_p(q_1 + \Delta q) - (p_p - \Delta p_T)q_1$$
$$= p_p \Delta q + \Delta p_T q_1 \tag{7-5}$$

式中：Δq——溢流阀的溢流量，$\Delta q = q_p - q_1$。

由式(7-5)可知，进油路节流调速回路的功率损失由两部分组成：溢流功率损失 $\Delta P_1 = p_p \Delta q$ 和节流功率损失 $\Delta P_2 = \Delta p_T q_1$。其功率特性如图 7-12(c) 所示。

回路的输出功率与回路的输入功率之比定义为回路效率。进油路节流调速回路的回路效率为

$$\eta = \frac{P_p - \Delta P}{P_p} = \frac{p_1 q_1}{p_p q_p} \tag{7-6}$$

由于回路存在两部分功率损失，因此进油路节流调速回路效率较低。当负载恒定或变化很小时，回路效率可达 0.2~0.6；当负载发生变化时，回路的最大效率为 0.385。这种回路多用于要求冲击小、负载变动小的液压系统中。

(2)回油节流调速回路

回油节流调速回路将节流阀串联在液压缸的回油路上，借助于节流阀控制液压缸的排油量来实现速度调节。与进油节流调速一样，定量泵产生的多余油液经溢流阀流回油箱，即溢流阀保持溢流，泵的出口压力即溢流阀的调定压力保持基本恒定。其调速原理如图 7-13(a) 所示。

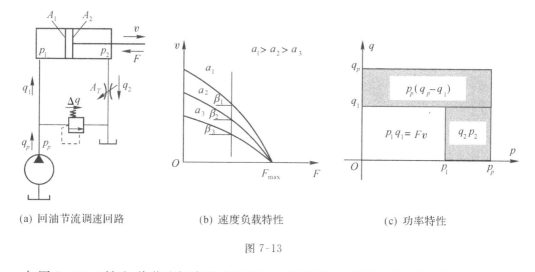

(a) 回油节流调速回路　　(b) 速度负载特性　　(c) 功率特性

图 7-13

如图 7-13(a)所示，将节流阀串联在液压缸的回油路上，借助节流阀控制液压缸的排油量来调节其运动速度，称为回油路节流调速回路。

采用同样的分析方法可以得到与进油路节流调速回路相似的速度负载特性

$$v = \frac{CA_T}{A_2^{1+m}}(p_p A_1 - F)^m \tag{7-7}$$

回油路节流调速回路最大承载能力和功率特性与进油路节流调速回路相同，如图 7-13(c) 所示。

虽然进油路和回油路节流调速的速度负载特性公式形式相似，功率特性相同，但它们

在以下几方面的性能有明显差别,在选用时应加以注意。

①承受负值负载的能力

所谓负值负载就是作用力的方向与执行元件的运动方向相同的负载。回油节流调速的节流阀在液压缸的回油腔上能形成一定的背压,能承受一定的负值负载。对于进油节流调速回路,要使其能承受负值负载就必须在执行元件的回油路上加上背压阀。这必然会导致增加功率消耗,增大油液发热量。

②运动平稳性

回油节流调速回路由于回油路上存在背压,可以有效地防止空气从回油路吸入,因而低速运动时不易爬行,高速运动时不易颤振,即运动平稳性好。进油节流调速回路在不加背压阀时不具备这种特点。

③油液发热对回路的影响

进油节流调速回路中,通过节流阀产生的节流功率损失转变为热量,一部分由元件散发出去,另一部分使油液温度升高,直接进入液压缸,会使缸的内外泄漏增加,速度稳定性不好。而回油节流调速回路油液经节流阀温升后,直接流回油箱,经冷却后再入系统,对系统泄漏影响较小。

④实现压力控制的方便性

进油节流调速回路中,进油腔的压力随负载而变化。当工作部件碰到止挡块而停止后,其压力将升到溢流阀的调定压力,可以很方便地利用这一压力变化来实现压力控制。但在回油节流调速回路中,只有回油腔的压力才会随负载变化。当工作部件碰到止挡块后,其压力将降至零。虽然同样可以利用该压力的变化来实现压力控制,但其可靠性差,一般不采用。

⑤启动性能

回路节流调速回路中若停车时间较长,液压缸回油箱的油液会泄漏回油箱,重新启动时背压不能立即建立,会引起瞬间工作机构的前冲现象。对于进油节流调速来说,只要在开车时关小节流阀即可避免启动冲击。

综上所述,进油路、回油路节流调速回路结构简单、价格低廉,但效率较低,只宜用在负载变化不大、低速、小功率场合,如某些机床的进给系统中。

(3)旁路节流调速回路

把节流阀装在与液压缸并联的支路上,利用节流阀把液压泵供油的一部分排回油箱以实现速度调节的回路,称为旁油路节流调速回路,如图 7-14(a)所示。在这个回路中,由于溢流功能由节流阀来完成,故正常工作时,溢流阀处于关闭状态,溢流阀作安全阀用,其调定压力为最大负载压力的 1.1~1.2 倍,液压泵的供油压力 p_p 取决于负载。

①速度负载特性

考虑到泵的工作压力随负载变化,泵的输出流量 q_p 应计入泵的泄漏量随压力的变化量 Δq_p,采用与前述相同的分析方法可得速度表达式为

$$v=\frac{q_1}{A_1}=\frac{q_{pt}-\Delta q_p-\Delta q}{A_1}=\frac{q_{pt}-k\left(\frac{F}{A_1}\right)-CA_T\left(\frac{F}{A_1}\right)^m}{A_1} \tag{7-8}$$

式中:q_{pt}——泵的理论流量;

k——泵的泄漏系数,其余符号意义同前。

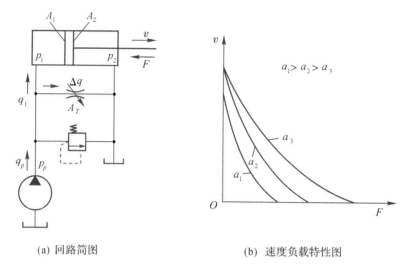

(a) 回路简图　　　　　　　　(b) 速度负载特性图

图 7-14　旁路节流调速回路

根据式(7-8),选取不同的 A_T 值可得到一组速度负载特性曲线,如图 7-14(b)所示。由图可知,当 A_T 一定而负载增加时,速度显著下降,即特性很软;但当 A_T 一定时,负载越大,速度刚度越大;而当负载一定时,A_T 越小,速度刚度也越大,因而旁路节流调速回路适用于高速重载的场合。

同时由图 7-14(b)可知,回路的最大承载能力随节流阀通流面积 A_T 的增加而减小。当达到最大负载时,泵的全部流量经节流阀流回油箱,液压缸的速度为零,继续增大 A_T 已不起调速作用,故该回路在低速时承载能力低,调速范围小。

②功率特性

回路的输入功率

$$P_p = p_1 q_p$$

回路的输出功率

$$P_1 = Fv = p_1 A_1 v = p_1 q_1$$

回路的功率损失

$$\Delta P = P_p - P_1 = p_1 q_p - p_1 q_1 = p_1 \Delta q \tag{7-9}$$

回路效率

$$\eta = \frac{P_1}{P_p} = \frac{p_1 q_1}{p_1 q_p} = \frac{q_1}{q_p} \tag{7-10}$$

由式(7-9)和式(7-10)可看出,旁路节流调速只有节流损失,而无溢流损失,因而功率损失比前两种调速回路小,效率高。这种调速回路一般用于功率较大且对速度稳定性要求不高的场合。

2.采用调速阀的节流调速回路

采用节流阀的节流调速回路刚性差,主要是由于负载变化引起节流阀前后的压差变化,从而使通过节流阀的流量发生变化。对于一些负载变化较大,对速度稳定性要求较高的液压系统来说,这种调速回路远不能满足要求,此时可采用调速阀来改善回路的速度—负载特性。

（1）采用调速阀的调速回路

　　用调速阀代替前述各回路中的节流阀，也可组成进油路、回油路和旁油路节流调速回路，如图 7-15（a），（b），（c）所示。

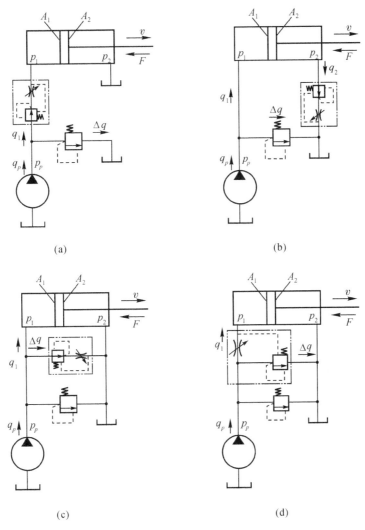

图 7-15　采用调速阀、溢流节流阀的调速回路

　　采用调速阀组成的调速回路，速度刚性比节流阀调速回路好得多。对旁油路，因液压泵泄漏的影响，速度刚性稍差，但比节流阀调速回路好得多。旁油路也有泵输出压力随负载变化、效率较高的特点。图 7-16 所示是调速阀节流调速的速度负载特性曲线。显然速度刚性、承载能力均比节流阀调速回路好得多。在采用调速阀的调速回路中，为了保证调速阀中定差减压阀起到压力补偿作用，调速阀两端的压差必须大于一定的数值，中低压调速阀为 0.5MPa，高压调速阀为 1MPa，否则其负载特性与节流阀调速回路没有区别。同时由于调速阀的最小压差比节流阀的压差大，因此其调速回路的功率损失比节流调速回路要大一些。

　　综上所述，采用调速阀的节流调速回路的低速稳定性、回路刚度、调速范围等都要比采用节流阀的节流调速回路好，所以它在机床液压系统中获得了广泛的应用。

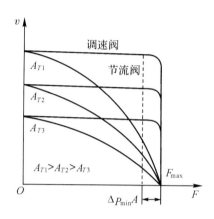

图 7-16 调速阀节流调速的速度负载特性曲线

（2）采用溢流节流阀的调速回路

如图 7-15(d)所示,溢流节流阀只能用于进油节流调速回路中,液压泵的供油压力随负载而变化,回路的功率损失较小,效率较采用调速阀时高。溢流节流阀的流量的稳定性较调速阀差,在小流量时更加显著,因此不宜用在对低速稳定性要求高的精密机床调速系统中。

7.3.3 容积调速回路

1. 概　述

容积调速回路是通过改变回路中液压泵或液压马达的排量来实现调速的。其主要优点是功率损失小（没有溢流损失和节流损失）且其工作压力随负载变化,所以效率高,油液温度低,适用于高速、大功率系统。

按油路循环方式不同,容积调速回路有开式回路和闭式回路两种。开式回路中泵从油箱吸油,执行机构的回油直接回到油箱,油箱容积大,油液能得到较充分冷却,但空气和脏物易进入回路。闭式回路中,液压泵将油输出进入执行机构的进油腔,又从执行机构的回油腔吸油。闭式回路结构紧凑,只需很小的补油油箱,但冷却条件差。为了补偿工作中油液的泄漏,一般设补油泵,补油泵的流量为主泵流量的 $10\%\sim15\%$。压力调节为$(3\sim10)\times10^{5}\,\mathrm{Pa}$。容积调速回路通常有三种基本形式:变量泵和定量马达的容积调速回路,定量泵和变量马达的容积调速回路,变量泵和变量马达的容积调速回路。

2. 定量泵和变量马达容积调速回路

定量泵与变量马达容积调速回路如图 7-17 所示。图 7-17(a)所示为开式回路。回路由定量泵 1、变量马达 2、安全阀 3、换向阀 4 组成。图 7-17(b)所示为闭式回路。回路中 1,2 为定量泵和变量马达,3 为安全阀,4 为低压溢流阀,5 为补油泵。该回路是由调节变量马达的排量 V_M 来实现调速。

在这种回路中,液压泵转速 n_p 和排量 V_p 都是常值,改变液压马达排量 V_M 时,马达输出转矩的变化与 V_M 成正比,输出转速 n_M 则与 V_M 成反比。马达的输出功率 P_M 和回路的工作压力 p 都由负载功率决定,不因调速而发生变化,所以这种回路常被称为恒功率调速回路。回路的工作特性曲线如图 7-17(c)所示,该回路的优点是能在各种转速下保持很大的输出功率不变,其缺点是调速范围小。同时,该调速回路如果用变量马达来换向,在换向

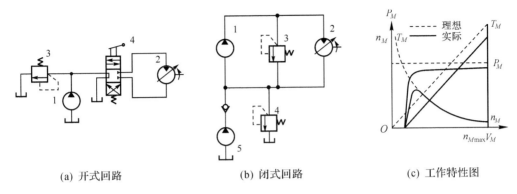

(a) 开式回路　　　　　　(b) 闭式回路　　　　　　(c) 工作特性图

(a)1—定量泵;2—变量马达;3—溢流阀;4—三位四通手动换向阀
(b)1—定量泵;2—变量马达;3,4—溢流阀;5—辅助泵。

图 7-17　定量泵变量马达容积调速回路

的瞬间要经过"高转速—零转速—反向高转速"的突变过程,所以,不宜用变量马达来实现平稳换向。

　　综上所述,定量泵变量马达容积调速回路中,由于不能用改变马达的排量来实现平稳换向,调速范围比较小(一般为 3~4),因而较少单独应用。

3. 变量泵和定量马达(缸)容积调速回路

　　这种调速回路可由变量泵与液压缸或变量泵与定量液压马达组成,其回路原理图如图 7-18 所示。图 7-18(a)为变量泵与液压缸所组成的开式容积调速回路;图 7-18(b)为变量泵与定量液压马达组成的闭式容积调速回路。

　　其工作原理是:图 7-18(a)中液压缸活塞 5 的运动速度由变量泵 1 调节,2 为安全阀,4 为换向阀,6 为背压阀。图 7-18(b)所示为采用变量泵 3 来调节液压马达 5 的转速,安全阀 4 用来防止过载,低压辅助泵 1 用来补油,其补油压力由低压溢流阀 6 来调节,同时置换部分已发热的油液,从而降低系统温升。

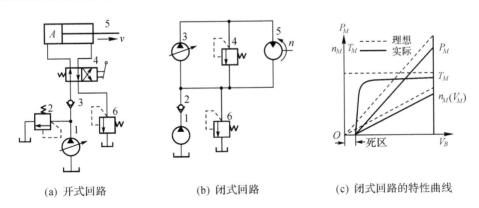

(a) 开式回路　　　　　　(b) 闭式回路　　　　　　(c) 闭式回路的特性曲线

图 7-18　变量泵定量液压容积调速回路

　　当不考虑回路的容积效率时,执行机构的速度 n_M 或(V_M)与变量泵的排量 V_B 的关系为 $n_M = n_B V_B / V_M$ 或 $V_M = n_B V_B / A$。因马达的排量 V_M 和缸的有效工作面积 A 是不变的,当变量泵的转速 n_B 不变时,则马达的转速 n_M(或活塞的运动速度 v)与变量泵的排量成正比,这是一条通过坐标原点的直线,如图 7-18(c)中虚线所示。实际上回路的泄漏是不可避免的,在一定负载下,需要一定流量才能启动和带动负载,所以其实际的 n_M 或 (V_M) 与 V_B 的关系如实线所示。这种回路在低速下承载能力差,速度不稳定。

当不考虑回路的损失时,液压马达的输出转矩 T_M(或缸的输出推力 F)为 $T_M = V_M \Delta P / 2\pi$ 或 $F = A(p_p - p_0)$。它表明当泵的输出压力 p_p 和吸油路(也即马达或缸的排油)压力 p_0 不变时,马达的输出转矩 T_M 或缸的输出推力 F 理论上是恒定的,与变量泵的排量无关,故该回路的调速方式又称为恒转矩调速。但实际上由于泄漏和机械摩擦等的影响,会存在一个"死区",如图 7-18(c)所示。马达或缸的输出功率随变量泵的排量的增减而线性地增减。

这种回路的调速范围主要决定于变量泵的变量范围,其次是受回路的泄漏和负载的影响。这种回路的调速范围一般在 40 左右。

综上所述,变量泵和定量液动机所组成的容积调速回路为恒转矩输出,可正反向实现无级调速,调速范围较大,适用于调速范围较大、要求恒扭矩输出的场合,如大型机床的主运动或进给系统中。

4. 变量泵和变量马达的容积调速回路

这种调速回路是上述两种调速回路的组合,其调速特性也具有两者之共同特点。

图 7-19(a)所示为双向变量泵和双向变量马达组成的容积式调速回路的工作原理图。回路中各元件对称布置,改变泵的供油方向,就可实现马达的正反向旋转,单向阀 4 和 5 用于辅助泵 3 双向补油,单向阀 6 和 7 使溢流阀 8 在两个方向上都能对回路起过载保护作用。一般机械要求低速时输出转矩大,高速时能输出较大的功率,这种回路恰好可以满足这一要求。在低速段,先将马达排量调到最大,用变量泵调速,当泵的排量由小调到最大时,马达转速也随之升高,输出功率随之线性增加。此时,因马达排量最大,马达能获得最大输出转矩,且处于恒转矩状态。高速段,泵为最大排量,用变量马达调速,将马达排量由大调小,马达转速继续升高,输出转矩随之降低,此时因泵处于最大输出功率状态,故马达处于恒功率状态。

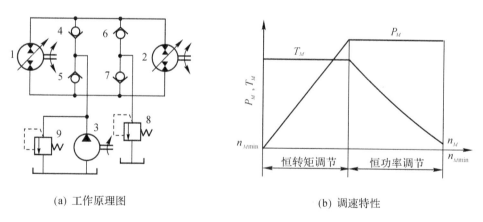

(a) 工作原理图　　　　　　　　　(b) 调速特性

1—变量泵;2—变量马达;3—辅助泵;4,5,6,7—单向阀;8,9—溢流阀。

图 7-19　变量泵变量马达的容积调速回路

这样,就可使马达的换向平稳,且第一阶段为恒转矩调速,第二阶段为恒功率调速。回路特性曲线如图 7-19(b)所示。这种容积调速回路的调速范围是变量泵调节范围和变量马达调节范围之乘积,所以其调速范围大(可达 100),并且有较高的效率。它适用于大功率的场合,如矿山机械、起重机械以及大型机床的主运动液压系统。

7.3.4　容积节流调速回路

容积节流调速回路的基本工作原理是采用压力补偿式变量泵供油,调速阀(或节流阀)调节进入液压缸的流量并使泵的输出流量自动地与液压缸所需流量相适应。

常用的容积节流调速回路有:限压式变量泵与调速阀等组成的容积节流调速回路,变压式变量泵与节流阀等组成的容积调速回路。

1. 限压式容积节流调速回路

图 7-20 所示为限压式变量泵与调速阀组成的调速回路工作原理和工作特性图。在图示位置,液压缸 4 的活塞快速向右运动,变量泵 1 按快速运动要求调节其输出流量,同时调节限压式变量泵的压力调节螺钉,使泵的限定压力大于快速运动所需的压力(见图 7-20(b)中 AB 段),泵输出的压力油经调速阀 3 进入缸 4,其回油经背压阀 5 流回油箱。调节调速阀 3 的流量 q_1 就可调节活塞的运动速度 v,由于 $q_1 < q_B$,压力油迫使泵的出口与调速阀进口之间的油压憋高,即泵的供油压力升高,泵的流量便自动减小到 $q_B \approx q_1$ 为止。

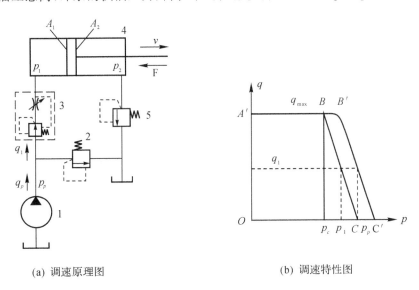

(a) 调速原理图　　　　　　　　　　(b) 调速特性图

1—变量泵;2—溢流阀;3—调速阀;4—液压缸;5—背压阀(溢流阀)。

图 7-20　限压式容积节流调速回路

这种调速回路的运动稳定性、速度负载特性、承载能力和调速范围均与采用调速阀的节流调速回路相同。图 7-20(b)所示为其调速特性,由图可知,此回路只有节流损失而无溢流损失。

当不考虑回路中泵和管路的泄漏损失时,回路的效率为

$$\eta_c = \frac{q_1 \left(p_1 - p_2 \dfrac{A_2}{A_1} \right)}{q_1 p_B} = \frac{\left(p_1 - p_2 \dfrac{A_2}{A_1} \right)}{p_B}$$

上式表明:泵的输油压力 p_B 调得低一些,回路效率就可高一些。但为了保证调速阀的

正常工作压差,泵的压力应比负载压力 p_1 至少大 0.5MPa。当此回路用于"死挡铁停留",压力继电器发信号实现快退时,泵的压力还应调高些,以保证压力继电器可靠发出信号,故此时的实际工作特性曲线如图 7-20(b)中 $A'B'C'$ 所示。此外,当 p_c 不变时,负载越小,p_1 便越小,回路效率越低。

综上所述:限压式变量泵与调速阀等组成的容积节流调速回路,具有效率较高、调速较稳定、结构较简单等优点。目前已广泛应用于负载变化不大的中、小功率组合机床的液压系统中。

2. 差压式容积节流调速回路

图 7-21 所示是差压式变量泵和节流阀组成的容积节流调速回路。该回路采用差压式变量泵供油,通过节流阀来确定进入液压缸或流出液压缸的流量,不但使变量泵输出的流量与液压缸所需要的流量相适应,而且液压泵的工作压力能自动地跟随负载压力变化。

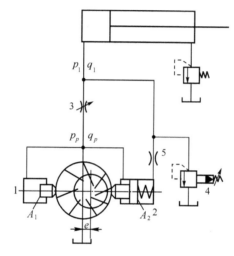

1—柱塞;2—活塞;3—节流阀;4—溢流阀;5—阻尼孔。

图 7-21　差压式变量泵容积节流调速回路

该回路的工作原理是:图 7-21 中节流阀安装在液压缸的进油路上,节流阀两端的压差反馈作用在变量泵的两个控制柱塞上,其中柱塞 1 的面积 A_1 等于活塞 2 的活塞杆面积 A_2。由力的平衡关系,变量泵定子的偏心距 e 的大小受节流阀两端的压差控制,从而控制变量泵的流量。调节节流阀的开口,就可以调节进入液压缸的流量 q_1,并使泵的输出流量 q_p 自动与 q_1 相适应。阻尼孔 5 的作用是防止变量泵定子移动过快发生振荡,4 为安全阀。

该回路效率比前述容积节流调速回路高,适用于调速范围大、速度较低的中、小功率液压系统,常用在某些组合机床的进给系统中。

7.3.5　调速回路的比较和选用

1. 调速回路的比较

调速回路的比较见表 7-1。

表 7-1　调速回路的比较

主要性能		节流调速回路				容积调速回路	容积节流调速回路	
		用节流阀		用调速阀			限压式	稳流式
		进回油	旁路	进回油	旁路			
机械特性	速度稳定性	较差	差	好		较好	好	
	承载能力	较好	较差	好		较好	好	
调速范围		较大	小	较大		大	较大	
功率特性	效率	低	较高	低	较高	最高	较高	高
	发热	大	较小	大	较小	最小	较小	小
适用范围		小功率、轻载的中、低压系统				大功率,重载高速的中、高压系统	中、小功率的中压系统	

2.调速回路的选用

调速回路的选用主要考虑以下问题：

(1)执行机构的负载性质、运动速度、速度稳定性等要求

负载小,且工作中负载变化也小的系统可采用节流阀节流调速;在工作中负载变化较大且要求低速稳定性好的系统,宜采用调速阀的节流调速或容积节流调速;负载大、运动速度高、油的温升要求小的系统,宜采用容积调速回路。

一般来说,功率在 3kW 以下的液压系统宜采用节流调速;3～5kW 范围宜采用容积节流调速;功率在 5kW 以上的宜采用容积调速回路。

(2)工作环境要求

处于温度较高的环境下工作,且要求整个液压装置体积小、重量轻的情况,宜采用闭式回路的容积调速。

(3)经济性要求

节流调速回路的成本低,功率损失大,效率也低;容积调速回路因变量泵、变量马达的结构较复杂,所以价钱高,但其效率高,功率损失小;而容积节流调速则介于两者之间。所以需综合分析选用哪种回路。

7.4　速度控制回路(二)——快速运动回路和速度换接回路

7.4.1　快速运动回路

为了提高生产效率,机器工作部件常常要求实现空行程(或空载)的快速运动。这时要求液压系统流量大而压力低。这和工件运动时与一般需要的流量较小和压力较高的情况正好相反。对快速运动回路的要求主要是在快速运动时,尽量减小需要液压泵输出的流量,或者在加大液压泵的输出流量后,但在工件运动时又不致引起过多的能量消耗。以下介绍几种常用的快速运动回路。

1.差动连接回路

这是在不增加液压泵输出流量的情况下提高工作部件运动速度的一种快速回路,其实

质是改变了液压缸的有效作用面积。

图 7-22 所示是用于快、慢速转换的示意图,其中快速运动采用差动连接的回路。当换向阀 3 左端的电磁铁通电时,阀 3 左位进入系统,液压泵 1 输出的压力油同缸右腔的油经 3 左位、5 下位(此时外控顺序阀 7 关闭)也进入缸 4 的左腔,进入液压缸 4 的左腔,实现了差动连接,使活塞快速向右运动。当快速运动结束,工作部件上的挡铁压下机动换向阀 5 时,泵的压力升高,外控顺序阀 7 打开,液压缸 4 右腔的回油只能经调速阀 6 流回油箱,这时是工作进给。当换向阀 3 右端的电磁铁通电时,活塞向左快速退回(非差动连接)。采用差动连接的快速回路方法简单,较经济,但快、慢速度的换接不够平稳。必须注意:差动油路的换向阀和油管通道应按差动时的流量选择,不然流动液阻过大,会使液压泵的部分油从溢流阀流回油箱,速度减慢,甚至不起差动作用。

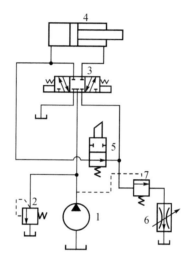

1—液压泵;2—溢流阀;3—三位四通电磁换向阀;4—液压缸;5—二位二通机动阀;6—调速阀;7—外控顺序阀。

图 7-22　差动连接快速运动回路

2. 双泵供油的快速运动回路

这种回路是利用低压大流量泵和高压小流量泵并联为系统供油,回路如图 7-23 所示。

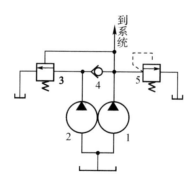

1,2—液压泵;3—卸荷阀;4—单向阀;5—溢流阀。

图 7-23　双泵供油快速运动回路

图中 1 为高压小流量泵,用以实现工作进给运动。2 为低压大流量泵,用以实现快速运动。在快速运动时,液压泵 2 输出的油经单向阀 4 和液压泵 1 输出的油共同向系统供油。在工作进给时,系统压力升高,打开液控顺序阀 3(卸荷阀)使液压泵 2 卸荷,此时单向阀 4 关闭,由液压泵 1 单独向系统供油。溢流阀 5 控制液压泵 1 的供油压力是根据系统所需最大工作压力来调节的,而卸荷阀 3 使液压泵 2 在快速运动时供油,在工作进给时则卸荷,因此它的调整压力应比快速运动时系统所需的压力要高,但比溢流阀 5 的调整压力低。

双泵供油回路功率利用合理、效率高,并且速度换接较平稳,在快、慢速度相差较大的机床中应用很广泛;缺点是要用一个双联泵,油路系统也稍复杂。

3. 充液增速回路

图 7-24 所示是增速缸快速运动回路。增速缸是一种复合缸,由活塞缸和柱塞缸复合而成。当手动换向阀的左位接入系统,压力油经柱塞孔进入增速缸的小腔 1,推动活塞快速向右移动,大腔 2 所需油液由充液阀 3 从油箱吸取,活塞缸右腔的油液经换向阀流回油箱。当执行元件接触工件负载增加时,系统压力升高,顺序阀 4 开启,充液阀 3 关闭,高压油进入增速缸大腔 2,活塞转换成慢速前进,推力增大。换向阀右位接入时,压力油进入活塞缸右腔,打开充液阀 3,大腔 2 的回油流回油箱。该回路增速比大、效率高,但液压缸结构复杂,常用于液压机中。

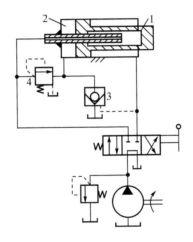

1—增速缸小腔;2—增速缸大腔;3—充液阀;4—顺序阀。

图 7-24　增速缸快速运动回路

4. 采用蓄能器的快速运动回路

采用蓄能器的快速回路,是在执行元件不动或需要较少的压力油时,将多余的压力油贮存在蓄能器中,当需要快速运动时再释放出来。该回路的关键在于能量贮存和释放的控制方式。图 7-25 所示是蓄能器快速回路之一,用于液压缸间歇式工作。当液压缸不动时,换向阀 3 中位将液压泵与液压缸断开,液压泵的油经单向阀给蓄能器 4 充油。当蓄能器 4 压力达到卸荷阀 1 的调定压力时,阀 1 开启,液压泵卸荷。当需要液压缸动作时,换向阀 3 换向,溢流阀 2 关闭后,蓄能器 4 和泵一起给液压缸供油,从而实现快速运动。该回路可减小液压装置功率,实现高速运动。

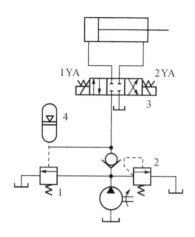

1—卸荷阀;2—溢流阀;3—换向阀;4—蓄能器。

图 7-25　采用蓄能器的快速运动回路

7.4.2　速度换接回路

速度换接回路用来实现运动速度的变换,即在原来设计好或调节好的几种运动速度中,从一种速度变换成另一种速度。对这种回路的要求是速度换接要平稳,即不允许在速度变换的过程中有前冲(速度突然增加)现象。下面介绍几种回路的换接方法及特点。

1. 用行程阀(电磁阀)的速度换接回路

图 7-26 所示是采用单向行程节流阀换接快速运动的速度换接回路。在图示位置液压缸 3 右腔的回油可经行程阀 4 和换向阀 2 流回油箱,使活塞快速向右运动。当快速运动到达所需位置时,活塞上挡块压下行程阀 4,将其通路关闭,这时液压缸 3 右腔的回油就必须经过节流阀 6 流回油箱,活塞的运动转换为工作进给运动(简称工进)。当操纵换向阀 2 使活塞换向后,压力油可经换向阀 2 和单向阀 5 进入液压缸 3 右腔,使活塞快速向左退回。

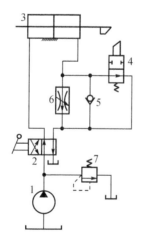

1—液压泵;2—换向阀;3—液压缸;4—行程阀;5—单向阀;6—节流阀;7—溢流阀。

图 7-26　用行程节流阀的速度换接回路

　　在这种速度换接回路中,因为行程阀的通油路是由液压缸活塞的行程控制阀芯移动而逐渐关闭的,所以换接时的位置精度高,冲击小,运动速度的变换也比较平稳。这种回路在机床液压系统中应用较多。它的缺点是行程阀的安装位置受一定限制,所以有时管路连接稍复杂些。行程阀也可以用电磁换向阀来代替,这时电磁阀的安装位置不受限制,但其换接精度及速度变换的平稳性较差。

2. 调速阀(节流阀)串并联的速度换接回路

　　对于某些自动机床、注塑机等,需要在自动工作循环中变换两种以上的工作进给速度,这时需要采用两种或多种工作进给速度的换接回路。

　　图 7-27 所示是两个调速阀并联以实现两种工作进给速度换接的回路。在图 7-27(a)中,液压泵输出的压力油经调速阀 3 和电磁阀 5 进入液压缸。当需要第二种工作进给速度时,电磁阀 5 通电,其右位接入回路,液压泵输出的压力油经调速阀 4 和电磁阀 5 进入液压缸。这种回路中两个调速阀的节流口可以独立调节,互不影响,即第一种工作进给速度和第二种工作进给速度互相间没有什么限制。但一个调速阀工作时,另一个调速阀中没有油液通过,它的减压阀则处于完全打开的位置,在速度换接开始的瞬间不能起减压作用,容易出现部件突然前冲的现象。

　　图 7-27(b)所示为另一种调速阀并联的速度换接回路。在这个回路中,两个调速阀始终处于工作状态,当由一种工作进给速度转换为另一种工作进给速度时,不会出现工作部件突然前冲现象,因而工作可靠。但是液压系统在工作中总有一定量的油液通过不起调速作用的那个调速阀流回油箱,造成能量损失,使系统发热。

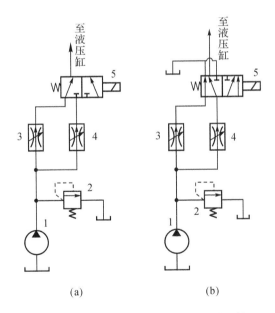

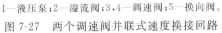

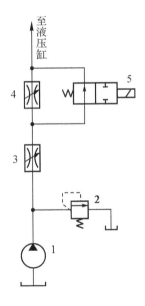

1—液压泵;2—溢流阀;3,4—调速阀;5—换向阀。　　　　　1—液压泵;2—溢流阀;3,4—调速阀;5—换向阀。

图 7-27　两个调速阀并联式速度换接回路　　　　　图 7-28　两个调速阀串联式速度换接回路

　　图 7-28 所示是两个调速阀串联的速度换接回路。图中液压泵输出的压力油经调速阀 3 和电磁阀 5 进入液压缸,这时的流量由调速阀 3 控制。当需要第二种工作进给速度时,阀 5 通电,其右位接入回路,则液压泵输出的压力油先经调速阀 3,再经调速阀 4 后进入液压

缸,这时的流量应由调速阀4控制,所以这种回路中调速阀4的节流口应调得比调速阀3小,否则调速阀4速度换接将不起作用。这种回路在工作时调速阀3一直工作,它限制着进入液压缸或调速阀4的流量,因此在速度换接时不会使液压缸产生前冲现象,换接平稳性较好。在调速阀4工作时,油液须经两个调速阀,故能量损失较大。系统发热也较大,但却比图 7-27(b)所示的回路要小。

3. 液压马达串并联速度换接回路

液压马达串并联速度换接回路如图 7-29 所示。图 7-29(a)所示为液压马达并联回路,液压马达1和2的主轴刚性地连接在一起,手动换向阀3左位时,压力油只驱动马达1,马达2空转;阀3在右位时,马达1和2并联。若马达1和2的排量相等,并联时进入每个马达的流量减少一半,转速相应降低一半,而转矩增加一倍。图 7-29(b)所示为液压马达串、并联回路。用二位四通阀使两马达串联或并联来使系统实现快、慢速切换。二位四通阀的上位接入回路时,两马达并联,为低速,输出转矩大;当下位接入回路时,两马达串联,为高速。

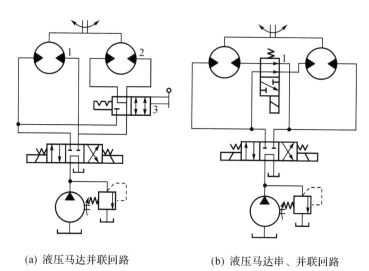

(a) 液压马达并联回路　　　　　(b) 液压马达串、并联回路

图 7-29　液压马达串并联速度换接回路

液压马达串并联速度换接回路主要用于由液压驱动的行走机械中,可根据路况需要提供两挡速度:在平地行驶时为高速,但当上坡时输出转矩增加,转速降低,则变为低速。

实训 5　速度控制回路连接与调试

1. 实训目的

(1)解和熟悉液压元器件的工作原理。

(2)熟悉欧姆龙 PLC 软件的编程,以及工作方式。

(3)加强学生的动手能力和创新能力。

2. 实训要求和方法

(1)熟悉该液压回路的工作原理图以及。

(2)按照原理图连接好回路,确认回路连接无误,将程序传输到 PLC 内,接近开关 1、接近开关 2、接近开关 3 插入欧姆龙 PLC 相应的 0.05、0.06、0.07 输入端口,电磁阀 Y1、Y2、Y3 的电磁线插入 PLC 相应的 10.00、10.01、10.02 输出端口。

(3)打开溢流阀,开启电源,启动泵站电机。调节系统压力,Y1 电磁铁得电时,三位四通电磁阀左位开始工作,液压缸有杆腔的油直接从二位二通电磁阀快速回到油箱,当活塞杆运动到接近开关 2 时,Y3 电磁铁得电,二位二通电磁阀由常开变为常闭,回油经调速阀 4 进入油箱,液压缸做工进运动。当活塞杆运动到接近开关 3 时,三位四通电磁阀右位工作,液压缸快速复位。调节溢流阀,让回路在不同的系统压力的情况下反复运行多次,观测它们之间的运动情况。

(4)实验完毕之后,清理实验台,将各元器件放入原来的位置。

3. 实训内容

实测图如下所示。

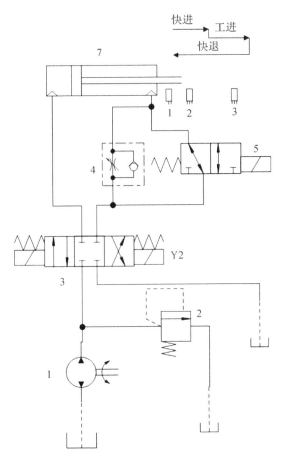

1—泵站电机;2—溢流阀;3—三位四通电磁阀;4—调速阀;

5—二位三通电磁阀;6—节流阀;7—液压油缸。

实训 5 液压原理图

7.5　方向控制回路

在液压系统中,起控制执行元件的启动、停止及换向作用的回路,称方向控制回路。方向控制回路有换向回路和锁紧回路。关于机动—液动换向回路的控制方式和换向精度等问题,在磨床液压系统中另有叙述。

7.5.1　换向回路

1.采用换向阀的换向回路

运动部件的换向,一般可采用各种换向阀来实现。在容积调速的闭式回路中,也可以利用双向变量泵控制油流的方向来实现液压缸(或液压马达)的换向。

依靠重力或弹簧返回的单作用液压缸,可以采用二位三通换向阀进行换向,如图 7-30 所示。双作用液压缸的换向,一般都可采用二位四通(或五通)及三位四通(或五通)换向阀来进行换向,按不同用途还可选用各种不同的控制方式的换向回路。

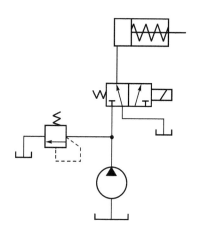

图 7-30　采用二位三通换向阀的单作用缸换向的回路

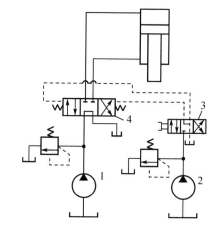

1—主泵;2—辅助泵;3—转阀;4—液动换向阀。

图 7-31　先导阀控制液动换向阀的换向回路

电磁换向阀的换向回路应用最为广泛,尤其在自动化程度要求较高的组合机床液压系统中被普遍采用。这种换向回路曾多次出现于上面叙述的许多回路中,这里不再赘述。对于流量较大和换向平稳性要求较高的场合,电磁换向阀的换向回路已不能适应上述要求,往往采用手动换向阀或机动换向阀作先导阀,而以液动换向阀为主阀的换向回路,或者采用电液动换向阀的换向回路。

图 7-31 所示为手动转阀(先导阀)控制液动换向阀的换向回路。回路中用辅助泵 2 提供低压控制油,通过手动先导阀 3(三位四通转阀)来控制液动换向阀 4 的阀芯移动,实现主油路的换向。当转阀 3 在右位时,控制油进入液动换向阀 4 的左端,右端的油液经转阀回油箱,使液动换向阀 4 左位接入工件,活塞下移。当转阀 3 切换至左位时,即控制油使液动换向阀 4 换向,活塞向上退回。当转阀 3 中位时,液动换向阀 4 两端的控制油通油箱,在弹簧

力的作用下,使阀芯回复到中位,主泵 1 卸荷。这种换向回路常用于大型压机上。

在液动换向阀的换向回路或电液动换向阀的换向回路中,控制油液除了用辅助泵供给外,在一般的系统中也可以把控制油路直接接入主油路。但是,当主阀采用 M 型或 H 型中位机能时,必须在回路中设置背压阀,保证控制油液有一定的压力,以控制换向阀阀芯的移动。

在机床夹具、油压机和起重机等不需要自动换向的场合,常常采用手动换向阀来进行换向。

2. 采用双向变量泵的换向回路

采用双向变量泵的换向回路如图 7-32 所示,常用于闭式油路中,采用变更供油方向来实现液压缸或液压马达换向。图中若双向变量泵 1 吸油侧供油不足时,可由补油泵 2 通过单向阀 3 来补充;泵 1 吸油侧多余的油液可通过液压缸 5 进油侧压力控制的二位二通换向阀 4 和溢流阀 6 流回油箱。

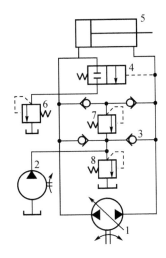

1—双向变量泵;2—补油泵;3—单向阀;4—换向阀;5—液压缸;6,8—溢流阀;7—安全阀。

图 7-32　采用双向变量泵的换向回路

溢流阀 6 和 8 的作用是使液压缸活塞向右或向左运动时,泵的吸油侧有一定的吸入压力,从而改善泵的吸油性能,同时能使活塞运动平稳。溢流阀 7 是为防止系统过载的安全阀。

7.5.2　锁紧回路

为了使工作部件能在任意位置上停留,以及在停止工作时防止在受力的情况下发生移动,可以采用锁紧回路。

采用 O 型或 M 型机能的三位换向阀,当阀芯处于中位时,液压缸的进、出口都被封闭,可以将活塞锁紧,这种锁紧回路由于受到滑阀泄漏的影响,锁紧效果较差。

图 7-33 所示是采用液控单向阀的锁紧回路。在液压缸的进、回油路中都串接液控单向阀(又称液压锁),活塞可以在行程的任何位置锁紧。其锁紧精度只受液压缸内少量的内泄

漏影响,因此,锁紧精度较高。采用液控单向阀的锁紧回路,换向阀的中位机能应使液控单向阀的控制油液卸压(换向阀采用 H 型或 Y 型),此时,液控单向阀便立即关闭,活塞停止运动。假如采用 O 型机能,在换向阀中位时,由于液控单向阀的控制腔压力油被闭死而不能使其立即关闭,直至由换向阀的内泄漏使控制腔泄压后,液控单向阀才能关闭,影响其锁紧精度。

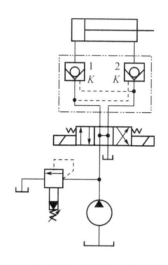

1,2—液控单向阀(液压锁)。

图 7-33　采用液控单向阀的锁紧回路

实训 6　方向控制回路连接与调试

1. 实训目的

(1)了解锁紧回路在工业中的作用,并举例说明。

(2)掌握典型的液压锁紧回路及其运用。

(3)掌握普通单向阀和液控单向工作原理、职能符号及其运用。

2. 实训要求和方法

(1)根据试验内容,设计自己要进行实验的基本回路,所设计的回路必须经过认真检查,确保正确无误;

(2)按照检查无误的回路要求,选择所需的液压元件,并且检查其性能的完好性;

(3)将检验好的液压元件安装在插件板的适当位置,通过快速接头和软管按照回路要求,把各个元件连接起来(包括压力表)。(注:并联油路可用多孔油路板);

(4)将电磁阀及行程开关与控制线连接;

(5)按照回路图,确认安装连接正确后,旋松泵出口自行安装的溢流阀。经过检查确认正确无误后,再启动油泵,按要求调压。不经检查,私自开机,一切后果由本人负责;

(6)系统溢流阀做安全阀使用,不得随意调整;

(7)根据回路要求,调节换向阀,使液压油缸停止在要求的位置;(该处的换向阀为什么要采用"H"或"Y"型,用其他的也可以吗?)

(8)实验完毕后,应先旋松溢流阀手柄,然后停止油泵工作。经确认回路中压力为零后,取下连接油管和元件,归类放入规定的抽屉中或规定地方。

3. 实训内容

采用"O"型三位四通换向阀,如下图所示。

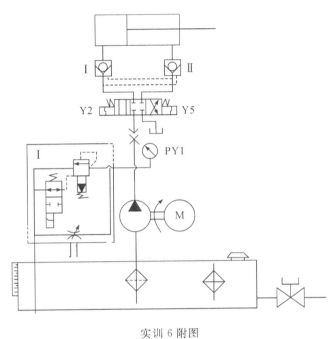

实训 6 附图

7.6　多缸动作回路

7.6.1　顺序动作回路

在多缸液压系统中,往往需要按照一定的要求顺序动作,例如,自动车床中刀架的纵横向运动、夹紧机构的定位和夹紧等。

顺序动作回路按其控制方式不同,分为压力控制、行程控制和时间控制三类,其中前两类用得较多。

1. 用压力控制的顺序动作回路

压力控制就是利用油路本身的压力变化来控制液压缸的先后动作顺序,它主要利用压力继电器和顺序阀来控制顺序动作。

(1)用压力继电器控制的顺序回路

图 7-34 所示是压力继电器控制的顺序回路,用于机床的夹紧、进给系统。要求的动作顺序是:先将工件夹紧,然后动力滑台进行切削加工。动作循环开始时,二位四通电磁阀处于图示位置,液压泵输出的压力油进入夹紧缸的右腔,左腔回油,活塞向左移动,将工件夹

紧。夹紧后，液压缸右腔的压力升高，当油压超过压力继电器的调定值时，压力继电器发出信号，指令电磁阀的电磁铁 2DT、4DT 通电，进给液压缸动作(其动作原理详见速度换接回路)。油路中要求先夹紧后进给，工件没有夹紧则不能进给，这一严格的顺序是由压力继电器来保证的。压力继电器的调整压力应比减压阀的调整压力低($(3\sim5)\times10^5$ Pa)。

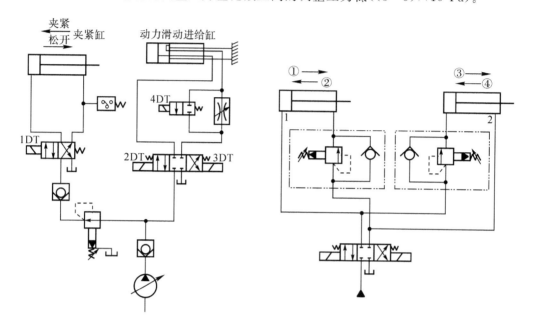

图 7-34　压力继电器控制的顺序回路　　　　图 7-35　顺序阀控制的顺序回路

(2)用顺序阀控制的顺序动作回路

图 7-35 所示是采用两个单向顺序阀的压力控制顺序动作回路。其中右边单向顺序阀控制两液压缸前进时的先后顺序，左边单向顺序阀控制两液压缸后退时的先后顺序。当电磁换向阀左位工作时，压力油进入液压缸 1 的左腔，右腔经阀 3 中的单向阀回油。此时由于压力较低，右边顺序阀关闭，缸 1 的活塞先动。当液压缸 1 的活塞运动至终点时，油压升高，达到右边单向顺序阀的调定压力时，顺序阀开启，压力油进入液压缸 2 的左腔，右腔直接回油，缸 2 的活塞向右移动。当液压缸 2 的活塞右移达到终点后，电磁换向阀断电复位。如果此时电磁换向阀右位工作，压力油进入液压缸 2 的右腔，左腔经右边单向顺序阀中的单向阀回油，使缸 2 的活塞向左返回，到达终点时，压力油升高打开左边单向顺序阀，使液压缸 1 的活塞返回。

这种顺序动作回路的可靠性，在很大程度上取决于顺序阀的性能及其压力调整值。顺序阀的调整压力应比先动作的液压缸的工作压力高($(8\sim10)\times10^5$ Pa)，以免在系统压力波动时，发生误动作。

2. 用行程控制的顺序动作回路

行程控制顺序动作回路是利用工作部件到达一定位置时，发出信号来控制液压缸的先后动作顺序，它可以利用行程开关、行程阀或顺序缸来实现。

图 7-36 所示是利用电气行程开关发出的信号来控制电磁阀先后换向的顺序动作回路。

其动作顺序是:按启动按钮,电磁铁 1DT 通电,缸 1 活塞右行;当挡铁触动行程开关 2XK 时,使 2DT 通电,缸 2 活塞右行;缸 2 活塞右行至行程终点,触动 3XK,使 1DT 断电,缸 1 活塞左行;而后触动 1XK,使 2DT 断电,缸 2 活塞左行。至此完成了缸 1、缸 2 的全部顺序动作的自动循环。采用电气行程开关控制的顺序回路,调整行程大小和改变动作顺序均甚方便,且可利用电气互锁使动作顺序可靠。

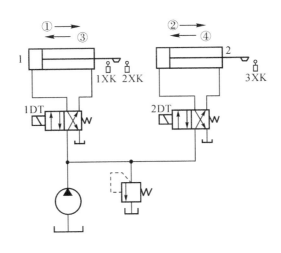

图 7-36　行程开关控制的顺序回路

7.6.2　同步回路

使两个或两个以上的液压缸,在运动中保持相同位移或相同速度的回路称为同步回路。在一泵多缸的系统中,尽管液压缸的有效工作面积相等,但是由于运动中所受负载不均衡,摩擦阻力也不相等,泄漏量的不同以及制造上的误差等,都不能使液压缸同步动作。同步回路的作用就是为了克服这些影响,补偿它们在流量上所造成的变化。

1. 串联液压缸的同步回路

图 7-37 所示是串联液压缸的同步回路。图中第一个液压缸回油腔排出的油液,被送入第二个液压缸的进油腔。如果串联油腔活塞的有效面积相等,便可实现同步运动。这种回路两缸能承受不同的负载,但泵的供油压力要大于两缸工作压力之和。

由于泄漏和制造误差影响了串联液压缸的同步精度,当活塞往复多次后,会产生严重的失调现象,为此要采取补偿措施。图 7-38 所示是两个单作用缸串联,并带有补偿装置的同步回路。为了达到同步运动,缸 1 有杆腔 A 的有效面积应与缸 2 无杆腔 B 的有效面积相等。在活塞下行的过程中,如液压缸 1 的活塞先运动到底,触动行程开关 1XK 发示信号,使电磁铁 1DT 通电,此时压力油便经过二位三通电磁阀 3、液控单向阀 5 向液压缸 2 的 B 腔补油,使缸 2 的活塞继续运动到底。如果液压缸 2 的活塞先运动到底,触动行程开关 2XK,使电磁铁 2DT 通电,此时压力油便经二位三通电磁阀 4 进入液控单向阀的控制油口,液控单向阀 5 反向导通,使缸 1 能通过液控单向阀 5 和二位三通电磁阀 3 回油,使缸 1 的活塞继续运动到底,对失调现象进行补偿。

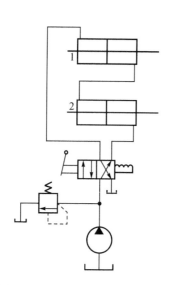

图 7-37　串联液压缸的同步回路

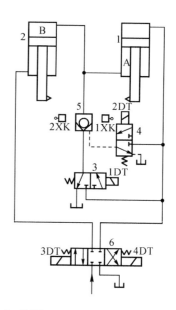

1,2—液压缸;3,4—二位三通电磁换向阀;
5—液控单向阀;6—三位四通电磁换向阀。

图 7-38　采用补偿措施的串联液压缸同步回路

2. 流量控制式同步回路

（1）用调速阀控制的同步回路

图 7-39 所示是两个并联的液压缸分别用调速阀控制的同步回路。两个调速阀分别调节两缸活塞的运动速度,当两缸有效面积相等时,则流量也调整为相同;若两缸面积不等时,则改变调速阀的流量也能达到同步运动。

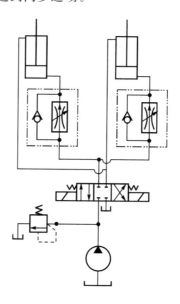

图 7-39　调速阀控制的同步回路

　　用调速阀控制的同步回路,结构简单,并且可以调速,但是由于受到油温变化以及调速阀性能差异等影响,同步精度较低,一般在 5%～7%。

　　(2)用电液比例调速阀控制的同步回路

　　图 7-40 所示为用电液比例调速阀实现同步运动的回路。回路中使用了一个普通调速阀 1 和一个比例调速阀 2,它们装在由多个单向阀组成的桥式回路中,并分别控制着液压缸 3 和 4 的运动。当两个活塞出现位置误差时,检测装置就会发出信号,调节比例调速阀的开度,使缸 4 的活塞跟上缸 3 的活塞运动而实现同步。

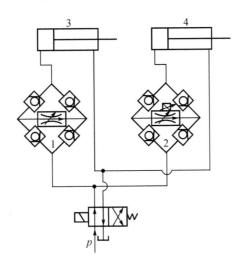

1—普通调速阀;2—比例调速阀;3,4—液压缸。

图 7-40　电液比例调速阀控制式同步回路

　　这种回路的同步精度较高,位置精度可达 0.5mm,已能满足大多数工作部件所要求的同步精度。比例阀性能虽然比不上伺服阀,但费用低,系统对环境的适应性强,因此,用它来实现同步控制被认为是一个新的发展方向。

7.6.3　多缸快慢速互不干涉回路

　　在一泵多缸的液压系统中,往往由于其中一个液压缸快速运动时,会造成系统的压力下降,影响其他液压缸工作进给的稳定性。因此,在工作进给要求比较稳定的多缸液压系统中,必须采用快慢速互不干涉回路。

　　在图 7-41 所示的回路中,各液压缸分别要完成快进、工作进给和快速退回的自动循环。回路采用双泵的供油系统,泵 1 为高压小流量泵,供给各缸工作进给所需的压力油;泵 2 为低压大流量泵,为各缸快进或快退时输送低压油。它们的压力分别由溢流阀 3 和 4 调定。

　　当开始工作时,电磁阀 1DT,2DT 和 3DT,4DT 同时通电,液压泵 2 输出的压力油经单向阀 6 和 8 进入液压缸的左腔,此时两泵供油使各活塞快速前进。当电磁铁 3DT,4DT 断电后,由快进转换成工作进给,单向阀 6 和 8 关闭,工进所需压力油由液压泵 1 供给。如果其中某一液压缸(例如缸 A)先转换成快速退回,即换向阀 9 失电换向,泵 2 输出的油液经单

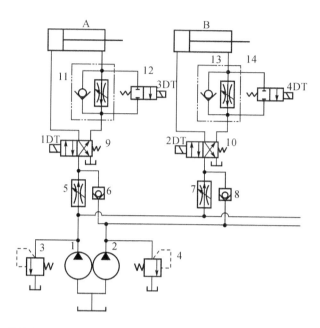

1—高压小流量泵;2—低压大流量泵;3,4—溢流阀;5,7—调速阀;6,8—单向阀;9,10—三位四通电磁换向阀;
11,13—单向调速阀;12,14—二位三通电磁换向阀。

图 7-41　防干扰回路

向阀 6、换向阀 9 和阀 11 的单向阀进入液压缸 A 的右腔,左腔经换向阀回油,使活塞快速退回。其他液压缸仍由泵 1 供油,继续进行工作进给。这时,调速阀 5(或 7)使泵 1 仍然保持溢流阀 3 的调整压力,不受快退的影响,防止了相互干扰。在回路中,调速阀 5 和 7 的调整流量应适当大于单向调速阀 11 和 13 的调整流量,这样,工作进给的速度由阀 11 和 13 来决定。这种回路可以用在具有多个工作部件各自分别运动的机床液压系统中。换向阀 10 用来控制 B 缸换向,换向阀 12 和 14 分别控制 A 和 B 缸快速进给。

实训7　顺序回路连接与调试

1. 实训目的
(1)了解压力控制阀的特点;
(1)掌握顺序阀的工作原理、职能符号及其运用;
(1)了解压力继电器的工作原理及职能符号;

2. 实训要求和方法
(1)根据试验内容,设计实验所需的回路,所设计的回路必须经过认真检查,确保正确无误;
(2)按照检查无误的回路要求,选择所需的液压元件,并且检查其性能的完好性;
(3)将检验好的液压元件安装在插件板的适当位置,通过快速接头和软管按照回路要求,把各个元件连接起来(包括压力表)。(注:并联油路可用多孔油路板);

40 将电磁阀及行程开关与控制线连接;

①按照回路图,确认安装连接正确后,旋松泵出口自行安装的溢流阀。经过检查确认正确无误后,再启动油泵,按要求调压。不经检查,私自开机,一切后果由本人负责;

②系统溢流阀做安全阀使用,不得随意调整;

③根据回路要求,调节顺序阀,使液压油缸左右运动速度适中;

④实验完毕后,应先旋松溢流阀手柄,然后停止油泵工作。经确认回路中压力为零后,取下连接油管和元件,归类放入规定的抽屉中或规定地方。

3. 实训内容

(1)行程开关控制的顺序回路

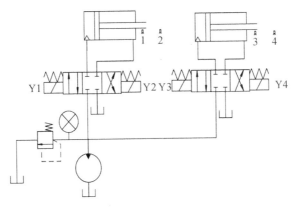

实训 7 图 1

(2)压力继电器控制的顺序回路

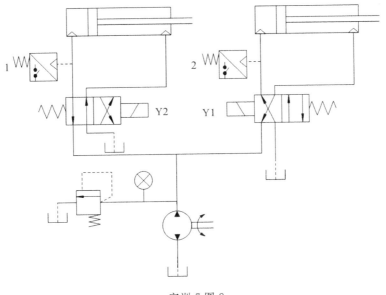

实训 7 图 2

本章小结

　　液压基本回路是指由若干液压元件组成的能完成特定功能的最简单的通路结构。所有液压系统都由基本回路单元组成,它是连接元件和系统的桥梁。本章主要介绍了压力控制回路、速度控制回路、方向控制回路、多缸动作回路等常用回路的组成、工作原理和性能、分析方法、功能及在实际液压系统中的应用。

　　掌握上述液压基本回路所具有的功能、特性以及回路元件的组成(是分析、设计和使用液压系统的基础);了解各种功能回路的实现方法、工作原理、控制方式及其典型应用。

思考与练习

7-1　在如图所示回路中,液压泵的流量 $q_p=10\text{L/min}$,液压缸无杆腔面积 $A_1=50\text{cm}^2$,液压缸有杆腔面积 $A_2=25\text{cm}^2$,溢流阀的调定压力 $p_y=2.4\text{MPa}$,负载 $F=10\text{kN}$。节流阀口为薄壁孔,流量系数 $C_d=0.62$,油液密度 $\rho=900\text{kg/m}^3$,试求:节流阀口通流面积 $A_T=0.05\text{cm}^2$ 时的液压缸速度 v、液压泵压力 p_p、溢流功率损失 Δp_y 和回路效率 η。

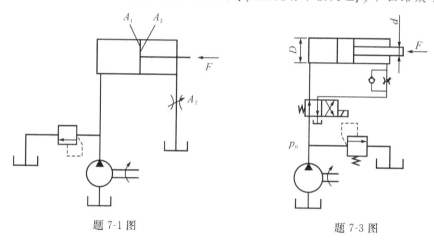

题 7-1 图　　　　　　　　　　　　　题 7-3 图

7-2　在回油节流调速回路中,在液压缸的回油路上,用减压阀在前、节流阀在后相互串联的方法,能否起到调速阀稳定速度的作用? 如果将它们装在缸的进路或旁油路上,液压缸运动速度能否稳定?

7-3　如图所示为采用中、低压系列调速阀的回油调速回路,溢流阀的调定压力 $p_y=4\text{MPa}$,缸径 $D=100\text{mm}$,活塞杆直径 $d=50\text{mm}$,负载力 $F=31000\text{N}$,工作时发现活塞运动速度不稳定,试分析原因,并提出改进措施。

7-4　在如图所示液压回路中,若液压泵输出流量 $q_p=10\text{L/min}$,溢流阀的调定压力 $p_y=2\text{MPa}$,两个薄壁式节流阀的流量系数都是 $C_d=0.62$,开口面积 $A_{T1}=0.02\text{cm}^2$,$A_{T2}=0.01\text{cm}^2$,油液密度 $\rho=900\text{kg/m}^3$,在不考虑溢流阀的调压偏差时,求:(1)液压缸大腔的最高工作压力;(2)溢流阀的最大溢流量。

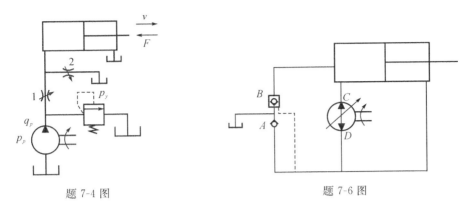

題 7-4 图　　　　　　　　　題 7-6 图

7-5　由变量泵和定量马达组成的调速回路,变量泵的排量可在 $0\sim50\text{cm}^3/\text{r}$ 范围内改变,泵转速为 1000r/min,马达排量为 $50\text{cm}^3/\text{r}$,安全阀调定压力为 10MPa,泵和马达的机械效率都是 0.85,在压力为 10MPa 时,泵和马达泄漏量均是 1L/min,求:(1)液压马达的最高和最低转速;(2)液压马达的最大输出转矩;(3)液压马达最高输出功率;(4)计算系统在最高转速下的总效率。

7-6　试说明如图所示容积调速回路中单向阀 A 和液控单向阀 B 的功用。在液压缸正反向运动时,为了向系统提供过载保护,安全阀应如何接? 试作图表示。

7-7　如图所示的双向差动回路中,A_A、A_B、A_C 分别代表液压缸左、右腔及柱塞缸的有效工作面积,q_p 为液压泵输出流量。如 $A_A>A_B,A_B+A_C>A_A$,试求活塞向左和向右移动时的速度表达式。

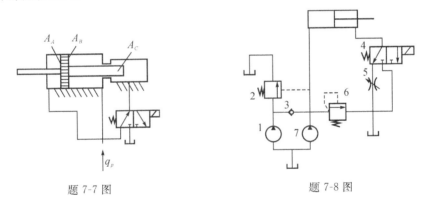

題 7-7 图　　　　　　　　　題 7-8 图

7-8　在如图所示回路中,已知液压缸大、小腔面积为 A_1、A_2,快进和工进时负载力为 F_1 和 $F_2(F_2<F_1)$,相应的活塞移动速度为 v_1 和 v_2。若液流通过节流阀 5 和卸荷阀 2 时的压力损失为 Δp_5 和 Δp_x,其他的阻力可忽略不计,试求:(1)溢流阀和卸荷阀的压力调整值 p_y 和 p_x;(2)大、小流量泵的输出流量 q_1 和 q_2;(3)快进和工进时的回路效率 η_1 和 η_2。

7-9　有一液压传动系统,快进时泵的最大流量为 25L/min,工进时液压缸的工作压力为 $p_1=5.5\text{MPa}$,流量为 2L/min。若采用 YB-25HE 和 YB4/25 两种泵对系统供油,设泵的总效率为 0.8,溢流阀调定压力 $p_p=6\text{MPa}$,双联泵中低压泵卸荷压力 $p_1=0.12\text{MPa}$,不计其他损失,计算分别采用这两种泵供油时系统的效率(液压缸效率为 1.0)。

7-10　在如图所示回路中,已知两节流阀通流截面分别为 $A_1=0.02\text{cm}^2$,$A_2=0.01\text{cm}^2$,流

量系数 $C_q=0.67$,油液密度 $\rho=900\text{kg/m}^3$,负载压力 $p_1=2\text{MPa}$,溢流阀调整压力 p_Y $=3.6\text{MPa}$,活塞面积 $A=50\text{cm}^2$,液压泵流量 $p_q=25\text{L/min}$,如不计管道损失,试问:(1)电磁铁接通和断开时,活塞的运动速度各为多少?(2)将两个节流阀对换一下,结果怎样。

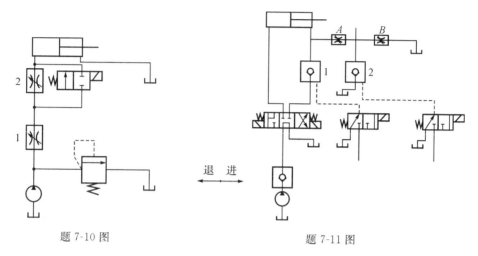

题 7-10 图　　　　　　　　　　题 7-11 图

7-11　如图所示为实现"快进—工进(1)—工进(2)—快退—停止"动作的回路,工进(1)速度比工进(2)快,试列出电磁铁动作的顺序表。

7-12　如图所示为用插装阀组成的回路对泵实现调压卸荷,试述其工作原理。

7-13　如图示回路可以实现快进→慢进→快退→卸荷工作循环,试列出其电磁铁动作表。

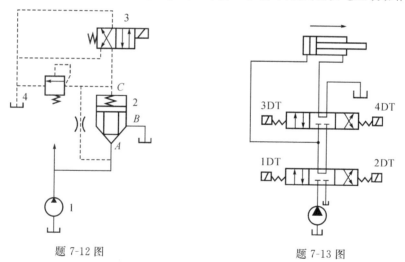

题 7-12 图　　　　　　　　　　题 7-13 图

7-14　如图示回路可以实现两个液压缸的串、并联转换、上缸单动与快进→慢进→快退→卸荷工作循环,试列出其电磁铁动作表。

7-15　如图示回路的电磁铁通电后,液压缸并不动作,试分析其原理,并画出改进后的回路。

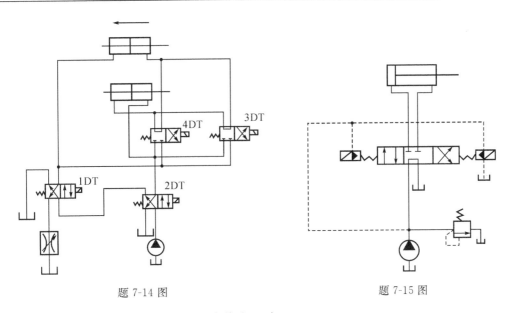

题 7-14 图　　　　　　　　　　　　　题 7-15 图

7-16　试按下列要求分别画出液压缸的换向回路：

(1)活塞向右运动时由液压力推动返回时靠弹簧力推动。

(2)活塞作往复运动时,随时能停止并锁紧。停止时,液压泵卸荷。

(3)活塞由液压缸差动联接前进,非差动联接退回。

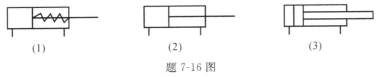

(1)　　　　　　　　　(2)　　　　　　　　　(3)

题 7-16 图

7-17　图示为采用二位二通电磁阀 A 与一个节流小孔 B 组成的换向回路,试说明其工作原理。

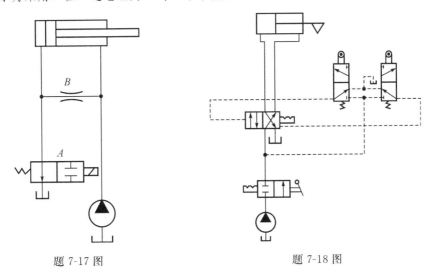

题 7-17 图　　　　　　　　　　　　　题 7-18 图

7-18　试说明图示由行程换向阀与液动换向阀组成的自动回路的工作原理。

7-19　试确定图示回路在下列情况下的系统调定压力:(1)全部电磁铁断电;(2)电磁铁 2DT 通电;(3)电磁铁 2DT 断电,1DT 通电。

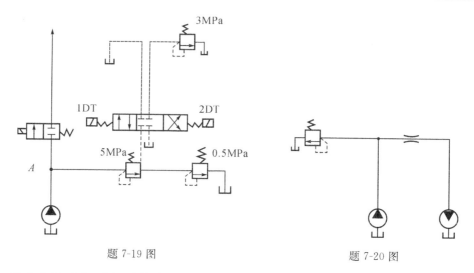

题 7-19 图　　　　　　　　题 7-20 图

7-20　图示液压回路，液压泵转速 $n_p=1000\mathrm{r/min}$，容积效率 $\eta_{pv}=0.95$，节流小孔的流量系数 $C_q=0.63$，通流面积 $a=0.5\mathrm{mm}^2$，液压马达排量 $q_m=80\mathrm{mL/r}$，转速 $n_m=860\mathrm{r/min}$，容积效率 $\eta_{mv}=0.93$，总效率 $\eta_m=0.68$，负载 $p_m=25\mathrm{kW}$。已知液压马达流量是泵流量的 92%，油液密度 $\rho=900\mathrm{kg/m^3}$，试求：(1)液压泵排量 q_p；(2)溢流阀调定压力 p_y；(3)溢流阀溢出功率 p_y。

7-21　图示加紧缸分别由两个减压阀的串联油路(图(a))与并联油路(图(b))供油，两个减压阀的调定压力 $p_{J_1}>p_{J_2}$，试问这两种油路中，加紧缸中的油压决定于哪一个调定压力？为什么？

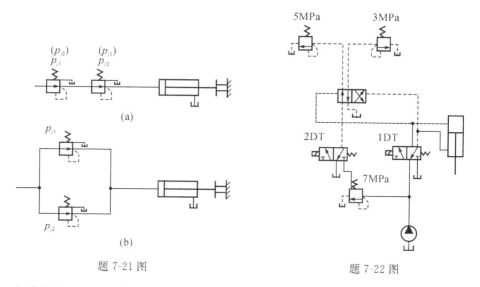

题 7-21 图　　　　　　　　题 7-22 图

7-22　试说明图示三级压力控制回路的工作原理。

7-23　试分别说明图示(a)、(b)回路在下列情况时，A、B 两处的压力各为多少？为什么？(1)节流阀全开时；(2)节流阀全闭时。

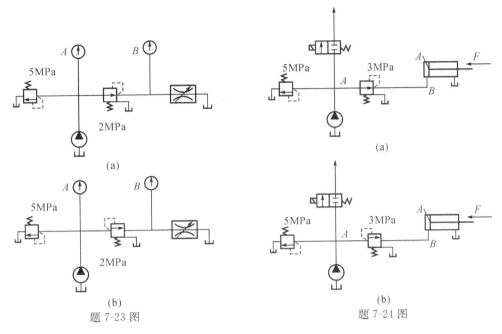

题 7-23 图　　　　　　题 7-24 图

7-24　图示(a)、(b)回路的参数相同,液压缸无杆腔面积 $A=50\text{mm}^2$,负载 $F=1000\text{N}$,各阀的调整压力如图示,试分别确定此两回路在活塞运动到终端时 A、B 两处的压力。

7-25　图示液压系统两液压缸的有效面积相等($A=100\text{mm}^2$),加紧缸 I 运动时的负载 $F_1=2000\text{N}$,加载缸运动时的负载第一段行程时为 $F_2=2000\text{N}$,第二段行程时为 $F_2=35000\text{N}$,各压力阀的调整压力如图示,试确定在下列情况,A、B、C 处的压力各为多少(管路损失忽略不计)?

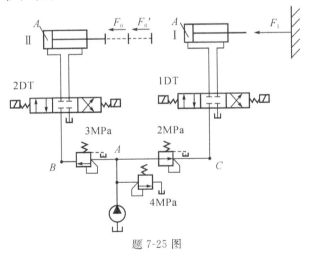

题 7-25 图

(1)液压泵启动后,两换向阀均处于中位;

(2)电磁铁 1DT 通电,液压缸 I 活塞移动时及活塞加工件时;

(3)电磁铁 1DT 断电,2DT 通电,液压缸 II 活塞在第一段与第二段行程时及活塞移动到终端时。

7-26　试画出用顺序阀实现图示两液压缸指定顺序动作回路。

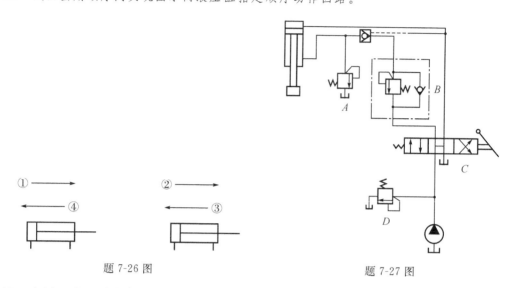

题 7-26 图　　　　　　　　　　题 7-27 图

7-27　在图示液压系统中,已知活塞直径 $D=100$mm,活塞杆直径 $d=70$mm,活塞及负载总重 $G=1600$N,提升时要求在 0.1s 时间内达到稳定速度 $v=6$m/min,下降时,活塞不会超速下落,若不计损失,试说明:

(1)阀 A、B、C、D 在系统中各起什么作用;

(2)阀 A、B、D 的调整压力各为多少?

7-28　图示增压回路,泵供油压力 $p_p=2.5$MPa,增压缸大腔直径 $D_1=100$mm,工作直径 $d=140$mm,若工作缸负载 $F=153000$N,试求增压缸小腔直径 d。

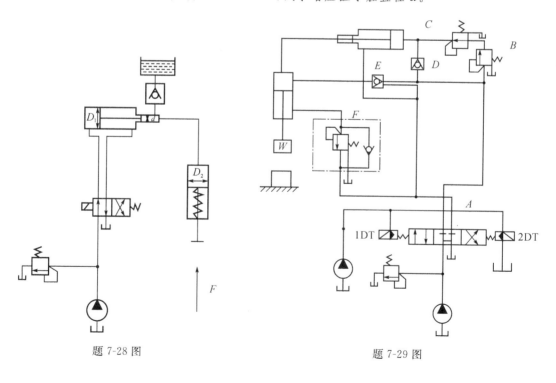

题 7-28 图　　　　　　　　　　题 7-29 图

7-29　图示为立式压机构的增压回路,试说明每个阀的作用与回路的工作原理。

7-30　图示增力回路,两个活塞由活塞杆连接在一起,可以完成快进→慢进→快退工作循环,由流量为 $Q_p=25\mathrm{L/min}$ 的液压泵供油。已知液压缸直径 $D=100\mathrm{mm}$,活塞杆直径 $d=70\mathrm{mm}$,快进时负载 $F_1=10000\mathrm{N}$,慢进时最大压制力 $F_2=15000$,试求:

(1)顺序阀的调整压力 P_x;

(2)溢流阀的调定压力 P_y;

(3)活塞快进与慢进速度 v_1、v_2。

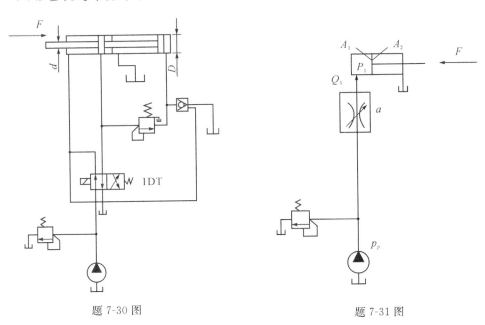

题 7-30 图　　　　　　　　　　　题 7-31 图

7-31　如图所示的进油路节流调速回路中,液压缸有效面积 $A_1=2A_2=50\mathrm{cm}^2$,$Q_p=10\mathrm{L/min}$,溢流阀调定压力 $p_p=2.4\mathrm{MPa}$,节流阀为落壁小孔(以下若非特别指示,节流小孔均为落壁小孔),通流面积 $a_1=0.02\mathrm{cm}^2$,流量系数 $C_q=0.62$,油液密度 $\rho=900\mathrm{kg/m}^3$。试分别按 $F=10000\mathrm{N}$、$5500\mathrm{N}$ 和 0 三种情况,计算液压缸的运动速度和速度刚度。

7-32　如图所示,进油路节流调速回路的回油路上加上一个压力调整到 $0.3\mathrm{MPa}$ 的背压阀。液压缸有效面积 $A_1=2A_2=50\mathrm{cm}^2$,$Q_p=10\mathrm{L/min}$,溢流阀调定压力 $p_p=2.4\mathrm{MPa}$,节流阀通流面积 $a=0.02\mathrm{cm}^2$,流量系数 $C_q=0.62$,油液密度 $\rho=900\mathrm{kg/m}^3$,试计算:

(1)当负载 $F=10000\mathrm{N}$ 时,活塞的运动速度及回路的效率;

(2)此回路所能承受的最大负值负载。

7-33　如图所示的回油路节流调速回路中,液压缸的有效面积 $A_1=2A_2=50\mathrm{cm}^2$,$Q_p=10\mathrm{L/min}$,溢流阀调定压力 $p_p=2.4\mathrm{MPa}$,节流阀流量系数 $C_Q=0.62$,油液密度 $\rho=900\mathrm{kg/m}^3$,试计算和回答下列问题:

(1)画出当节流阀通流面积 $a_1=0.02\mathrm{cm}^2$ 和 $a_2=0.01\mathrm{cm}^2$ 时的速度负载特性曲线;

(2)当负载为零时,泵压为多少? 液压缸回油腔压力为多少?

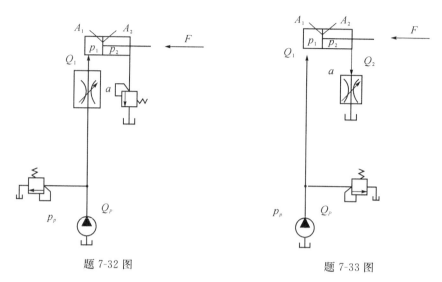

题 7-32 图　　　　　　题 7-33 图

7-34 如图所示的旁油路节流调速回路、液压缸尺寸、液压泵的流量、节流阀流量系数、油液密度均与上题相同。

(1)画出当节流阀的通流面积 $a_1=0.02\text{cm}^2$ 和 $a_2=0.04\text{cm}^2$ 的速度负载特性曲线,设安全阀调定压力为 3MPa。

(2)求在上述节流阀不同通流面积时,回路能承受的极限负载。

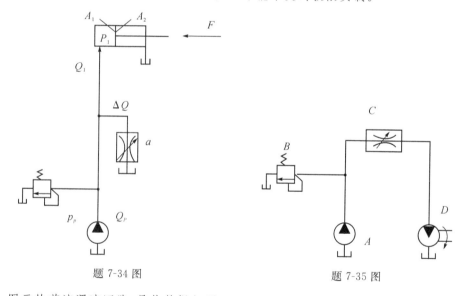

题 7-34 图　　　　　　题 7-35 图

7-35 图示的节流调速回路,具体数据如下:

泵:排量 $q_p=120\text{mL/r}$,转速 $n_p=1000\text{r/min}$,容积效率 $\eta_{pv}=95\%$,机械效率 $\eta_{PM}=95\%$;溢流阀:调定压力 $rg_p=3.5\text{MPa}$;节流阀:通流面积调定为 $a=0.5\text{cm}^2$,流量系数 $C_q=0.62$,油液密度 $\rho=900\text{kg/m}^3$;液压马达:排量 $q_m=160\text{mL/r}$,容积效率 $\eta_{mv}=95\%$,机械效率 $\eta_{MM}=80\%$;负载力矩 $M=60\text{N}\cdot\text{m}$。

试求:

(1)液压马达的转速;

(2)通过溢流阀的流量；

(3)回路的效率。

7-36　如图所示的调速回路中，液压缸有效面积 $A=100\text{cm}^2$，$Q_p=10\text{L/min}$，调速阀中节流阀两端
压差 $p_2-p_3=\Delta p=0.3\text{MPa}=$常量，流量系数 $C_q=0.62$，油液密度 $\rho=900\text{kg/m}^3$，试求：

(1)当调速阀通过流量 $Q_1=1\text{L/min}$ 时，节流阀的通流面积；

(2)当负载分别为 $F=1000\text{N}$ 和 5000N 时，减压阀所消耗的功率，设溢流阀的调定压
力 $p_p=5.7\text{MPa}$；

(3)在上述不同负载下，系统的总效率，设泵的总效率 $\eta_p=0.75$。

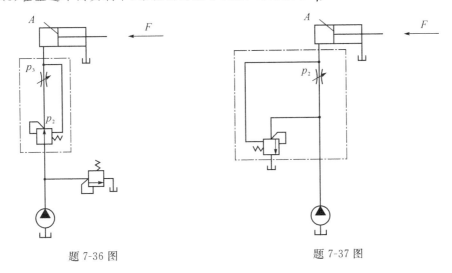

题 7-36 图　　　　　　　　　　　　　　题 7-37 图

7-37　如图所示的调速回路中，仅将上题中的调速阀更换为溢流节流阀，其他条件和情况均
不变。试求：

(1)回路的总效率；

(2)对本题与上题中的效率作分析比较。

7-38　图示液压系统能实现差动快进→工进→快退→原位停止的工作循环，工进时负载 F
$=1500\text{N}$ 活塞两端有效面积 $A_1=2A_2=50\text{cm}^2$。

(1)液压泵流量为 16L/min 时，求差动快进的速度；

(2)若要求工进速度为 48cm/min，通过节流阀的流量为多少？进入液压缸的流量为
多少？

(3)若节流阀通过面积为 0.01cm^2，溢流阀的调定压力为多少？设通过节流阀的流量
方程 $Q=60a\sqrt{10\Delta p}\text{L/min}$，式中 a 单位为 cm^2，Δp 单位为 MPa；

(4)若采用不同的泵源：(a)定量叶片泵 YB-16；(b)双联叶片泵 YB4/12；(c)限压式变
量叶片泵 YBX。试计算液压系统在工进时的总效率各为多少？忽略管路损失，
液压泵的总效率均为 0.8，双泵中大流量泵卸荷压力为 0.15MPa。

7-39　图示为采用中低压系列调速阀的回油路调速系统。溢流阀调定压力 $p_p=4\text{MPa}$，其
他数据如图所示，当负载在 31000N 上下变化时发现液压缸速度不稳定，试分析原因
并提出改进措施。

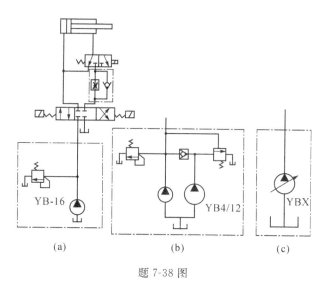

(a)　　　　　　(b)　　　　(c)

题 7-38 图

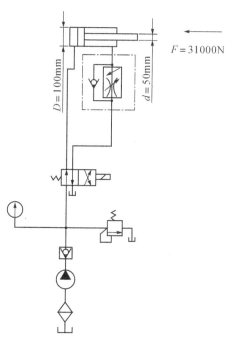

题 7-39 图

7-40　在图示采用调速阀的进油路、回油路、旁油路节流调速回路中,若用定压减压阀来代替调速阀中的定差减压阀,试分析能否起到速度稳定作用? 为什么?

7-41　试分析溢流节流阀为什么不能装在回油路和旁油路上。

7-42　图示液压系统,液压泵流量 $Q_p = 25\text{L/min}$,负载 $F = 40000\text{N}$,溢流阀调定压力 $p_p = 5.4\text{MPa}$,液压缸两腔有效面积 $A_1 = 2A_2 = 80\text{cm}^2$,液压缸工进速度 $v = 18\text{cm/min}$,不考虑管路损失和液压缸摩擦损失,试计算:

(1)工进时液压系统效率;

(2)当负载降为 0 时(即 $F = 0$),活塞的运动速度和回油腔压力;

(3)当以调速阀代替图中的节流阀时,若负载 $F=0$,速度有无变化?

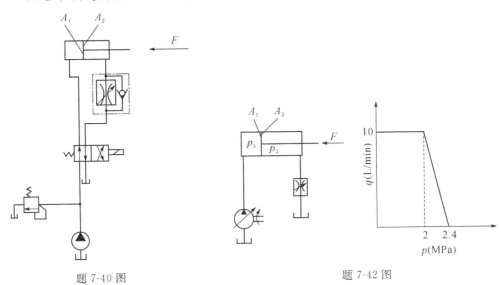

题 7-40 图　　　　　　　　　　　　　　　题 7-42 图

7-43　如题 7-42 图示液压回路,限压式变量泵调定后的流量压力特性曲线如图示,调速阀调定的流量为 2.5L/min,液压缸两腔有效面积 $A_1=2A_2=50\text{cm}^2$,求:

(1)大腔压力 p_1;

(2)当 $F=0$ 和 $F=9000$N 时的小腔压力 p_2;

(3)设泵的总效率为 0.75,求系统的总效率。

7-44　图示变量泵—变量马达的回路中已知下列参数:

变量泵:最大排量 $q_{p\max}=80\text{m/r}$;容积效率 $\eta_{pv}=90\%$,转速 $n_p=1000\text{r/min}$;变量马达:容积效率 $\eta_{mv}=93\%$,机械效率 $\eta_{pm}=87\%$;高压管路中压力损失 $\Delta p=0.8$MPa;安全阀调整压力 $p=27$MPa,系统总效率 $\eta_{总}=60\%$;若回路在下列条件下工作:(1)泵的排量调整为最大 $g_{p\max}$ 的 50%;(2)变量马达驱动 $P=12$kW 的恒功率负载;(3)假定各种效率均为常数,回油管背压力忽略不计。试确定:

(1)泵的出口压力;

(2)补油泵向回路补充的流量;

(3)在上述给定条件下,液压马达最低转速 $n_{m\min}=200\text{r/min}$ 时,液压马达的最大排量;

(4)泵的驱动功率;

(5)在上述条件下泵的机械效率。

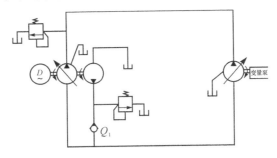

题 7-44 图

7-45　一容积调速回路由定量泵和变量液压马达组成。泵和马达之间高压管路的压力损失 $\Delta p = 1.7\text{MPa}$，泵和马达的详细数据如下。液压泵：排量 $q_p = 82\text{mL/r}$，转速 $n_p = 1500\text{r/min}$；容积效率 $\eta_{pv} = 90\%$；机械效率 $\eta_{pm} = 84\%$。液压马达：最大排量 $q_{m\max} = 66\text{mL/r}$，机械效率、容积效率与泵相同溢流阀调整压力为 13.5MPa，马达的负载为恒扭矩负载 $M = 34\text{N·m}$。试确定：

（1）马达的最低转速和在此转速下液压马达驱动负载所需的压力；

（2）液压马达的最高转速及相应的马达排量；

（3）液压马达的最大输出功率及调速范围。

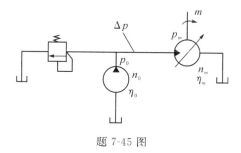

题 7-45 图

7-46　如图所示为一变量泵—变量马达的容积调速回路。阀和管道的压力损失为液压泵供油压力的 10%，液压马达驱动 28N·m 的恒扭矩负载，泵和马达的最大排量均为 50mL/r，泵的转速 $n_p = 1000\text{r/min}$。工作时实现速度控制的方法是：先将马达调节到最大排量，然后使泵的排量逐渐从 0 增大至最大值，然后使泵的排量固定在最大值上，用减小马达排量的方法继续增大马达的转速，设泵和马达的效率均为 100%，试求：

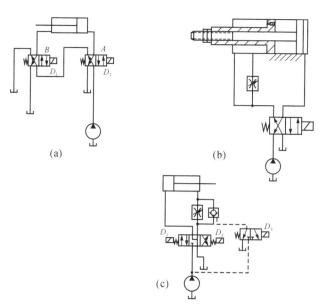

题 7-46 图

（1）马达转速为 2500r/min 时马达的排量；

（2）在已知恒扭矩负载下，限制马达转速不超过 5000r/min 时安全阀的调定压力；

（3）如果泵调到最大排量的 50%，只用调整马达排量的方法来改变马达的转速负载扭矩为 11.5N·m 时，为限制马达转速不超过 5000r/min，安全阀的调定压力为多少？

7-47　读懂下列回路图，指出是哪一种基本回路，并简要说明动作原理。

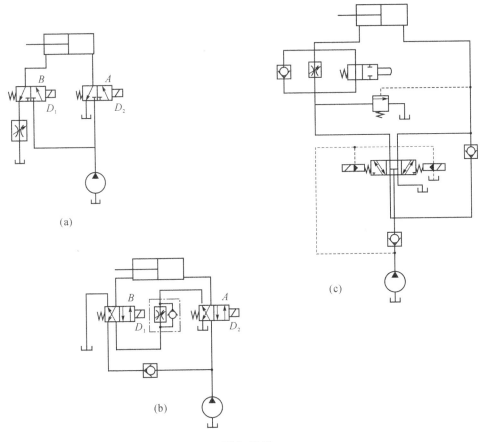

题 7-47 图

第8章 液压传动系统实例

【本章内容提要】

本章详细介绍一些典型液压传动系统的应用实例。通过研究这些系统的工作原理和性能特点,研究各种元件在系统中的作用,为读懂较复杂的液压系统、为下一步进行液压系统设计打下坚实基础。

【基本要求、重点和难点】

基本要求:通过前面基本回路的学习,结合本章典型液压系统的读图方法和分析步骤,要求能读懂一般的液压系统实例,能基本分析系统的特点和各种元件在系统中的作用。

重点:掌握读图的方法和步骤,读懂一般的液压系统。

难点:读懂液压系统,分析系统的特点。

液压技术广泛地应用于国民经济的各个部门和各个行业,不同行业的液压机械,它的工况特点、动作循环、工作要求、控制方式等方面的差别很大。但一台机器设备的液压系统无论有多复杂,都是由若干个基本回路组成的,基本回路的特性也就决定了整个系统的特性。本章通过介绍几种不同类型的液压系统,使大家能够掌握分析液压系统的一般步骤和方法。实际设备的液压系统往往比较复杂,要想真正读懂并非一件容易的事情,因此就必须要按照一定的方法和步骤,做到循序渐进,分块进行、逐步完成。读图的大致步骤一般如下:

(1)首先要认真分析该液压设备的工作原理、性能特点,了解设备对液压系统的工作要求。

(2)根据设备对液压系统执行元件动作循环的具体要求,从液压泵到执行元件(液压缸或马达)和从执行元件到液压泵双向同时进行,按油路的走向初步阅读液压系统原理图,寻找它们的连接关系,以执行元件为中心将系统分解成若干个子系统。读图时要按照先读控制油路后读主油路的读图顺序进行。

(3)按照系统中组成的基本回路(如换向回路、调速回路、压力控制回路等)来分解系统的功能,并根据设备各执行元件间的互锁、同步、顺序动作和防干扰等要求,全面读懂液压系统原理图。

(4)分析液压系统性能优劣,总结归纳系统的特点,以加深对系统的了解。

8.1　组合机床动力滑台液压系统

8.1.1　概　述

组合机床是一种由通用部件和部分专用部件组合而成的高效、工序集中的专用机床,具有加工能力强、自动化程度高、经济性好等优点。动力滑台是组合机床上实现进给运动的一种通用部件,配上动力头和主轴箱可以完成钻、扩、铰、镗、铣、攻丝等工序,也能加工孔和端面。它们广泛应用于大批量生产的流水线。卧式组合机床的结构原理图如图 8-1所示。

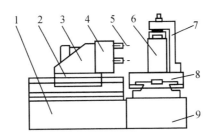

1—床身;2—动力滑台;3—动力头;4—主轴箱;5—刀具;6—工件;7—夹具;8—工作台;9—底座。

图 8-1　组合机床

8.1.2　YT4543 型动力滑台液压系统工作原理

图 8-2 所示是 YT4543 型动力滑台液压系统图。该滑台由液压缸驱动,系统用限压式变量叶片泵供油,三位五通电液换向阀换向,用液压缸差动连接实现快进,用调速阀调节实现工进,由两个调速阀串联、电磁铁控制实现一工进和二工进转换,用死挡铁保证进给的位置精度。可见,系统能够实现快进→一工进→二工进→死挡铁停留→快退→原位停止。表 8-1 所示为该滑台的动作循环表(表中“＋”表示电磁铁得电)。

具体工作情况如下。

(1)快进

人工按下自动循环启动按钮,使电磁铁 1Y 得电,电液换向阀中的电磁先导阀 5 左位接入系统,在控制油路驱动下,液动换向阀 4 左位接入系统,系统开始实现快进。由于快进时滑台上无工作负载,液压系统只需克服滑台上负载的惯性力和导轨的摩擦力。泵的出口压力很低,使限压式变量叶片泵 1 处于最大偏心距状态,输出最大流量,外控式顺序阀 3 处于关闭状态,通过单向阀 12 的单向导通和行程阀 9 右位接入系统,使液压缸处于差动连接状态,实现快进。这时油路的流动情况为如下:

控制油路:进油路　泵 1→先导阀 5(左位)→单向阀 13→主阀 4(左边);

　　　　　回油路　主阀 4(右边)→节流阀 16→先导阀 5(左位)→油箱。

主　油　路:进油路　泵 1→单向阀 11→主阀 4(左位)→行程阀 9 常位→液压缸左腔;

　　　　　回油路　液压缸右腔→主阀 4(左位)→单向阀 12→行程阀 9 常位→液压缸左腔。

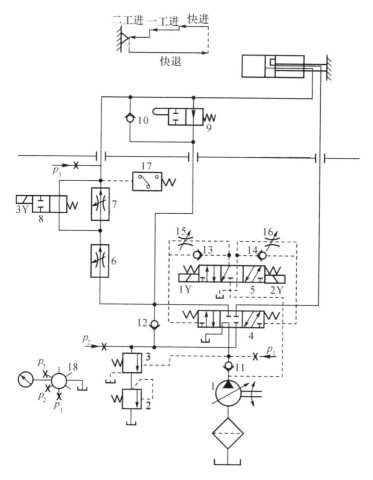

1—限压式变量叶片泵;2—背压阀;3—外控顺序阀;4—液动阀(主阀);5—电磁先导阀;6,7—调速阀;8—电磁阀;9—行程阀;10,11,12,13,14—单向阀;15,16—节流阀;17—压力继电器;18—压力表开关;p_1,p_2,p_3—压力表接点。

图 8-2　YT4543 型动力滑台液压系统图

(2)一工进

当滑台快进到预定位置时,滑台上的行程挡块压下行程阀 9,使行程阀左位接入系统,单向阀 12 与行程阀 9 之间的油路被切断,单向阀 10 反向截止,3Y 又处于失电状态,压力油只能经过调速阀 6、电磁阀 8 的右位后进入液压缸左腔。由于调速阀 6 接入系统,造成系统压力升高,系统进入容积节流调速工作方式,使系统第一次工进开始。这时,其余液压元件所处状态不变,但顺序阀 3 被打开。由于压力的反馈作用,使限压式变量叶片泵 1 输出流量与调速阀 6 的流量自动匹配。这时油路的流动情况为:

进油路　泵 1→单向阀 11→换向阀 4(左位)→调速阀 6→电磁阀 8(右位)→液压缸左腔;

回油路　液压缸右腔→换向阀 4(左位)→顺序阀 3→背压阀 2→油箱。

(3)二工进

当滑台第一次工作进给结束时,装在滑台上的另一个行程挡块压下一行程开关,使电磁铁 3Y 得电,电磁换向阀 8 左位接入系统,压力油经调速阀 6、调速阀 7 后进入液压缸左腔,此时,系统仍然处于容积节流调速状态,第二次工进开始。由于调速阀 7 的开口比调速阀 6 的开口小,使系统工作压力进一步升高,限压式变量叶片泵 1 的输出流量进一步减少,滑台的进给速度降低。这时油路的流动情况如下:

进油路　泵 1→单向阀 11→换向阀 4(左位)→调速阀 6→调速阀 7→液压缸左腔;

回油路　液压缸右腔→换向阀 4(左位)→顺序阀 3→背压阀 2→油箱。

(4)进给终点停留

当滑台以二工进速度运动到终点时,碰上事先调整好的死挡块,使滑台不能继续前进,被迫停留。此时,油路状态保持不变,泵 1 仍在继续运转,使系统压力不断升高,泵的输出流量不断减少,直到流量全部用来补偿系统的泄漏,系统没有流量。由于流过调速阀 6 和 7 的流量为零,阀前后的压力差为零,从泵 1 出口到液压缸之间的压力油路段变为静压状态,使整个压力油路上的油压力相等,即液压缸左腔的压力升高到泵出口的压力。由于液压缸左腔压力的升高,引起压力继电器 17 动作并发出信号给时间继电器(图 8-2 中未画出),经过时间继电器的延时处理,使滑台在死挡铁停留一定时间后开始下一个动作。

(5)快退

当滑台停留一定时间后,时间继电器发出快退信号,使电磁铁 1Y 失电,2Y 得电,先导阀 5 右位接入系统,控制油路换向,使液动阀 4 右位接入系统,因而主油路换向。由于此时滑台没有外负载,系统压力下降,限压式变量液压泵 1 的流量又自动增至最大,有杆腔进油,无杆腔回油,使滑台实现快速退回。这时油路的流动情况如下:

控制油路:进油路　泵 1→先导阀 5(右位)→单向阀 14→主阀 4(右边);

　　　　　回油路　主阀 4(左边)→节流阀 15→先导阀 5(右位)→油箱。

主　油　路:进油路　泵 1→单向阀 11→换向阀 4(右位)→液压缸右腔;

　　　　　回油路　液压缸左腔→单向阀 10→换向阀 4(右位)→油箱。

(6)原位停止

当滑台快退到原位时,另一个行程挡块压下原位行程开关,使电磁铁 1Y,2Y 和 3Y 都失电,先导阀 5 在对中弹簧作用下处于中位,液动阀 4 左右两边的控制油路都通油箱,因而液动阀 4 也在其对中弹簧作用下回到中位,液压缸两腔封闭,滑台停止运动,泵 1 卸荷。此时,这时油路的流动情况如下:

卸荷油路　泵 1→单向阀 11→换向阀 4(中位)→油箱。

表 8-1　YT4543 型动力滑台液压系统动作循环表

动作名称	信号来源	电磁铁工作状态			液压元件工作状态				
		1Y	2Y	3Y	顺序阀 3	先导阀 5	主阀 4	电磁阀 8	行程阀 9
快进	人工启动按钮	+	−	−	关闭	左位	左位	右位	右位
一工进	挡块压下行程阀 9	+	−	−	打开				左位
二工进	挡块压下行程开关	+	−	+				左位	
停留	滑台靠压在死挡块处	+	−	+		右位	右位		
快退	压力继电器 17 发出信号	−	+	+		中位	中位		右位
停止	挡块压下终点开关	−	−	−				右位	

8.1.3　YT4543 型动力滑台液压系统特点

由以上分析看出,该液压系统主要由以下一些基本回路组成:由限压式变量液压泵、调速阀和背压阀组成的容积节流调速回路;液压缸差动连接的快速运动回路;电液换向阀的换向回路;由行程阀、电磁阀、顺序阀、两个调速阀等组成的快慢速换接回路;采用电液换向阀 M 型中位机能和单向阀的卸荷回路等。该液压系统的主要性能特点是:

(1)采用了限压式变量液压泵和调速阀组成的容积节流调速回路,它能保证液压缸稳定的低速运动、较好的速度刚性和较大的调速范围。回油路上的背压阀除了防止空气渗入系统外,还可使滑台承受一定的负值负载。

(2)系统采用了限压式变量液压泵和液压缸差动连接实现快进,得到较大的快进速度,能量利用也比较合理。当滑台工作间歇停止时,系统采用单向阀和 M 型中位机能换向阀串联使液压泵卸荷,既减少了能量损耗,又使控制油路保持一定的压力,从而保证下一工作循环的顺利启动。

(3)系统采用行程阀和外控顺序阀实现快进与工进的转换,不仅简化了油路,而且使动作可靠,换接位置精度较高。两次工进速度的换接采用布局简单、灵活的电磁阀,保证了换接精度,避免换接时滑台前冲,采用死挡块作限位装置,定位准确、可靠,重复精度高。

(4)系统采用换向时间可调的三位五通电液换向阀来切换主油路,使滑台的换向平稳,冲击和噪声小。同时,电液换向阀的五通结构使滑台进和退时分别从两条油路回油,这样滑台快退时系统没有背压,减少了压力损失。

(5)系统回路中的三个单向阀10,11 和 12 的用途完全不同。阀 11 使系统在卸荷情况下能够得到一定的控制压力,实现系统在卸荷状态下平稳换向。阀 12 实现快进时差动连接,工进时压力油与回油隔离。阀 10 实现快进与两次工进时的反向截止与快退时的正向导通,使滑台快退时的回油通过管路和换向阀 4 直接回油箱,以尽量减少系统快退时的能量损失。

8.2　注塑机液压系统

8.2.1　概　述

注塑机是塑料注射成型机的简称,是热塑性塑料制品的成型加工设备。它将颗粒塑料加热熔化后,高压快速注入模腔,经一定时间的保压、冷却后成型就能制成相应的塑料制品。由于注塑机具有复杂制品一次成型的能力,因此在塑料行业中,它的应用非常最广。

注射机是一种通用设备,通过它与不同专用注射模具配套使用,能够生产出多种类型的塑料制品。注射机主要由机架、动静模板、合模保压部件、预塑、注射部件、液压系统、电气控制系统等部件组成。注射机的动模板和静模板是成对安装的不同类型专用注射模具。合模保压部件有两种结构形式,一种是用液压缸直接推动动模板工作,另一种是用液压缸推动机械机构,通过机械机构再驱动动模板工作(机液联合式)。注射机的结构原理图如图 8-3 所示。注塑机整个工作过程中运动复杂、动作多变、系统压力变化大。

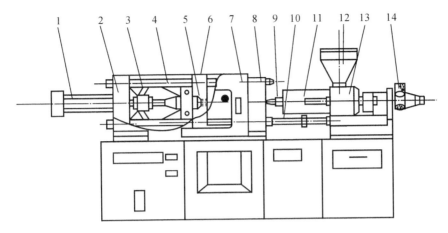

1—合模液压缸;2—后固定模板;3—曲轴连杆机构;4—拉杆;5—顶出缸;6—动模板;7—安全门
8—前固定模板;9—注射螺杆;10—注射座移动缸;11—机筒;12—料斗;13—注射缸;14—液压马达。

图 8-3　注射机结构原理图

注射机的工作循环过程一般如下:

合模 → 注射座前进 → 注射 → 保压 → 冷却／预塑 → 注射座后退 → 开模 → 预出制品 → 顶出缸后退

→ 合模

以上动作分别由合模缸、注射座移动缸、预塑液压马达、注射缸、顶出缸完成。

注塑机液压系统要求有足够的合模力、可调节的合模开模速度、可调节的注射压力和注射速度、保压及可调的保压压力,系统还应设置安全联锁装置。

8.2.2　系统工作原理

图 8-4 所示为 250g 注射机液压系统原理图。该机每次最大注射量为 250g,属于中小型注射机。该注射机各执行元件的动作循环主要依靠行程开关切换电磁换向阀来实现。电磁铁动作顺序表如表 8-2 所示。

表 8-2　250g 注射机液压系统原理图电磁铁动作顺序表

动作程序		1Y	2Y	3Y	4Y	5Y	6Y	7Y	8Y	9Y	10Y	11Y
合模	启动慢移	+	−	−	−	−	−	−	−	−	+	−
	快速合模	+	−	−	−	+	−	−	−	−	+	−
	增压锁模	+	−	−	−	−	−	+	−	−	+	−
注射座整体快移		−	−	−	−	−	+	−	+	+	−	−
注射		−	−	+	+	−	+	−	+	+	−	−
注射保压		−	−	+	−	−	+	−	+	+	−	−
减压排气		−	+	−	−	−	−	−	+	+	−	−
再增压		+	−	−	−	−	+	+	+	+	−	−
预塑进料		−	−	−	−	−	+	−	+	+	−	−

续表

动作程序		1Y	2Y	3Y	4Y	5Y	6Y	7Y	8Y	9Y	10Y	11Y
注射座后移		−	−	−	−	−	−	−	+	−	+	−
开模	慢速开模	+	−	−	−	−	−	−	−	−	+	−
	快速开模	+	−	−	−	+	−	−	−	−	+	−
推料	顶出缸伸出	−	−	−	−	−	−	−	−	−	+	+
	顶出缸缩回	−	−	−	−	−	−	−	−	−	+	−
系统卸荷		−	−	−	−	−	−	−	−	−	−	−

注:"+"表示电磁铁得电;"−"表示电磁铁失电。

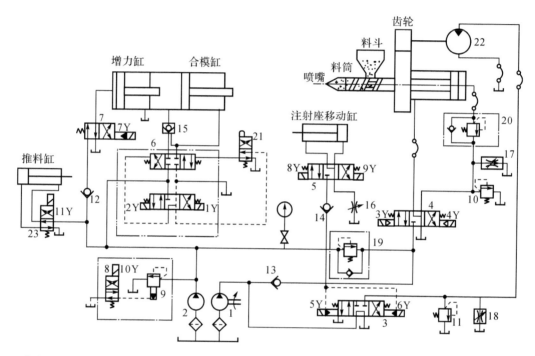

1—大流量液压泵;2—小流量液压泵;3,4,6,7—电液换向阀;5,8,23—电磁换向阀;9,10,11—溢流阀;12,13,14—单向阀;15—液控单向阀;16—节流阀;17,18—调速阀;19,20—单向顺序阀;21—行程阀;22—液压马达。

图 8-4　250g 注射机液压系统原理图

为保证安全生产,注射机设置了安全门,并在安全门下装设一个行程阀 21 加以控制,只有在安全门关闭、行程阀 21 上位接入系统的情况下,系统才能进行合模运动。系统的工作过程如下所述。

(1)合模

合模是动模板向定模板靠拢并最终合拢的过程。动模板由合模液压缸或机液组合机构驱动,合模速度一般按慢—快—慢的顺序进行。具体如下。

①动模板慢速合模运动。当按下合模按钮,电磁铁 1Y,10Y 得电,电液换向阀 6 右位接入系统,电磁阀 8 上位接入系统。低压大流量液压泵 1 通过电液换向阀 3 的 M 型中位机能卸荷,高压小流量液压泵 2 输出的压力油经阀 6、阀 15 进入合模缸左腔,右腔油液经阀 6 流

回油箱,合模缸推动动模板开始慢速向右运动。这时油路的流动情况为:

进油路　液压泵 2→电液换向阀 6(右位)→单向阀 15→合模缸(左腔);

回油路　合模缸(右腔)→电液换向阀 6(右位)→油箱。

②动模板快速合模运动。当慢速合模转为快速合模时,动模板上的行程挡块压下行程开关,使电磁铁 5Y 得电,阀 3 左位接入系统,大流量泵 1 不再卸荷,其压力油经单向阀 13、单向顺序阀 19 与液压泵 2 的压力油汇合,双泵共同向合模缸供油,实现动模板快速合模运动。这时油路的流动情况为:

进油路　[(液压泵 1→单向阀 13→单项顺序阀 19)+(液压泵 2)]→电液换向阀 6(右位)→单向阀 15→合模缸左腔;

回油路　合模缸右腔→电液换向阀 6(右位)→油箱。

③合模前动模板的慢速运动。当动模快速靠近静模板时,另一行程挡块将压下其对应的行程开关,使 5Y 失电,阀 3 回到中位,泵 1 卸荷,油路又恢复到以前状况,使快速合模运动又转为慢速合模运动,直至将模具完全合拢。

(2)增压锁模

当动模板合拢到位后又压下一行程开关,使电磁铁 7Y 得电、5Y 失电,泵 1 卸荷、泵 2 工作,电液换向阀 7 右位接入系统,增力缸开始工作,将其活塞输出的推力传给合模缸的活塞以增加其输出推力。此时,溢流阀 9 开始溢流,液压泵 2 输出的最高压力,该压力也是最大合模力下对应的系统最高工作压力。因此,系统的锁模力由溢流阀 9 调定,动模板的锁紧由单向阀 12 保证。这时油路的流动情况为:

进油路　液压泵 2→单向阀 12→电磁换向阀 7(右位)→增压缸(左腔);
　　　　液压泵 2→电液换向阀 6(右位)→单向阀 15→合模缸(左腔);

回油路　增压缸右腔→油箱;
　　　　合模缸右腔→电液换向阀 6(右位)→油箱。

(3)注射座整体快进

注射座的整体运动由注射座移动液压缸驱动。当电磁铁 9Y 得电时,电磁阀 5 右位接入系统,液压泵 2 的压力油经阀 14、阀 5 进入注射座移动缸右腔,左腔油液经节流阀 16 流回油箱。此时注射座整体向左移动,使注射嘴与模具浇口接触。注射座的保压顶紧由单向阀 14 实现。这时油路的流动情况为:

进油路　液压泵 2→单向阀 14→注射座移动缸(右腔);

回油路　注射座移动缸(左腔)→电磁换向阀 5(右位)→节流阀 16→油箱。

(4)注射

当注射座到达预定位置后,压下行程开关,使电磁铁 4Y,5Y 得电,电磁换向阀 4 右位接入系统,阀 3 左位接入系统。泵 1 的压力油经阀 13,与经阀 19 而来的液压泵 2 的压力油汇合,一起经阀 4、阀 20 进入注射缸右腔,左腔油液经阀 4 回油箱。注射缸活塞带动注射螺杆将料筒前端已经预塑好的熔料经注射嘴快速注入模腔。注射缸的注射速度由旁路节流调速的调速阀 17 调节。单向顺序阀 20 在预塑时能够产生一定背压,确保螺杆有一定的推力。溢流阀 10 起调定螺杆注射压力作用。这时油路的流动情况为:

进油路　[(泵1→阀13)＋(泵2→单向顺序阀19)]→电磁换向阀4(左位)→单向顺序
　　　　阀20→注射缸(右腔);

回油路　注射缸(左腔)→电磁阀4(左位)→油箱。

(5)注射保压

当注射缸对模腔内的熔料实行保压并补塑时,注射液压缸活塞工作位移量较小,只需少量油液即可,所以,电磁铁5Y失电,阀3处于中位,使大流量泵1卸荷,小流量泵2单独供油,以实现保压。多余的油液经溢流阀9流回油箱。

(6)减压(放气)、再增压

先让电磁铁1Y,7Y失电,电磁铁2Y得电;后让1Y,7Y得电,2Y失电,使动模板略松一下后,再继续压紧,尽量排放模腔中的气体,以保证制品质量。

(7)预塑

保压完毕,从料斗加入的塑料原料被裹在机筒外壳上的电加热器加热,并随着螺杆的旋转,将加热熔化好的熔塑带至料筒前端,并在螺杆头部逐渐建立起一定压力。当此压力足以克服注射液压缸活塞退回的背压阻力时,螺杆逐步开始后退,并不断将预塑好的塑料送至机筒前端。当螺杆后退到预定位置,即螺杆头部熔料达到所需注射量时,螺杆停止后退和转动,为下一次向模腔注射熔料做好准备。与此同时,已经注射到模腔内的制品冷却成型的过程完成。

预塑螺杆的转动由液压马达22通过一对减速齿轮驱动实现。这时,电磁铁6Y得电,阀3右位接入系统,泵1的压力油经阀3进入液压马达,液压马达回油直通油箱。马达转速由旁路调速阀18调节,溢流阀11为安全阀。螺杆后退时,阀4处于中位,注射缸右腔油液经阀20和阀4流回油箱,其背压力由阀20调节。同时活塞后退时,注射缸左腔会形成真空,此时依靠阀4的Y型中位机能进行补油。此时系统油液流动情况如下:

液压马达回路:　进油路　泵1→阀3右位→液压马达22进油口;

　　　　　　　　回油路　液压马达22回油口→阀3右位→油箱。

液压缸背压回路:注射缸右腔→单向顺序阀20→调速阀17→油箱。

(8)注射座后退

当保压结束,电磁铁8Y得电,阀5左位接入系统,泵2的压力油经阀14、阀5进入注射座移动液压缸左腔,右腔油液经阀5、阀16流回油箱,使注射座后退。泵1经阀3卸荷。此时系统油液流动情况为:

进油路　泵2→阀14→阀5(左位)→注射座移动缸左腔;

回油路　注射座移动缸右腔→阀5(左位)→节流阀16→油箱。

(9)开模

开模过程与合模过程相似,开模速度一般历经慢—快—慢的过程。

①慢速开模。电磁铁2Y得电,阀6左位接入系统,液压泵的压力油经阀6进入合模液压缸右腔,左腔的油经液控单向阀15、阀6流回油箱。泵1经阀3卸荷。

②快速开模。此时电磁铁2Y和5Y都得电,液压泵1和2汇流向合模液压缸右腔供油,开模速度提高。

（10）顶出

模具开模完成后,压下一行程开关,使电磁铁 11Y 得电。从泵 2 来的压力油,经过单向阀 12,电磁换向阀 23 上位,进入推料缸的左腔,右腔回油经阀 23 的上位回油箱。推料顶出缸通过顶杆将已经成型好的塑料制品从模腔中推出。(11)推料缸退回

推料完成后,电磁阀 11Y 失电,从泵 2 来的压力油经阀 23 下位进入推料缸油腔,左腔回油经过阀 23 下位后流回油箱。

（12）系统卸荷

上述循环动作完成后,系统所有电磁铁都失电。液压泵 1 经阀 3 卸荷,液压泵 2 经先导式溢流阀 8 卸荷。到此,注射机一次的工作循环完成。

8.2.3　系统性能分析

（1）该系统在整个工作循环中,由于合模缸和注射缸等液压缸的流量变化较大,锁模和注射后系统有较长时间的保压。为合理利用能量,系统采用双泵供油方式。液压缸快速动作(低压大流量)时,采用双液压泵联合供油方式;液压缸慢速动作或保压时,采用高压小流量泵 2 供油、低压大流量泵 1 卸荷供油方式。

（2）由于合模液压缸要求实现快、慢速开模、合模以及锁模动作,系统采用电液换向阀换向回路控制合模缸的运动方向。为保证足够的锁模力,系统设置了增力缸作用合模缸的方式,再通过机液复合机构完成合模和锁模,因此,合模缸结构较小、回路简单。

（3）由于注射液压缸运动速度较快,但运动平稳性要求不高,故系统采用调速阀旁路节流调速回路。由于预塑时要求注射缸有背压且背压力可调,所以在注射缸的无杆腔出口处串联一个背压阀。

（4）由于预塑工艺要求注射座移动缸在不工作时应处于背压且浮动状态,系统采用 Y 型中位机能的电磁换向阀、顺序阀 20 产生可调背压、回油节流调速回路等措施,调节注射座移动缸的运动速度,以提高运动的平稳性。

（5）预塑时螺杆转速较高,对速度平稳性要求较低,系统采用调速阀旁路节流调速回路。

（6）由于注射机的注射压力很大(最大注射压力达 153MPa),为确保操作安全,该机设置了安全门,在安全门下端装一个行程阀,串接在电液阀 6 的控制油路上,控制合模缸的动作。只有当操作者离开模具,将安全门关闭时压下行程阀后,电液换向阀才有控制油进入,合模缸才能实现合模运动,以确保操作者的人身安全。

（7）由于注射机的执行元件较多,其循环动作主要由行程开关控制,按预定顺序完成。这种控制方式机动灵活,且系统较简单。

（8）系统工作时,各种执行装置的协同运动较多,工作压力的要求较多,变化较大,分别通过电磁溢流阀 9、溢流阀 10 和 11,再加上单向顺序阀 19 和 20 的联合作用,实现系统中不同位置、不同运动状态的不同压力控制。

8.3 数控加工中心液压系统

8.3.1 概 述

数控加工中心是在数控机床基础上发展起来的多功能数控机床。数控机床和数控加工中心都采用计算机数控技术(简称 CNC),在数控加工中心机床上配备有刀库和换刀机械手,可在一次装夹中完成对工件的钻、扩、铰、镗、铣、锪、螺纹加工、复杂曲面加工和测量等多道加工工序,是集机、电、液、气、计算机、自动控制等技术于一体的高效柔性自动化机床。数控加工中心机床各部分的动作均由计算机的指令控制,具有加工精度高、尺寸稳定性好、生产周期短、自动化程度高等优点,特别适合于加工形状复杂、精度要求高的多品种成批、中小批量及单件生产的工件,因此数控加工中心目前已在国内相关企业中普遍使用。数控加工中心一般由主轴组件、刀库、换刀机械手、三个进给坐标轴(X、Y、Z)、床身、CNC 系统、伺服驱动、液压系统、电气系统等部件组成。立式加工中心结构原理图如图 8-5 所示。

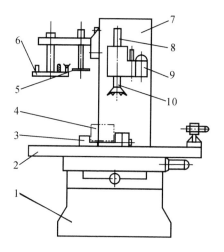

1—床身;2—工作台;3—台虎钳;4—工件;5—换刀机械手;6—刀库;7—立柱
8—拉刀装置;9—主轴箱;10—刀具。

图 8-5　立式加工中心结构原理图

8.3.2 数控加工中心液压系统工作原理

数控加工中心机床中普遍采用了液压技术,主要完成机床的各种辅助动作,如主轴变速、主轴刀具夹紧与松开、刀库的回转与定位、换刀机械手的换刀、数控回转工作台的定位与夹紧等。图 8-6 所示为一卧式镗铣加工中心液压系统原理图,其组成部分及工作原理如下。

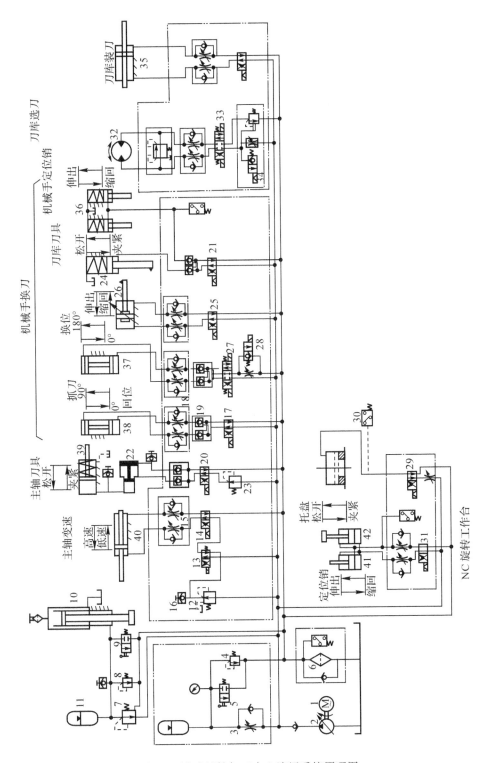

图 8-6 卧式镗铣加工中心液压系统原理图

（1）液压油源

该液压系统采用变量叶片泵和蓄能器联合供油方式,液压泵为限压式变量叶片泵,最高工作压力为7MPa。溢流阀4作安全阀用,其调整压力为8MPa,只有系统过载时才起作用。手动换向阀5用于系统卸荷,过滤器6用于对系统回油进行过滤。

（2）液压平衡装置

由溢流减压阀7、溢流阀8、手动换向阀9、液压缸10组成平衡装置,蓄能器11用于吸收液压冲击。液压缸10为支撑加工中心立柱丝杠的液压缸。为减小丝杠与螺母间的摩擦,并保持摩擦力均衡,保证主轴精度,用溢流减压阀7维持液压缸10下腔的压力,使丝杠在正、反向工作状态下处于稳定的受力状态。当液压缸上行时,压力油和蓄能器向液压缸下腔供油,当液压缸在滚珠丝杠带动而下行时,缸下腔的油又被挤回蓄能器或经过溢流减压阀7回油箱,因而起到平衡作用。调节溢流减压阀7可使液压缸10处于最佳受力工作状态,其受力的大小可通过测量Y轴伺服电动机的负载电流来判断。手动换向阀9用于使液压缸卸载。

（3）主轴变速回路

主轴通过交流变频电动机实现无级调速。为了得到最佳的转矩性能,将主轴的无级调速分成高速和低速两个区域,并通过一对双联齿轮变速来实现。主轴的这种换挡变速由液压缸40完成。在图8-6所示位置时,压力油直接经电磁阀13右位、电磁阀14右位进入缸40左腔,完成由低速向高速的换挡。当电磁阀13切换至左位时,压力油经减压阀12、电磁阀13和14进入缸40右腔,完成由高速向低速的换挡。换挡过程中缸40的速度由双单向节流阀15来调节。

（4）换刀回路及动作

加工中心在加工零件过程中,当前道工序完成后就需换刀,此时机床主轴退至换刀点,且处在准停状态,所需置换的刀具已处在刀库预定的换刀位置。换刀动作由机械手完成,其换刀过程为:机械手抓刀→刀具松开和定位→拔刀→换刀→插刀→刀具夹紧和松开→机械手复位。

①机械手抓刀

当系统收到换刀信号时,电磁阀17切换至左位,压力油进入齿条缸38下腔,推动活塞上移,使机械手同时抓住主轴锥孔中的刀具和刀库上预选的刀具。双单向节流阀18控制抓刀和回位的速度,双液控制单向阀19保证系统失压时机械手位置不变。

②刀具松开和定位

当抓刀动作完成后,发出信号使电磁阀20切换至左位,电磁阀21处于右位,从而使增压器22的高压油进入液压缸39左腔,活塞杆将主轴锥孔中的刀具松开;同时,液压缸24的活塞杆上移,松开刀库中预选的刀具;此时,液压缸36的活塞杆在弹簧力的作用下将机械手上两个定位销伸出,卡住机械手上的刀具。松开主轴锥孔中刀具的压力可由减压阀23调节。

③机械手拔刀

当主轴、刀库上的刀具松开后,无触点开关发出信号,电磁阀25处于右位,由缸26带动机械手伸出,使刀具从主轴锥孔和刀库链节中拔出。缸 26 带有缓冲装置,以防止行程终点发生撞击和噪声。

④机械手换刀

机械手伸出后发出信号,使电磁阀 27 换向至左位。齿条缸 37 的活塞向上移动,使机械手旋转 180°。转位速度由双单向节流阀调节,并可根据刀具的质量,由电磁阀 28 确定两种换刀速度。

⑤机械手插刀

机械手旋转 180°后发出信号,使电磁阀 25 换向,缸 26 使机械手缩回,刀具分别插入主轴锥孔和刀库链节中。

⑥刀具夹紧和松销

机械手插刀后,电磁阀 20,21 换向。缸 39 使主轴中的刀具夹紧;缸 24 使刀库链节中的刀具夹紧;缸 36 使机械手上定位销缩回,以便机械手复位。

⑦机械手复位

刀具夹紧后发出信号,电磁阀 17 换向,液压缸 38 使机械手旋转 90°回到起始位置。

到此,整个换刀动作结束,主轴启动进入零件加工状态。

(5)数控旋转工作台回路

①数控工作台夹紧

数控旋转工作台可使工件在加工过程中连续旋转。当进入固定位置加工时,电磁阀 29 切换至左位,使工作台夹紧,并由压力继电器 30 发出信号。

②托盘交换

交换工件时,电磁阀 31 处于右位,缸 41 使定位销缩回,同时缸 42 松开托盘,由交换工作台交换工件,交换结束后电磁阀 31 换向,定位销伸出,托盘夹紧,即可进入加工状态。

(6)刀库选刀、装刀回路

在零件加工过程中,刀库需把下道工序所需的刀具预选列位。首先判断所需的刀具在刀库中的位置,确定液压马达 32 的旋转方向,使电磁阀 33 换向,控制单元 34 控制液压马达启动、中间状态、到位、旋转速度,刀具到位后由旋转编码器组成的闭环系统发出信号。双向溢流阀起安全作用。

液压缸 35 用于刀库装卸刀具。

8.3.3 系统特点

(1)在加工中心中,液压系统所承担的辅助动作的负载力较小,主要负载是运动部件的摩擦力和启动时的惯性力。因此,一般采用压力在 10MPa 以下的中低压系统,且液压系统流量一般在 30L/min 以下。

(2)加工中心在自动循环过程中,各个阶段流量需求的变化很大,并要求压力基本恒定。采用限压式变量泵与蓄能器组成的液压源,可以减小流量脉动、能量损失和系统发热,以提高机床加工精度。

(3)加工中心的主轴刀具需要的夹紧力较大,而液压系统其他部分需要的压力为中、低,因受主轴结构的限制,不宜选用缸径较大的液压缸。采用增压器可以满足主轴刀具对夹紧力的要求。

（4）在齿轮变速箱中,采用液压缸驱动滑移齿轮来实现两级变速,可以扩大伺服电动机驱动的主轴的调速范围。

（5）加工中心的主轴、垂直拖板、变速箱、主电动机等联成一体,由伺服电动机通过主轴滚珠丝杠带动其上下移动。采用平衡阀—平衡缸的平衡回路,可以保证加工精度,减小滚珠丝杠的轴向受力,且结构简单、体积小、质量轻。

8.4　船舶舵机液压系统

8.4.1　概　述

目前,绝大多数船舶都以舵作为保持或改变航向的设备,船舶上的舵（如图 8-7 所示）垂直安装在螺旋桨的后方。舵叶的偏转由舵机来控制。舵机经舵柄 1 将扭矩传递到舵杆 3 上,舵杆 3 由舵承支承,它穿过船体上的舵杆套筒 4 带动舵叶 7 偏转。舵承固定在船体上,由滑动或滚动轴承及密封填料等组成。此外,舵叶 7 还可通过舵销 5 支承在舵柱 8 的舵托 9 或舵钮 6 上。船舶的舵机是保持或改变船舶航向保证安全航行的重要设备。

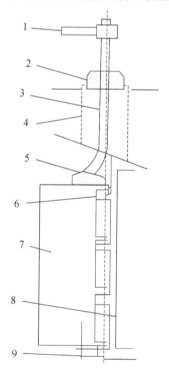

1—舵柄;2—上舵承;3—舵杆;4—舵杆套筒 ;5—舵销;6—舵钮;

7—舵叶;8—舵柱;9—舵托。

图 8-7　船舶舵的示意图

8.4.2 船舶舵机液压系统工作原理

船舶的液压舵机一般分为泵控型舵机和阀控型舵机两种,下面以泵控型舵机为例来说明液压舵机的操控原理和主要特点。

泵控型舵机用双向变量泵作主泵,一般都采用闭式液压系统,液压回路是闭式循环,工作油液不回油箱,而回到变量泵的吸入端,只需向系统补充少量油液来弥补其泄漏。图 8-8 所示典型的国产泵控型舵机液压系统原理图。

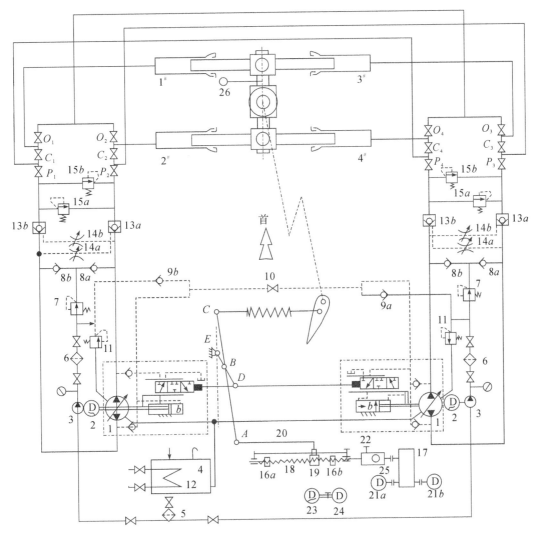

1—主油泵;2—电动机;3—副油泵;4—油箱;5—初滤器;6—细滤器;7—减压阀;
8、9—单向阀;10—旁通阀;11—溢流阀;12—冷却器;13—液控单向阀;14*—可调节流阀;
15—安全阀;16—限位螺帽;17—减速器;18—螺杆;19—导块;20—连杆;21—伺服电机;
22—手轮;23—交流电动机;24—直流电动机;25—操舵角反馈装置;26—舵角指示发信器。

图 8-8 泵控型舵机液压系统

这种舵机用斜盘式轴向柱量泵作为主油泵,并采用直流伺服电机或电气遥控系统和浮动杆追随机构,液压系统是闭式系统。其工作情况和主要特点如下。

1. 工况的选择

本系统设有两台并联主泵,四个柱塞油缸,其中 1#、4# 和 2#、3# 缸各成一组,分别与主泵的两根主油管相连,可以根据需要选用不同的工况(选用不同的主泵和转舵油管工作),为此设有工况选择阀。

本例的工况选择阀采用两个集成阀块,共包括 12 个单向截止阀。C1~C4 称缸阀,平时常开;O1~O4 称旁通阀,平时常闭。如果某油缸因故不能工作(例如严重泄漏),可将它与另一只油缸(只要不是对角布置的——如 1# 和 4# 或 2# 和 3#)同时停用;这时只要将停用的一对缸的缸阀关闭,一对旁通阀开启即可。有的舵机工况选择阀采用双向座阀,即在关闭缸阀的同时就已将旁通阀开启,以减少阀的数目。P1~P4 称泵阀,平时常开,以便随时能在驾驶台启用任一台泵。只有当主泵损坏需要修理时才将其一对泵阀关闭。

这种系统能满足除 1 万 Gt 以上油轮以外的其他船舶的需要,它有以下工况可供使用。

单泵四缸工况——适于开阔水面正常航行。其最大扭矩等于公称转舵扭矩,转舵时间能满足规范要求。

双泵四缸工况——适于进出港、窄水道航行或其他要求航速度较快的场合,转舵速度约较单泵四缸工况提高一倍,而转舵扭矩与上述工况相同。

单泵双缸工况——在某缸有故障时采用,这时转舵速度约较单泵四缸工作时提高一倍,转舵扭矩则比四缸工作大约减小一半,故必须用限制舵角(或降低速度)的方法来限制水动力矩,否则工作油压就可能超过最大工作压力而使安全阀开启。

2. 主油路的锁闭

在液压舵机主泵的主油路上,通常装有成对的主油路锁闭阀。本例采用双联液控单向阀 13A、13B,任何一台主油泵离开中位向任何一方排抽时,其主油路上的那对液控单向阀便能同时开启,保证油路畅通;而当主泵停用或处于中位时,这对阀自动关闭,以实现主油路的锁闭。这种锁闭阀属主泵启阀式,其可调节流阀 14A、14B 用来调节液控单向阀中控制油的流速,既能使主油路上的单向阀及时开启回油,又能使它在舵受负扭矩时关闭的速度尽可能减缓。但是当舵上负扭矩较大时回油侧单向阀仍然难免骤然关闭,产生撞击。

主油路锁闭阀的作用是:(1)锁闭备用泵油路,防止工作泵排油经备用泵倒流旁通,妨碍转舵。这是因为这种浮动杠杆式追随机构,备用泵与工作泵的变量机构是彼此连接同步动作的,二者同时偏离中位。如果不将备用泵油路锁闭,它便会因压力油倒灌而反转,造成油路旁通。(2)工作泵回到中位时,将油路锁闭,以防跑舵。因为当舵停在某一舵角时,在水压力作用下,两组转舵油缸仍存在油压差。此时泵虽处中位,但泵内难免有泄漏,如果主油路不锁闭,舵停火了就可能因泄漏而跑舵。

以上两点前者是主要的,后者在泵密封性较好时影响不明显。有的舵机主油路锁闭阀采用辅泵启阀式——由与主泵同时工作的辅泵排油来开启;这样不仅可使主油路压力损失较小,又可在轮泵失压时停止转舵,这时锁闭阀在工作泵回中时,不起油路锁闭作用。当主泵装有机械防反转装置——如防反转棘轮时(例如海尔体系),则可不设主油路锁闭。

3. 补油、放气和压力保护

闭式系统都需要解决补油问题。因为主泵排出侧油液难免有外漏(例如从主泵内漏入泵壳而泄回油箱),这样,转舵油缸中柱塞的位移容积就不足以补偿主泵所吸走的油液容积,吸入压力便会降低,从而产生气穴(或吸进空气),使泵的流量减小,噪声增加,甚至造成泵零部件的损坏。为此,本系统设有辅泵 3,经减压阀 7 以及单向阀 8A、8B 向低压油路补油。若舵机主泵吸入性能好,允许有较低的吸入压力或有吸入真空度,也可不用辅泵补油,而只设补油柜,用补油管从油柜经单向阀接到主泵两根主油路上,以便在吸入侧压力降低时进行补油。

系统还在各油缸顶部和油管高处设放气阀,以便在初次充油或必要时放气,这对闭式系统是必不可少的。

液压系统可以被隔断的各部分都需要分别设安全阀(如本系统中的 15A、15B)。安全阀的作用是:(1)在转舵时防止油泵排油侧压力超过最大工作压力过多,以免油泵过载;(2)在停止转舵时,当海浪或其他外力冲击舵叶而导致管路油压过高时开启,使油路旁通,以保护管路、设备的安全。

4. 辅油泵的作用

泵控式舵机液压系统大多设有辅泵,其流量一般不低于主泵流量的 20%。本系统所设辅泵 3 是齿轮泵,其功用如下:(1)为主油路补油。补油压力由减压阀 7 调定为 0.8MPa 左右。(2)为主油泵伺服变量机构提供控制油。本例主泵伺服变量的机构工作原理已在前面轴向柱塞泵部分述及(图中用液压职能符号表示)。这种控制油虽可经泵内的单向阀内供,但为了在主泵零位起步时提供控制油压和保证备用泵变量机构与工作系同步动作,故还设有单向阀 9A、9B 和常开的旁通阀 10,以使工作泵的辅泵能向两台主泵变量机构同时供油。至于所用的控制油区则由溢流阀 11 调定为 15MPa 左右。(3)冷却主泵。这对保证主泵在零位时的可靠运行颇有好处。有的舵机还为伺服油缸式遥控系统或电液换向阀提供控制油;用油压开启主油路锁闭阀。

本章小结

要能正确而又迅速地阅读液压系统图,首先必须掌握液压元件的结构、工作原理、特点和各种基本回路的应用,了解液压系统的控制方式、职能符号及其相关标准。其次,结合实际液压设备及其液压原理图多读多练,掌握各种典型液压系统的特点。本章主要介绍了组合机床动力滑台液压系统、注塑机液压系统、数控加工中心液压系统、船舶舵机液压系统四个实例,通过实例来说明阅读液压系统图步骤。

思考与练习

8-1 如图所示为专用铣床液压系统,要求机床工作台一次可安装两支工件,并能同时加工。工件的上料、卸料由手工完成,工件的夹紧及工作台进给运动由液压系统完成。机床的工作循环为"手工上料→工件自动夹紧→工作台快进→铣削进给→工作台快退→夹具松开→手工卸料"。分析系统回答下列问题:

(1)填写电磁铁动作顺序表;

(2)系统由哪些基本回路组成?

(3)哪些工况由双泵供油,哪些工况由单泵供油?

(4)说明元件 6、7 在系统中的作用。

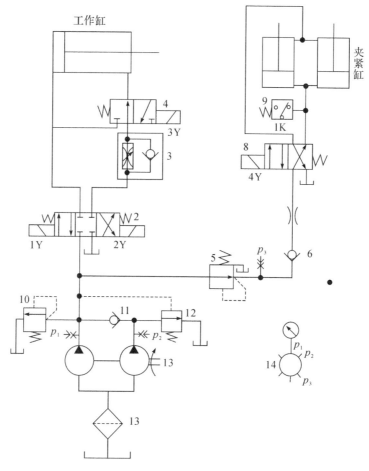

1—双联叶片泵;2、4、8—换向阀;3—单向调速阀;5—减压阀;

6、11—单向阀;7—节流阀;8—压力继电器;10—溢流阀;

12—外控顺序阀;13—过滤器;14—压力表开关。

题 8-1 图

8-2 试根据图示的液压系统图和动作循环表中的提示将动作循环表填写完整,并讨论系统的特点。

动作名称	电气元件状态							备注
	1Y	2Y	3Y	4Y	5Y	6Y	YJ	
定位夹紧								1) Ⅰ、Ⅱ 两个回路各自进行独立循环动作,互不约束。
快进								
工进卸荷(低)								2) 12Y、22Y 中任一个通电时,1Y 便通电;12Y、22Y 均断电时,1Y 才断电
快退								
松开拔销								
原位卸荷(低)								

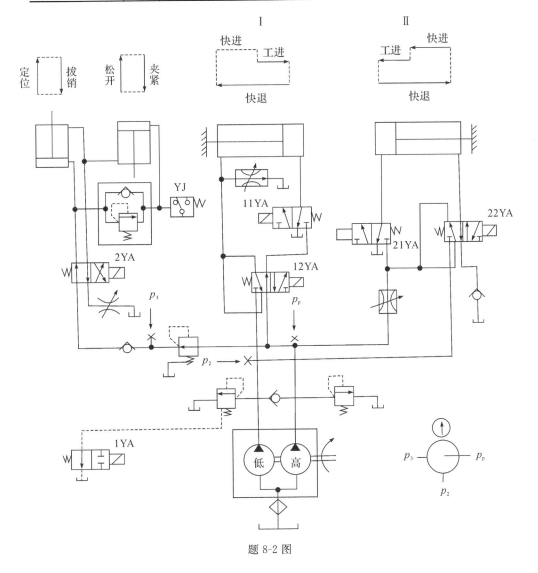

题 8-2 图

8-3　图示为液压绞车闭式液压系统,试分析:

(1)辅助泵 3 的作用和选用原则;

(2)单向阀 4、5、6、7 的作用;

(3)梭阀 11 的作用;

(4)压力阀 8、9、10 的作用及其调定压力之间的关系。

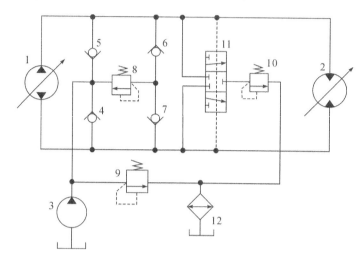

题 8-3 图

第9章 液压传动系统的安装调试与故障分析

【本章内容提要】

本章主要介绍液压系统安装的准备工作,各种液压元件的安装要求,液压系统调试的准备工作以及液压系统故障的分析,液压系统各种常见故障的诊断与排除方法。通过本章学习,学生可对液压系统的安装、调试以及故障诊断与排除方法有初步的了解。

【基本要求、重点和难点】

基本要求:①掌握液压系统安装调试的方法;②了解液压系统故障的分析方法;③掌握液压系统故障的排除方法。

重点:液压系统安装调试要求;液压系统故障诊断与排除方法。

难点:液压系统的故障诊断。

9.1 液压系统的安装调试

9.1.1 液压系统的安装

液压系统是由各种液压元件组成的,它们相对集中或分散地布置在设备的相关部分,并由油管、接头、安装底板、集成块等连接起来。许多元件的工作状态还必须加以调整,如泵的流量、压力控制阀的压力、调速阀的流量等。只有安装正确,调整合理,才能使液压设备达到使用要求。

设备的安装基本是在生产厂家中完成的,但有时也有部分连接工作必须在现场进行。

1. 安装前的准备工作

安装前一定要认真阅读液压系统工作原理图、系统管道连接图、各种元件的使用说明书,熟悉系统和各元件的工作原理、结构、安装使用方法等。

对照安装明细表准备好各个元件并仔细检查,必须确保型号一致、性能合格、调整机构灵活、显示灵敏准确。如果发现问题要及时处理,决不可将就使用。

2. 液压元件的安装

安装时一般按先下后上、先主后次、先内后外、先难后易、先精密后一般的原则顺序进行,要着重注意以下几点。

(1)液压泵与电机的连接轴有同轴度要求,一般要求偏心量小于 0.1mm,两轴中心线的角度小于 1°。其基座应有足够的刚度,并确保连接牢固,以防振动。

(2)安装泵和阀时,必须注意各油口的方位,要按照上面的标记对应安装。接头处要紧固、密封,无漏油、漏气。尤其是板式元件,要注意进出油口处的密封圈,决不可缺失、脱落或错位。

(3)安装前要检查各阀、泵的转动或移动,应灵活无卡死、呆滞等情况。一般元件的卡死、呆滞现象多由保管不当进入灰尘、产生水锈或调整不当等引起,可通过清洗、研磨、调整加以消除。

(4)液压缸的中心线与安装基面或运动部件的导轨必须达到要求的平行度。

3. 管路的安装

液压系统的管道通常需要现场排管配做,人工布置固定,一般的要求有如下几点。

(1)布置平直整齐,减少长度和转弯。这样既美观,又能使检修方便,也减少了沿程压力损失和局部压力损失。较复杂的油路系统,为避免检修拆卸后重装时接错,要涂色区别或在接头两段系上相同点编号牌。

(2)硬管较长时刚性较差,应保持适当距离并用管夹固定,防止振动和噪声。较长的软管也应适当固定,防止磨损。

(3)吸油管也要保证密封良好,防止吸入空气。吸油管上的滤油器工作条件较差,要定期清洗更换,安装时要考虑拆卸方便。

(4)回油管不可露于油面上,应插入油面以下足够深度,否则会引起飞溅、激起泡沫。回油管口要切成45°斜角,并远离进油口。

(5)泄油管路应单独设置,保持通畅,且不插入油中,避免产生背压,影响有关元件的灵敏度。

4. 清洗

各液压元件在安装前要用煤油、柴油等清洗并擦干。金属硬管配管试装后拆下,要经酸洗去锈、碱洗中和、水洗清洁,然后干燥涂油,方可转入正式安装。

系统安装好后,在试车前还要进行全面整体清洗。可在油箱中加入60%～70%的工作油,并在主回油路上安装临时的过滤器(过滤精度视系统清洁程度而定)。然后将执行元件的进、出油管断开,并用临时管道接通。启动系统连续或间歇工作,靠流动的工作油冲刷内部油道。清洗时间一般为几小时至十几小时,使内部各处的灰尘、铁屑、橡胶末等微粒被冲刷出来。要一直清洗到过滤器上无新增污染物为止。

也可以不断开执行元件,在正常连接状态下空载运行,使执行机构连续动作,完成上述清洗工作。清洗用的工作油要尽量排干净,防止混入新液压油中,影响新液压油的使用寿命。

9.1.2 液压系统的调试

液压系统在调试前必须做好如下准备工作:

(1)熟悉说明书等有关技术资料,力求全面了解系统的原理、结构、性能和操作方法。

(2)了解元件在设备上的实际位置、需要调整的元件的操作方法及调节旋钮的旋向。

(3)准备好调试工具等。

液压系统调试时首先进行空载调试,空载时运行一般不少于2h。注意观察压力、流量、温度的变化。如发现异常应立即停车检查。待排除故障后才能继续运转。空载调试完后再进行液压系统加载调试,加载调试操作时应根据负载试运转进行分段加载,运转时间不少于 4h,分别测出有关数据,记入试运转记录。

9.2　液压系统故障分析及排除方法

9.2.1　液压系统的故障分析

液压系统的某项功能出现失灵、失效、失控、失调或功能不完全,均属于系统故障的范畴。它会导致系统功能或性能指标偏离正常值或正常状态,如不能实现相应的动作、动力不足、速度不稳定等。

故障的发生有一定的偶然性、突发性,但也有一定的规律性。液压系统在工作中不可避免地会出现些故障,这就需要对故障进行分析,找出故障的原因和部位,并将故障排除。下面对液压系统的一些常见故障出现的原因及排除方法进行简单介绍。

液压系统的故障是多种多样的,虽然控制油液免受污染和及时维护检查可以减少故障的发生,但并不能完全杜绝故障。液压系统故障概率大致可分为 3 个阶段。第一阶段为早期故障期,其故障可称为早发性液压故障。这一时期故障率较高,但持续时间不长,多由设计、加工过程中存在的问题及安装、调整不当所致。随着液压系统运行时间的延长和对出现故障的不断排除、改造和维修,故障率便会逐渐降低。第二阶段为有效寿命故障期,其故障称为随机性液压故障。这期间故障偶有发生,故障率很低且大致趋于稳定,是液压系统工作的最佳时期。若能够坚持严格的维护制度以及控制油液的污染程度,可使这一时期进一步延长。第三阶段为磨损故障期,其故障称为渐发性故障。这类故障的产生是由于元件的磨损、腐蚀、疲劳及老化等原因而引起的,其故障率随时间的延伸而升高。这期间需要不断地对液压系统和元件进行检修和维护,并及时更换严重磨损的元件。

由此可见,如果提高液压元件的质量和加强液压设备整机的调试工作,就可以缩短早期故障期所需要的时间;通过及时维护和保养,可延长有效寿命故障期时间,并可将故障率降低到最低限度;定期检查和及时更换已磨损的液压元件或组件,可以推迟磨损故障期的到来,延长使用期限。

一般来说,液压系统的故障往往是多种因素综合作用的结果。但造成故障的原因主要有以下几种:

(1)因液压油和液压元件使用或维护不当,使液压元件的性能变坏、损坏、失灵而引起的故障。

(2)因装配、调整不当而引起的故障。

(3)因设备年久失修、零件磨损、精度超差或元件制造误差而引起的故障。

(4)因元件选用和回路设计不当而引起的故障。

前几种故障可以通过修理或调整的方法来加以解决,而后一种必须根据实际情况弄清原因后进行改进。

9.2.2 液压系统的故障排除方法

液压传动是在封闭的情况下进行的,无法从外部直接观察到系统内部,因此,当系统出现故障时,要寻找故障产生的原因往往有一定的难度。能否分析出故障产生的原因并排除故障,一方面取决于对液压传动知识的理解和掌握程度,另一方面依赖于实践经验的不断积累。液压系统的常见故障及排除方法见表 9-1。

表 9-1 液压系统常见故障及排除方法

故障现象	产生原因	排除方法
系统无压力或者压力不足	①溢流阀开启,由于阀芯被卡住,不能关闭,阻尼孔堵塞,阀芯与阀座配合不好或弹簧失效 ②其他控制阀阀芯由于故障卡住,引起卸荷 ③液压元件磨损严重或密封损坏,造成内、外泄漏 ④液位过低,吸油管堵塞或油温过高 ⑤泵转向错误,转速过低或动力不足	①修研阀芯与阀体,清洗阻尼孔,更换弹簧 ②找出故障部位,清洗或研修,使阀芯在阀体内能够灵活运动 ③检查泵、阀及管路各连接处的密封性,修理或更换零件和密封件 ④加油,清洗吸油管路或冷却系统 ⑤检查动力源
流量不足	①油箱液位过低,油液黏度较大,过滤器堵塞引起吸油阻力过大 ②液压泵转向错误,转速过低或空转磨损严重,性能下降 ③管路密封不严,空气进入 ④蓄能器漏气,压力及流量供应不足 ⑤其他液压元件及密封件损坏引起泄漏 ⑥控制阀动作不灵	①修研阀芯与阀体,清洗阻尼孔,更换弹簧 ②找出故障部位,清洗或研修,使阀芯在阀体内能够灵活运动 ③检查泵、阀及管路各连接处的密封性,修理或更换零件和密封件 ④加油,清洗吸油管路或冷却系统 ⑤检查动力源
泄露	①接头松动,密封损坏 ②阀与阀板之间的连接不好或密封件损坏 ③系统压力长时间大于液压元件或附件的额定工作压力,使密封件损坏 ④相对运动零件磨损严重,间隙过大	①拧紧接头,更换密封 ②加大阀与阀板之间的连接力度,更换密封 ③限定系统压力,或更换许用压力较高的密封件 ④更换磨损零件,减小配合间隙
油温过高	①冷却器通过能力下降出现故障 ②油箱容量小或散热性差 ③压力调整不当,长期在高压下工作 ④管路过细且弯曲,造成压力损失增大,引起发热 ⑤环境温度较高	①排除故障或更换冷却器 ②增大油箱容量,增设冷却装置 ③限定系统压力,必要时改进设计 ④加大管径,缩短管路,使油液流动通畅 ⑤改善环境,隔绝热源

续表

故障现象	产生原因	排除方法
振动	①液压泵:密封不严吸入空气,安装位置过高,吸油阻力大,齿轮齿形精度不够,叶片卡死断裂,柱塞卡死、移动不灵活,零件磨损使间隙过大 ②液压油:液位太低,吸油管插入液面深度不够。油液黏度太大、过滤器堵塞 ③溢流阀:阻尼孔堵塞,阀芯与阀体配合间隙过大,弹簧失效 ④其他阀芯移动不灵活 ⑤管道:管道细长,没有固定装置,互相碰撞,吸油管与回油管太近 ⑥电磁铁:电磁铁焊接不良,弹簧过硬或损坏,阀芯在阀体内卡住 ⑦机械:液压泵与电动机联轴器不同轴或松动,运动部件停止时有冲击,换向时无阻尼,电动机振动	①更换吸油口密封,吸油管口至泵进油口高度要小于 500mm,保证吸油管直径,修复或更换损坏的零件 ②加油,增加吸油管长度到规定液面深度,更换合适黏度的液压油,清洗过滤器 ③清洗阻尼孔,修配阀芯与阀体的间隙,更换弹簧 ④清洗,去毛刺 ⑤设置固定装置,扩大管道间距及吸油管和回油管间距离 ⑥重新焊接,更换弹簧,清洗及研配阀芯和阀体 ⑦保持泵与电动机轴的同心度不大于0.1mm,采用弹性联轴器,紧固螺钉,设置阻尼或缓冲装置,电动机作平衡处理
冲击	①蓄能器充气压力不够 ②工作压力过高 ③先导阀、换向阀制动不灵及节流缓冲慢 ④液压缸端部无缓冲装置 ⑤减流阀故障,使压力突然升高 ⑥系统中有大量空气	①给蓄能器充气 ②调整压力至规定值 ③减少制动锥斜角或增加制动锥长度,修复节流缓冲装置 ④增设缓冲装置或背阀 ⑤修理或更换 ⑥排除空气

实训 8　液压系统的安装调试与故障分析

1. 实训目的

(1)能识别和选用常用的液压元器件;

(2)能独立对液压回路进行搭接、调试;

(3)会分析液压回路的工作原理;

(4)能解决连接回路过程中出现的问题;

(5)能根据工作要求设计简单的液压回路。

2. 实训要求和方法

(1)先看某个装备(如平面磨床的工作台等)的工作原理,设计完成该装备的液压系统的工作回路图。教师讲解注意事项,学生自己动手选择液压元件在实训平台上进行安装。学生以小组为单位,边安装边讨论遇到的问题。

(2)安装时注意元件之间的连接,正式安装液压元件之前要求先进行回路仿真。

（3）每次实训后，由指导老师给出思考题作为本次实训的报告内容。

3. 实训内容

（1）完成某个装备（如平面磨床工作台）的回路设计、回路放置和回路调试。

（2）完成液压回路运行的数据测试。

本章小结

液压液压传动系统是各类机械设备应用中保证其高效运行的关键部分，也是保证企业实际工作效率和产品质量的重要基础。但是液压传动系统常常因为各种因素的影响而出现各种故障。本章重点介绍了液压传动系统安装调试的准备工作和要求、液压传动系统故障的诊断分析和排除方法。

思考与练习

9-1 某液压系统在运行过程中没有压力，试分析：造成液压系统无压力的原因有哪些？应如何来排除？

9-2 造成液压泵运行时噪声过大的原因有哪些？

9-3 某液压系统的液压马达在启动时没有运动，试分析其原因。

第 10 章　气压传动概述

【本章内容提要】

气压传动与液压传动最大的不同在于气压传动的工作介质是压缩空气。本章主要介绍气压传动的特点、工作原理、气压系统的组成和表示方法、气压传动的应用和发展前景。

【基本要求、重点和难点】

基本要求：①了解气压传动技术的基本特点；② 理解气压传动的组成和表示方法；③了解气压传动的发展趋势。

重点：通过本章学习，对气压系统的组成和表示方法有一个较全面而深刻的了解。

难点：气压系统的工作原理。

10.1　气压传动的定义及工作原理

气压传动是以空气压缩机为动力源，以压缩空气为工作介质，进行能量和信号传递的一门技术，是实现生产自动化的有效技术之一。气压传动的工作原理是利用空压机把电动机或其他原动机输出的机械能转换为空气的压力能，然后在控制元件的作用下，通过执行元件把压力能转换为直线运动或回转运动形式的机械能，从而完成各种动作，并对外做功。

气压传动与其他传动的性能比较见表 10-1。

表 10-1　气压传动与其他传动的性能比较

传动方式		操作力	动作快慢	环境要求	构　造	负载变化影响	操作距离	无级调速	工作寿命	维　护	价　格
气压传动		中等	较快	适应性好	简单	较大	中距离	较好	长	一般	便宜
液压传动		最大	较慢	不怕振动	复杂	有一些	短距离	良好	一般	要求高	稍贵
电传动	电气	中等	快	要求高	稍复杂	几乎没有	远距离	良好	较短	要求较高	稍贵
	电子	最小	最快	要求特高	最复杂	没有	远距离	良好	短	要求更高	最贵
机械传动		较大	一般	一般	一般	没有	短距离	较困难	一般	简单	一般

10.2　气压系统的组成和表示方法

典型的气压传动系统由气源装置、控制元件、执行元件和辅助元件四部分组成,如图 10-1 所示。

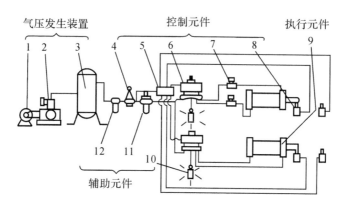

1—电动机;2—空气压缩机;3—气罐;4—压力控制阀;5—逻辑元件;6—方向控制阀;
7—流量控制阀;8—行程阀;9—气缸;10—消音器;11—油雾器;12—分水滤气器。

图 10-1　气压传动系统的组成

(1)气源装置是获得压缩空气的装置。其主体部分是空气压缩机,它将原动机供给的机械能转变为气体的压力能。使用气动设备较多的厂矿常将气源装置集中于压气站(俗称空压站)内,由压气站统一向各用气点分配压缩空气。

(2)控制元件是用来控制压缩空气的压力、流量和流动方向的,以便使执行机构完成预定的工作循环。它包括各种压力阀、流量阀和方向阀、射流元件、逻辑元件、传感器等。

(3)执行元件是将气体的压力能转换成机械能的一种能量转换装置。它包括实现直线往复运动的气缸和实现连续回转运动或摆动的气马达或摆动马达等。

(4)辅助元件是保证压缩空气的净化、元件的润滑、元件间的连接及消声等所必需的。它包括过滤器、油雾器、管接头及消声器等。

10.3　气压系统的优缺点

气动技术被广泛应用于机械、电子、轻工、纺织、食品、医药、包装、冶金、石化、航空、交通运输等各个工业部门,也大量应用在组合机床、加工中心、气动机械手、生产自动线、自动检测和实验装置中。气动技术在提高生产效率、自动化程度、产品质量、工作可靠性和实现特殊工艺等方面显示出极大的优越性。气压传动与机械、电气、液压传动相比有以下特点。

1. 优点

(1)机器结构简单、轻便,易于安装维护;压力等级低,使用安全。

(2)工作介质是在地表随处可取的空气,取之不尽、用之不竭。在大多数场合,排气可无须处理直接进入大气,不污染环境。

(3)空气的特性受温度影响小,在高温下能可靠地工作,不会发生燃烧或爆炸。且温度变化时,对空气的黏度影响极小,故不会影响传动性能。

(4)空气的黏度很小(约为液压油的万分之一),所以流动阻力小,在管道中流动的压力损失较小,所以便于集中供应和远距离输送。

(5)能容易地得到直线往复运动,并具有相当功率,速度变化范围广,既可实现高速驱动,也可实现低速驱动。一般气缸的平均速度为 $50\sim500\text{mm/s}$,最低可到 $0.5\sim1\text{mm/s}$,用于高压气动中最高可达 100m/s。

(6)利用空气的可压缩性,可存储能量,实现集中供气。可在短时间内释放能量,以得到间歇运动中的高速响应和大冲击力。可实现缓冲,对冲击负载和过负载有较强的适应能力,气动装置在一定条件下有自我保护能力。

(7)工作环境适应性好,特别是在易燃、易爆、多尘埃、强磁、辐射、振动等恶劣环境中,比液压、电子、电气传动和控制优越。

2. 缺点

(1)由于空气的可压缩性较大,气动装置的动作稳定性较差,外载变化时,对工作速度的影响较大。

(2)由于工作压力低,气动装置的输出力或力矩受到限制。在结构尺寸相同的情况下,气压传动比液压传动输出的力要小得多。气压传动装置的输出力不宜大于 $10\sim40\text{kN}$。

(3)气动装置中的信号传动速度比光、电控制速度慢,所以不宜用于信号传递速度要求十分高的复杂线路中。同时实现生产过程的遥控也比较困难,但对一般的机械设备,气动信号的传递速度是能满足工作要求的。

(4)噪声较大,尤其是在超音速排气时要加消声器。

10.4　气压传动的应用

目前气动技术已广泛应用于国民经济的各个部门,而且应用范围越来越广。下面介绍气动技术的应用。

(1)在食品加工和包装工业中,气动技术因其卫生、可靠和经济得到广泛应用。如在收割芦笋之后,采用气动技术可以对其进行剥皮,并轻轻除去其中的苦纤维,而不损伤可口的笋尖。在饮料厂和酒厂里,气动系统在完成对玻璃瓶的抓取功能时可以实现软抓取,即使玻璃瓶比允许误差大,它也不会被抓碎。这主要是由于气缸中的空气是可压缩的,其作用就像缓冲垫一样,气爪可以简单地调整至不同尺寸大小,以免引起玻璃瓶破裂。当然,这种优点可以适用于整个玻璃制品生产,玻璃制品生产也是气动技术应用的另一个领域。

气动技术因其高速、高可靠性和特别适合于应用在洁净卫生场合,所以其在包装业中占主导地位,至于气动元件的维护成本低还不是主要的。气动元件的灵活性(即对不同产品的快速调整能力)已日益为人们所需要。气动技术是适应这种快速变化的最理想技术。气缸期望的位置可以直接反馈到包装设备主控制器中,这样包装设备对塑料袋封口就可以比以前用时更短。

(2)绝大多数具有管道生产流程的各生产部门都可以采用气动,如有色金属冶炼工业。在冶炼工业中,温度高、灰尘多的场合往往不宜采用电机驱动或液压传动,但采用气动就比较安全可靠,如高炉炉门的启闭常由气动完成。

（3）在轻工业中,电气控制和气动控制一样得到应用,其功能也大致相等。凡输出力要求不大、动作平稳性或控制精度要求不太高的场合,均可以采用气动,成本比电气装置要低得多。对黏稠液体(如牙膏、化妆品、油漆、油墨等)进行自动计量灌装时采用气动,不仅能提高工效,减轻劳动强度,而且因有些液体具有易挥发性和易燃性,采用气动控制比较安全。对于食品工业、制药工业、卷烟工业等领域,气动由于其不污染性而具有更强的优势,有广泛的应用前景。

（4）在军事工业中气动也得到了广泛应用。因电子装置在没有冷却下很难在300℃以上的高温条件下工作,故现代飞机、火箭、导弹、鱼雷等自动装置大多是气动的。因为其以压缩空气作为动力能源,体积小、重量轻,甚至比具有相同能量的电池体积还小、还轻,且不怕电子干扰。

10.5　气压传动的发展前景

经过三十多年的发展,我国气动技术已经形成门类基本齐全、具有较大规模和一定技术水平的产业体系。今后5～10年是中国气动技术发展的关键时期,将形成几家大型龙头企业。认清差距、展望未来对今后的发展具有重要的意义。

1. 我国气动技术发展的现状

近年,我国气动产品由于价格低廉,出口快速增长,在一些发展中国家已具有一定的国际竞争力,但与国际主要公司的产品相比,技术水平与产品质量大致相当于国外10年以前的水平。产品的一般技术性能尚可,但可靠性、响应特性、精度、灵敏度等关键技术性能跟国外比尚存在较大差距。

目前,几家规模企业初步形成,竞争力不断提高;产品从低端制造业逐步向高端装备业渗透;企业开始意识到高端人才和研发创新的重要性;销售模式刚开始从传统的门店向办事处转变,等等。我国企业发展已进入快车道。但是,我国气动产业与日本、德国等工业发达国家相比还存在较大差距,主要表现为如下几点:

（1）产业链结构不合理。大量企业生产同类产品,上下游及配套关系不紧密,准入门槛低,过多重复建设,低价竞争。

（2）产业结构不合理、产品的结构高度类同。我国国内气动厂商在气动产品品种生产上,高度类同,都是以气源处理、气缸、电磁阀、气管、接头为主,而且规格和型号的称谓也十分接近。在市场上处于中低端产品,同行业内低价、恶性同质化竞争十分激烈,而高端气动元件制造严重缺失。

（3）产品质量有待提高。我国气动产品质量严重受阻于一些基础件,如气动产品配套用缸筒型材,端盖的压铸件、密封件、弹簧、去毛刺、表面处理工艺等一系列配套件质量没得到解决。

（4）采用的机床精度、效率及自动化程度较低,装配、过程检测、出厂检验的方法与仪器设备比较落后。

（5）现场管理水平较低,加工工艺研究与持续改善能力偏弱,标准制定缺乏实验,企业标准贯彻不够规范。

（6）研发经费投入少,企业平均研发人员不足10人,且知识水平有限,企业发展产品基本上是围绕着当前市场,以复制国外产品为主。

2. 我国气动技术发展的方向

随着人口红利的消失,促进内需、和谐发展等国家政策的出台必将加速我国的产业结构转变、产业技术升级和工业自动化发展。基于自身基础性和配套性的特点,气动技术与产品必须扮演好工业自动化装备产业链上的角色。我国气动技术的未来发展必须与我国的产业发展规划及装备发展规划紧密结合,其发展路线必须跟着重点发展产业与重大装备的发展计划走。

在未来的 20 年里,我国气动技术的总体发展方向为:全面提高我国气动技术水平,达到或接近国际先进水平,基本满足传统行业的发展需要,并逐渐进入微电子、生物医药、新能源、航空航天等战略性新兴行业。

本章小结

本章主要讲述了气压传动的概念和工作原理、气压传动的组成及特点、气压传动的优缺点以及气压传动的应用和未来的发展趋势。

第 11 章　气源装置及辅助元件

【本章内容提要】

本章主要介绍气压传动的气源装置、辅助元件的工作原理和结构特点。

【基本要求、重点和难点】

基本要求：理解和掌握气源装置及辅助元件的工作原理和性能以及在实际气压系统中的应用。

重点：通过本章学习，对空气压缩机、油雾器、空气过滤器等气源装置及辅助元件的工作原理有一个较全面而深刻的了解。

难点：油雾器的结构及工作原理。

气压传动系统中的气源装置是为气动系统提供满足一定质量要求的压缩空气，它是气压传动系统的重要组成部分。由空气压缩机产生的压缩空气，必须经过降温、净化、减压、稳压等一系列处理后，才能供给控制元件和执行元件使用。气动辅助元件是元件连接和提高系统可靠性、使用寿命以及改善工作环境等所必需的。

11.1　气源装置

1. 对压缩空气的要求

由空气压缩机排出的压缩空气虽然可以满足气动系统工作时的压力和流量要求，但其温度高达 140～180℃。这时空气压缩机气缸中的润滑油也部分成为气态，这样油分、水分以及灰尘便形成混合的胶体微尘与杂质混在压缩空气中一同排出。如果将此压缩空气直接输送给气动装置使用，将会产生下列影响：

（1）混在压缩空气中的油蒸气可能聚集在贮气罐、管道、气动系统的容器中形成易燃物，有引起爆炸的危险；另一方面，润滑油被气化后，会形成一种有机酸，对金属设备、气动装置有腐蚀作用，影响设备的寿命。

（2）混在压缩空气中的杂质能沉积在管道和气动元件的通道内，减少了通道面积，增加了管道阻力。特别是对内径只有 0.2～0.5mm 的某些气动元件会造成阻塞，使压力信号不能正确传递，整个气动系统不能稳定工作甚至失灵。

（3）压缩空气中含有的饱和水分，在一定的条件下会凝结成水，并聚集在个别管道中。在寒冷的冬季，凝结的水会使管道及附件结冰而损坏，影响气动装置的正常工作。

（4）压缩空气中的灰尘等杂质，对气动系统中做往复运动或转动的气动元件（如气缸、气马达、气动换向阀等）的运动副会产生研磨作用，使这些元件因漏气而降低效率，影响它们的使用寿命。

因此，气源装置必须设置一些除油、除水、除尘，并使压缩空气干燥，提高压缩空气质量，进行气源净化处理的辅助设备。

2. 气源装置的组成

压缩空气站的设备一般包括产生压缩空气的空气压缩机和使气源净化的辅助设备。图 11-1 是压缩空气站设备组成及布置示意图。

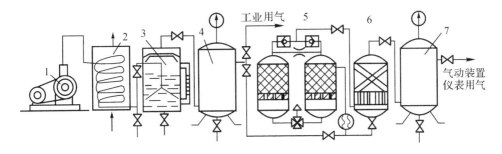

1—空气压缩机；2—冷却器；3—油水分离器；4,7—贮气罐；5—干燥器；6—过滤器；8—加热器；9—四通阀。

图 11-1　压缩空气站设备组成及布置示意图

在图 11-2 中，1 为空气压缩机，用以产生压缩空气，一般由电动机带动。其吸气口装有空气过滤器以减少进入空气压缩机的杂质。2 为后冷却器，用以降温冷却压缩空气，使气化的水、油凝结出来。3 为油水分离器，用以分离并排出降温冷却的水滴、油滴、杂质等。4,7 为贮气罐，用以贮存压缩空气，稳定压缩空气的压力并除去部分油分和水分。5 为干燥器，用以进一步吸收或排除压缩空气中的水分和油分，使之成为干燥空气。6 为过滤器，用以进一步过滤压缩空气中的灰尘、杂质颗粒。贮气罐 4 输出的压缩空气可用于一般要求的气压传动系统，贮气罐 7 输出的压缩空气可用于要求较高的气动系统（如气动仪表及射流元件组成的控制回路等）。

3. 压缩空气发生装置

（1）空气压缩机的分类

空气压缩机是一种压缩空气发生装置，它是将机械能转化成气体压力能的能量转换装置，其种类很多。如按工作原理可分为容积型压缩机和速度型压缩机，容积型压缩机的工作原理是压缩气体的体积，使单位体积内气体分子的密度增大以提高压缩空气的压力。速度型压缩机的工作原理是提高气体分子的运动速度，然后使气体的动能转化为压力能以提高压缩空气的压力。

（2）空气压缩机的工作原理

气压传动系统中最常用的空气压缩机是往复活塞式，其工作原理是通过曲柄连杆机构使活塞做往复运动而实现吸、压气，并达到提高气体压力的目的，如图 11-2 所示。当活塞 3 向右运动时，气缸 2 内活塞左腔的压力低于大气压力，吸气阀 8 被打开，空气在大气压力作用下进入气缸 2 内，这个过程称为"吸气过程"。当活塞向左移动时，吸气阀 8 在缸内压缩气体的作用下而关闭，缸内气体被压缩，这个过程称为压缩过程。当气缸内空气压力增高到略高于输气管内压力后，排气阀 1 被打开，压缩空气进入输气管道，这个过程称为"排气过程"。活塞 3 的往复运动是由电动机带动曲柄转动,通过连杆、滑块、活塞杆转化为直线往复运动而产生的。图中只表示了一个活塞一个缸的空气压缩机,大多数空气压缩机是多缸多活塞的组合。

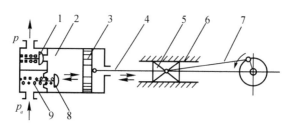

1—排气阀;2—气缸;3—活塞;4—活塞杆;5—滑块;6—滑道;7—曲柄连杆;8—吸气阀;9—弹簧。

图 11-2　活塞式空气压缩机原理图

(3)空气压缩机的选用原则

选用空气压缩机的根据是气压系统所需的工作压力和流量两个参数。按排气压力不同,排气压力是 0.2MPa 的为低压空气压缩机;排气压力是 1.0MPa 的为中压空气压缩机;排气压力是 10MPa 的为高压空气压缩机;排气压力是 100MPa 的为超高压空气压缩机。低压空气压缩机为单级式,中压、高压和超高压空气压缩机为多级式,最多级数可达 8 级。目前国外已制成压力达 343MPa 为聚乙烯用的超高压压缩机。

输出流量的选择,要根据整个气动系统对压缩空气的需要再加一定的备用余量,作为选择空气压缩机的流量依据。空气压缩机铭牌上的流量是自由空气流量。

4.压缩空气净化、储存设备

压缩空气净化装置一般包括后冷却器、油水分离器、贮气罐、干燥器、过滤器等。

(1)后冷却器

后冷却器安装在空气压缩机出口处的管道上。它的作用是将空气压缩机排出的压缩空气温度由 140~170℃降至 40~50℃。这样就可使压缩空气中的油雾和水汽迅速达到饱和,使其大部分析出并凝结成油滴和水滴,以便经油水分离器排出。后冷却器的结构形式有蛇形管式、列管式、散热片式、管套式。冷却方式有水冷和气冷两种方式。蛇形管式和列管式后冷却器的结构见图 11-3。

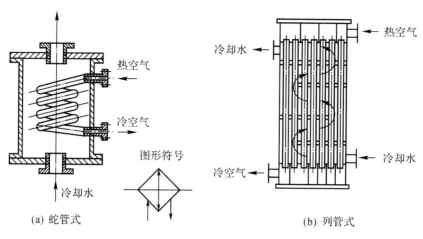

(a) 蛇管式　　　　　　　　　　　(b) 列管式

图 11-3　后冷却器

（2）油水分离器

油水分离器安装在后冷却器出口管道上，它的作用是分离并排出压缩空气中凝聚的油分、水分和灰尘杂质等，使压缩空气得到初步净化。图 11-4 是油水分离器的示意图。压缩空气由入口进入分离器壳体后，气流先受到隔板阻挡而被撞击折回向下（见图中箭头所示流向）；之后又上升产生环形回转，这样凝聚在压缩空气中的油滴、水滴等杂质受惯性力作用而分离析出，沉降于壳体底部，由放水阀定期排出。

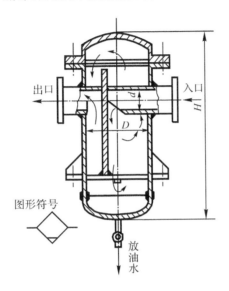

图 11-4　油水分离器

（3）贮气罐

贮气罐的主要作用是储存一定数量的压缩空气，以备发生故障或临时需要应急使用；消除由于空气压缩机断续排气而对系统引起的压力脉动，保证输出气流的连续性和平稳性；进一步分离压缩空气中的油、水等杂质。贮气罐一般采用焊接结构。

（4）干燥器

经过后冷却器、油水分离器和贮气罐后得到初步净化的压缩空气，已满足一般气压传动的需要。但压缩空气中仍含一定量的油、水以及少量的粉尘。如果用于精密的气动装置、气动仪表等，上述压缩空气还必须进行干燥处理。压缩空气干燥方法主要采用吸附法、离心、机械降水及冷却等方法。

吸附法是利用具有吸附性能的吸附剂（如硅胶、铝胶或分子筛等）来吸附压缩空气中含有的水分，而使其干燥；冷却法是利用制冷设备使空气冷却到一定的露点温度，析出空气中超过饱和水蒸气部分的多余水分，从而达到所需的干燥度。吸附法是干燥处理方法中应用最为普遍的一种方法。吸附式干燥器的结构如图 11-5 所示。它的外壳呈筒形，其中分层设置栅板、吸附剂、滤网等。湿空气从进气口进入干燥器，通过吸附剂 2、过滤网 3、上栅板 4 和下部吸附层 7 后，因其中的水分被吸附剂吸收而变得很干燥。然后，再经过钢丝网 8、下栅板 9 和过滤网 11，干燥、洁净的压缩空气便从输出管 15 排出。

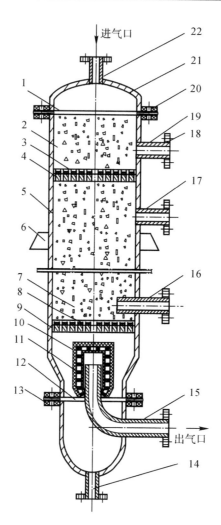

1,12—密封座;2,7—吸附剂层;3,8,11—钢丝过滤网;4—上栅板;5—筒体;6—支撑板;9—下栅板;10—毛毡;
13,18,20—法兰;14—排水管;15—干燥空气输出管;16—再生空气进气管;17,19—再生空气排气管;21—顶盖;
22—湿空气进气管。

图 11-5　吸附式干燥器结构图

(5)过滤器

空气的过滤是气压传动系统中的重要环节。不同的场合,对压缩空气的要求也不同。过滤器的作用是进一步滤除压缩空气中的杂质。常用的过滤器有一次性过滤器(也称简易过滤器,滤灰效率为 50%~70%)和二次过滤器(滤灰效率为 70%~99%)。在要求高的特殊场合,还可使用高效率的过滤器(滤灰效率大于 99%)。

11.2　辅助元件

分水滤气器、减压阀和油雾器一起称为气动三大件,三大件依次无管化连接而成的组件称为三联件,是多数气动设备中必不可少的气源装置。大多数情况下,三大件组合使用,其安装次序依进气方向为分水滤气器、减压阀、油雾器。三大件应安装在进气设备的近处。

压缩空气经过三大件的最后处理,将进入各气动元件及气动系统。因此,三大件是气动系统使用压缩空气质量的最后保证。其组成及规格,须由气动系统具体的用气要求确定,可以少于三大件,只用一件或两件,也可多于三件。

1. 分水滤气器

分水滤气器能除去压缩空气中的冷凝水、固态杂质和油滴,用于空气精过滤。分水滤气器的结构如图 11-6 所示。其工作原理如下:当压缩空气从输入口流入后,由导流叶片 1 引入滤杯中,导流叶片使空气沿切线方向旋转形成旋转气流,夹杂在气体中的较大水滴、油滴和杂质被甩到滤杯的内壁上,并沿杯壁流到底部。然后气体通过中间的滤芯 2,部分灰尘、雾状水被 2 拦截而滤去,洁净的空气便从输出口输出。挡水板 4 用于防止气体漩涡将杯中积存的污水卷起而破坏过滤作用。为保证分水滤气器正常工作,必须及时将存水杯中的污水通过排水阀 5 放掉。在某些人工排水不方便的场合,可采用自动排水式分水滤气器。

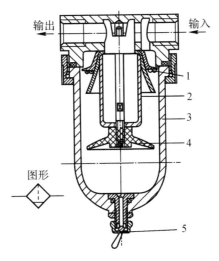

1—导流叶片;2—滤芯;3—储水杯;4—挡水板;5—手动排水阀。

图 11-6　分水滤气器结构图

2. 油雾器

油雾器是一种特殊的注油装置。它以空气为动力,使润滑油雾化后,注入空气流中,并随空气进入需要润滑的部件,达到润滑的目的。

图 11-7 所示是普通油雾器(也称一次油雾器)的结构简图。当压缩空气由输入口进入后,通过喷嘴 1 下端的小孔进入阀座 4 的腔室内,在截止阀的钢球 2 上下表面形成压差,由于泄漏和弹簧 3 的作用,而使钢球处于中间位置,压缩空气进入存油杯 5 的上腔使油面受压,压力油经吸油管 6 将单向阀 7 的钢球顶起,钢球上部管道有一个方形小孔,钢球不能将上部管道封死,压力油不断流入视油器 9 内,再滴入喷嘴 1 中,被主管气流从上面小孔引射出来,雾化后从输出口输出。节流阀 8 可以调节流量,使滴油量在每分钟 0～120 滴内变化。

二次油雾器能使油滴在雾化器内进行两次雾化,使油雾粒度更小、更均匀,输送距离更远。二次雾化粒径可达 $5\mu m$。

油雾器的选择主要根据气压传动系统所需额定流量及油雾粒径大小来进行。所需油

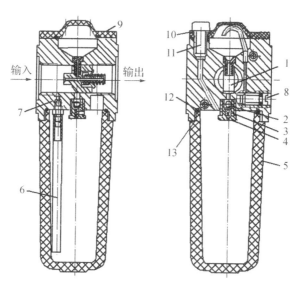

1—喷嘴；2—钢球；3—弹簧；4—阀座；5—存油杯；6—吸油管；7—单向阀；8—节流阀；
9—视油器；10、12—密封垫；11—油塞；13—螺母、螺钉。

图 11-7　普通油雾器结构简图

雾粒径在 $50\mu m$ 左右选用一次油雾器。若需油雾粒径很小可选用二次油雾器。油雾器一般应配置在滤气器和减压阀之后，用气设备之前较近处。

3. 消声器

在气压传动系统之中，气缸、气阀等元件工作时，排气速度较高，气体体积急剧膨胀，会产生刺耳的噪声。噪声的强弱随排气的速度、排量和空气通道的形状而变化。排气的速度和功率越大，噪声也越大，一般可达 $100\sim120dB$，为了降低噪声可以在排气口装消声器。

消声器就是通过阻尼或增加排气面积来降低排气速度和功率，从而降低噪声的。根据消声原理不同，消声器可分为三种类型：阻性消声器、抗性消声器和阻抗复合式消声器。常用的是阻性消声器。

图 11-8 所示是阻性消声器的结构简图。这种消声器主要依靠吸音材料消声。消声罩 2 为多孔的吸音材料，一般用聚苯乙烯或铜珠烧结而成。当消声器的通径小于 20mm 时，多用聚苯乙烯作消音材料制成消声罩；当消声器的通径大于 20mm 时，消声罩多用铜珠烧结，以增加强度。其消声原理是：当有压气体通过消声罩时，气流受到阻力，声能量被部分吸收而转化为热能，从而降低了噪声强度。

阻性消声器结构简单，具有良好的消除中、高频噪声的性能。在气动系统中，排气噪声主要是中、高频噪声，尤其是高频噪声，所以采用这种消声器是合适的。

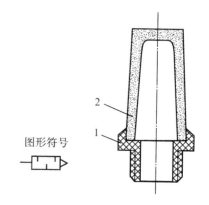

图形符号

1—连接螺丝；2—消声罩。

图 11-8　阻性消声器结构简图

4.真空元件

气动系统中的大多数气动元件,包括气源发生装置、执行元件、控制元件以及各种辅助元件,都是在高于大气压力的气压作用下工作的,用这些元件组成的气动系统称为正压系统;另有一类元件可在低于大气压力下工作,这类元件组成的系统称为负压系统(或称真空系统)。

(1)真空系统的组成

真空系统一般由真空发生器(真空压力源)、吸盘(执行元件)、真空阀(控制元件,有手动阀、机控阀、气控阀及电磁阀)及辅助元件(管件接头、过滤器和消音器等)组成。有些元件在正压系统和负压系统中是通用的,如管件接头、过滤器和消声器及部分控制元件。

图 11-9 所示为典型的真空回路。实际上,用真空发生器构成的真空回路,往往是正压系统的一部分,同时组成一个完整的气动系统。如在气动机械装置中,图 11-9 所示的吸盘真空回路仅是其气动控制系统的一部分,吸盘是机械手的抓取机构,随着机械手臂而运动。

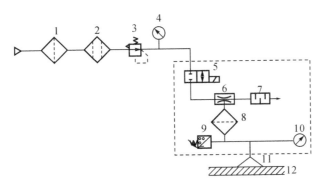

1—过滤器;2—精过滤器;3—减压阀;4—压力表;5—电磁阀;6—真空发生器;7—消声器;8—真空过滤器;9—真空压力开关;10—真空压力表;11—吸盘;12—工件。

图 11-9　典型的真空回路

以真空发生器为核心构成的真空系统适合于任何具有光滑表面的工件,特别是对于非金属制品且不适合加紧的工件,如易碎的玻璃制品,柔软而薄的纸张、塑料及各种电子精密零件。真空系统已广泛用于轻工、食品、印刷、医疗、塑料制品以及自动搬运和机械手等各种机械,如玻璃的搬运、装箱,机械手抓取工件,印刷机械中的纸张检测、运输,真空包装机械中包装纸的吸附、送标、贴标、包装袋的开启,精密零件的输送,塑料制品的成型,电子产品的加工、运输、装配等各种工序作业。

(2)真空发生器

用真空发生器产生负压的特点有:结构简单,体积小,使用寿命长;产生的真空度可达88kPa,抽吸流量不大,但可控、可调,稳定可靠;瞬时开关特性好,无残余负压;同一输出口可使用负压或交替使用正负压。

图 11-10 所示为真空发生器的工作原理图,它由喷嘴、接收室、混合室和扩散室组成。压缩空气通过收缩的喷嘴射出的一束流体的流动称为射流。射流能卷吸周围的静止流体和它一起向前流动,这称为射流的卷吸作用。而自由射流在接收室内的流动,将限制了射流与外界的接触,但从喷嘴流出的主射流还是要卷吸一部分周围的流体向前运动,于是在射流的周围形成一个低压区,接收室内的流体便被吸进来,与主射流混合后,经接收室另一

端流出。这种利用一束高速流体将另一束流体(静止或低速流)吸进来,相互混合后一起流出的现象称为引射现象。若在喷嘴两端的压差达到一定值时,气流达声速或亚声速流动,于是在喷嘴出口处,即接收室内可获得一定负压。

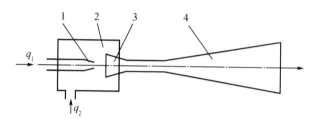

1—喷嘴;2—接收室;3—混合室;4—扩散室。

图 11-10 真空发生器的工作原理图

11.3 管路系统设计

1. 供气系统管道

(1)压缩空气站内气源管道:包括压缩机的排气口至后冷却器、油水分离器、储气罐、干燥器等设备的压缩空气管道。

(2)厂区压缩空气管道:包括从压缩空气站至各用气车间的压缩空气输送管道。

(3)用气车间压缩空气管道:包括从车间入口到气动设备和气动装置的压缩空气输送管道。

2. 供气管道设计的原则

(1)从供气的压力和流量考虑

若工厂中的气动设备对压缩空气源压力有多种要求,则气源系统管道必须满足最高压力要求来设计。若仅采用同一个管道系统供气,对于供气压力要求较低者,可通过减压阀来实现。从供气的最大流量和允许压缩空气在管道内流动的最大压力损失决定气源供气系统管道的管径大小。为避免在管道内流动时有较大的压力损失,压缩空气在管道中的流速一般应小于 25m/s。当管道内气体的体积流量为 q,管道中允许流速为 v 时,管道的内径为

$$d=\sqrt{\frac{4q}{3600\pi v}}$$

(11-1)

式中:q——流量(m³/h);

v——流速(m/s)。

由式(11-1)计算求得的管道内径 d,结合流量(或流速),再验算空气通过某段管道的压力损失是否在允许范围内。一般对较大的空气压缩站,在厂区范围内,从管道的起点到终点,压缩空气的压力降不能超过气源初始压力的 8%;在车间范围内不能超过供气压力的 5%。若超过了,可增大管道直径。

(2)从供气的质量要求考虑

当气动装置对供气质量(含水、油及干燥程度等)有不同要求时,如果用一个气源管道供气,则必须考虑其中对气源供气质量要求较高的气动装置,采取就地设置小型干燥过滤

装置或空气过滤器来解决。也可通过技术、经济全面比较,设置两套气源管道供气系统。

(3)从供气的可靠性、经济性考虑

1)单树枝状管网供气系统

如图 11-11 所示的是单树枝状管网供气系统。这种供气系统简单,经济性好,适合于间断供气的工厂采用。但该系统中的阀门等附件容易损坏,尤其开关频繁的阀门更易损坏。解决方法是将开关频繁的阀门两个串联起来,其中一个用于经常动作,一个一般情况下总开启,当经常动作的阀门需要更换检修时,这个阀门才关闭,使之与系统切断,不致影响整个系统的工作。

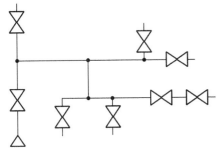

图 11-11 单树枝状管网供气系统

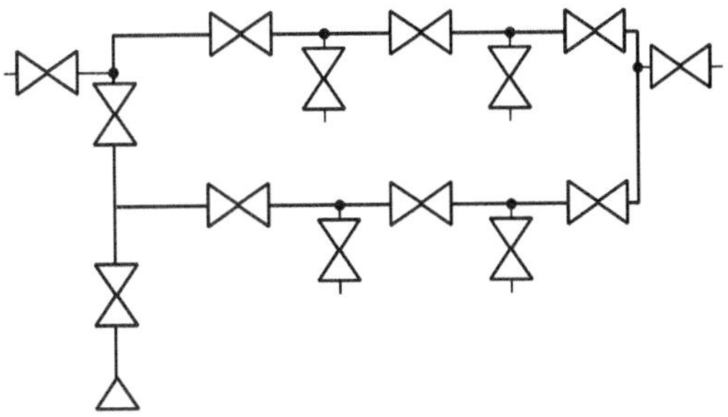

图 11-12 环状管网供气系统

2)环状管网供气系统

如图 11-12 所示的是环状管网供气系统。这种系统供气可靠性比单树枝状管网要高,而且压力较稳定,末端压力损失较小。当支管上有一个阀门损坏需要检修时,可将环形管道上两侧的阀门关闭,以保证更换、维修支管上的阀门时,整个系统能正常工作。但此系统成本较高。

3)双树枝状管网供气系统

如图 11-13 所示的是双树枝状管网供气系统。这种供气系统能保证对所有的用户不间断供气,正常状态两套管网同时工作。当其中任何一个管道附件损坏时,可关闭其所在的那套系统进行检修,而另一套系统照常工作。这种双树枝状管网供气系统实际上是有一套备用系统,相当于两套单树枝状管网供气系统,适用于有不允许停止供气等特殊要求的用户。

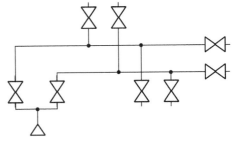

图 11-13 双树枝状管网供气系统

实训 9 气源装置及辅助元件认识及拆装

1. 实训目的

(1)熟悉常用气源装置与辅助元件的结构组成,学会正确的拆装方法。

(2)理解常用气源装置与辅助元件的结构特点,进一步理解其工作原理、性能特点和应用。

2. 实训要求和方法

(1)首先按照先外后内的顺序拆卸,并按零件标号进行顺序摆放,最后按先内后外的顺序正确安装。

(2)注意零件之间的连接关系及结构特点。

(3)每次实训后,由指导老师给出思考题作为本次实训的报告内容。

3. 实训内容

(1)拆装油雾器。

(2)拆装过滤器。

本章小结

气压传动系统中的气源装置用于为气动系统提供满足一定质量要求的压缩空气,它是气压传动系统的重要组成部分。本章主要讲述了空气压缩机、后冷却器、油水分离器、贮气罐、干燥器、过滤器、消声器、液压管理设计系统等。

思考与练习

11-1　油水分离器的作用是什么？为什么它能将油和水分开？

11-2　试简述不加热再生式干燥器的工作原理。

11-3　过滤器有哪些类型？作用分别是什么？

11-4　油雾器的作用是什么？试简述其工作原理。

本章资源

第 12 章 气动执行元件

【本章内容提要】

本章主要介绍气压传动的气缸和气动马达的工作原理和结构特点。

【基本要求、重点和难点】

基本要求：理解和掌握气缸和气动马达的工作原理和性能以及在实际气压系统中的应用。

重点：通过本章学习，对气缸和气动马达的组成和功用有一个较全面而深刻的了解。

难点：冲击气缸的工作原理。

气动执行元件是将压缩空气的压力能转换为机械能的装置。它包括气缸和气动马达。气缸用于直线往复运动或摆动，气动马达用于实现连续回转运动。

12.1 气 缸

气缸按结构形式分为两大类：活塞式和膜片式。其中活塞式又分为单活塞式和双活塞式，而单活塞式又有活塞杆和无活塞杆两种。除几种特殊气缸外，普通气缸其种类及结构形式与液压缸基本相同。目前常用的标准气缸，其结构和参数都已系列化、标准化、通用化，如 QGA 系列为无缓冲普通气缸，QGB 系列为有缓冲普通气缸。其他几种较为典型的特殊气缸有气液阻尼缸、薄膜式气缸和冲击式气缸等。

1. 气缸的基本构造（以单杆双作用气缸为例）

气缸构造多种多样，但使用最多的是单杆双作用气缸。下面就以单杆双作用气缸为例，说明气缸的基本构造。

图 12-1 所示为单杆双作用气缸的结构图。它由缸筒、端盖、活塞、活塞杆和密封件等组成。缸筒内径的大小代表了气缸输出力的大小，活塞要在缸筒内做平稳的往复滑动，缸筒内表面的粗糙度 R_a 应达 $0.8\mu m$。对于钢管缸筒，内表面还应镀硬铬，以减小摩擦阻力和磨损，并能防止锈蚀。缸筒材质除使用高碳钢管外，还使用高强度铝合金和黄铜。小型气缸有时使用不锈钢。带磁性环或在腐蚀环境中使用的气缸，缸筒应使用不锈钢、铝合金或黄铜等材质。

端盖上设有进排气通口，有的还在端盖内设有缓冲机构。前端盖设有防尘组合密封圈，以防止从活塞杆处向外漏气和防止外部灰尘混入缸内。前端盖设有导向套，以提高气缸的导向精度，承受活塞杆上的少量径向载荷，减少活塞杆伸出时的下弯量，延长气缸的使

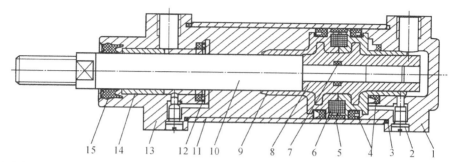

1—后端盖；2—缓冲节流；3、7—密封圈；4—活塞密封圈；5—导向环；6—磁性环；8—活塞；9—缓冲柱塞；10—活塞杆；11—缸筒；12—缓冲密封圈；13—前端盖；14—导向套；15—防尘组合密封圈。

图 12-1　单杆双作用气缸

用寿命。导向套通常使用烧结含油合金、铅青铜铸件。端盖常采用可锻铸铁，现在为了减轻质量并防锈，常使用铝合金压铸，有的微型气缸使用黄铜材料。

活塞是气缸中的受压力零件，为防止活塞左右两腔相互窜气，设有活塞密封圈。活塞上的耐磨环可提高气缸的导向性。耐磨环常使用聚氨酯、聚四氟乙烯、夹布合成树脂等材料。活塞的材质常采用铝合金和铸铁，有的小型缸的活塞用黄铜制成。

活塞杆是气缸中最重要的受力零件，通常使用高碳钢，其表面经镀硬铬处理，或使用不锈钢以防腐蚀，并能提高密封圈的耐磨性。

2. 气缸的工作特性

（1）气缸的速度

气缸活塞的运动速度在运动过程中是变化的，通常说的气缸速度是指气缸活塞的平均速度，如普通气缸的速度范围为 50～500mm/s，指的就是气缸活塞在全行程范围内的平均速度。目前普通气缸的最低速度为 5mm/s，高速可达 17m/s。

（2）气缸的理论输出力

气缸的理论输出力的计算公式和液压缸相同。

（3）气缸的效率和负载率

气缸未加载时实际所能输出的力，受气缸活塞和缸筒之间的摩擦、活塞杆与前缸盖之间的摩擦力的影响。摩擦力影响程度用气缸效率 η 表示，η 与气缸缸径 D 和工作压力 p 有关，缸径增大，工作压力提高，气缸效率 η 增加。一般气缸效率在 0.7～0.95 范围。

与液压缸不同，要精确确定气缸的实际输出力是困难的。于是在研究气缸性能和确定气缸缸径时，常用到负载率 β 的概念。气缸负载率 β＝（气缸的实际负载 F/气缸的理论输出力 F_0）×100%。

气缸的实际负载（轴向负载）由工况决定。若确定了气缸负载率 β，则由定义就可确定气缸的理论输出力 F_0，从而可以计算气缸的缸径。气缸负载率 β 的选取与气缸的负载性质及气缸的运动速度有关，详见表 12-1。

表 12-1　气缸的运动状态与负载率

静负载	惯性负载的运动速度 v		
	<100mm/s	100～500mm/s	>500mm/s
β＝0	≤0.65	≤0.5	0.3

由此可以计算气缸的缸径,再按标准进行圆整。估算时可取活塞杆直径 $d=0.3D$。

(4)气缸的耗气量

气缸的耗气量是指气缸在往复运动时所消耗的压缩空气量,耗气量的大小与气缸的性能无关,但它是选择空压机的重要依据。

最大耗气量 q_{max} 是指气缸活塞完成一次行程所需的自由空气耗气量,有

$$q_{max}=\frac{As(p+p_0)}{t\eta_v p_a} \tag{12-1}$$

式中:A——气缸的有效作用面积;

　　　s——气缸行程;

　　　t——气缸活塞完成一次行程所需时间;

　　　p——工作压力;

　　　p_a——大气压;

　　　η_v——气缸容积效率,一般取 $\eta_v=0.9\sim0.95$。

3. 其他常用气缸简介

(1)气液阻尼缸

普通气缸工作时,由于气体的压缩性,当外部载荷变化较大时,会产生"爬行"或"自走"现象,使气缸的工作不稳定。为了使气缸运动平稳,普遍采用气液阻尼缸。

气液阻尼缸是由气缸和油缸组合而成,它的工作原理见图 12-2。它以压缩空气为能源,并利用油液的不可压缩性和控制油液排量来获得活塞的平稳运动和调节活塞的运动速度。它将油缸和气缸串联成一个整体,两个活塞固定在一根活塞杆上。当气缸右端供气时,气缸克服外负载并带动油缸同时向左运动,此时油缸左腔排油、单向阀关闭。油液只能经节流阀缓慢流入油缸右腔,对整个活塞的运动起阻尼作用。调节节流阀的阀口大小就能达到调节活塞运动速度的目的。当压缩空气经换向阀从气缸左腔进入时,油缸右腔排油,此时因单向阀开启,活塞能快速返回原来位置。

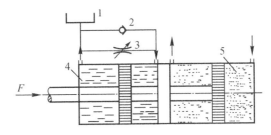

1—油杯;2—单向阀;3—节流阀;4—油液;5—气体。
图 12-2　气液阻尼缸的工作原理图

这种气液阻尼缸的结构一般是将双活塞杆缸作为油缸。因为这样可使油缸两腔的排油量相等,此时油箱内的油液只用来补充因油缸泄漏而减少的油量,一般用油杯就行了。

(2)薄膜式气缸

薄膜式气缸是一种利用压缩空气通过膜片推动活塞杆做往复直线运动的气缸。它由缸体、膜片、膜盘和活塞杆等主要零件组成。其功能类似于活塞式气缸,它分单作用式和双作用式两种,如图 12-3 所示。

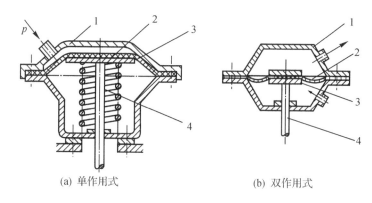

(a) 单作用式　　　　　　　(b) 双作用式

1—缸体；2—膜片；3—膜盘；4—活塞杆。

图 12-3　薄膜式气缸结构简图

薄膜式气缸的膜片可以做成盘形膜片和平膜片两种形式。膜片材料为夹织物橡胶、钢片或磷青铜片。常用的是夹织物橡胶，橡胶的厚度为 5～6mm，有时也可用 1～3mm。金属式膜片只用于行程较短的薄膜式气缸中。

薄膜式气缸和活塞式气缸相比较，具有结构简单、紧凑、制造容易、成本低、维修方便、寿命长、泄漏小、效率高等优点。但是膜片的变形量有限，故其行程短（一般不超过 40～50mm），且气缸活塞杆上的输出力随着行程的加长而减小。

（3）冲击气缸

冲击气缸是一种体积小、结构简单、易于制造、耗气功率小但能产生相当大的冲击力的一种特殊气缸。与普通气缸相比，冲击气缸的结构特点是增加了一个具有一定容积的蓄能腔和喷嘴。它的工作原理如图 12-4 所示。

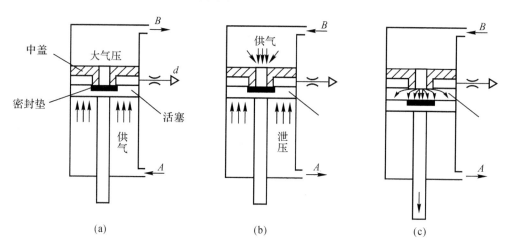

图 12-4　冲击气缸工作原理图

冲击气缸的整个工作过程可简单地分为三个阶段：

第一个阶段如图 12-4(a)所示。压缩空气由孔 A 输入冲击缸的下腔，蓄气缸经孔 B 排气，活塞上升并用密封垫封住喷嘴，中盖和活塞间的环形空间经排气孔与大气相通。

第二阶段如图 12-4(b)所示。压缩空气改由孔 B 进气，输入蓄气缸中，冲击缸下腔经孔

A 排气。由于活塞上端气压作用在面积较小的喷嘴上,而活塞下端受力面积较大,一般设计成喷嘴面积的 9 倍,缸下腔的压力虽因排气而下降,但此时活塞下端向上的作用力仍然大于活塞上端向下的作用力。

第三阶段如图 12-4(c)所示。蓄气缸的压力继续增大,冲击缸下腔的压力继续降低,当蓄气缸内压力高于活塞下腔压力 9 倍时,活塞开始向下移动,活塞一旦离开喷嘴,蓄气缸内的高压气体迅速充入活塞与中间盖间的空间,使活塞上端受力面积突然增加 9 倍,于是活塞将以极大的加速度向下运动,气体的压力能转换成活塞的动能。在冲程达到一定时,获得最大冲击速度和能量,利用这个能量对工件进行冲击做功,产生很大的冲击力。

12.2　气动马达

气动马达也是气动执行元件的一种。它的作用相当于电动机或液压马达,即输出力矩,拖动机构做旋转运动。最常见的气动马达是活塞式气动马达和叶片式气动马达。叶片式气动马达制造简单,结构紧凑,但低速运动转矩小,低速性能不好,适用于中、低功率的机械,目前在矿山及风动工具中应用普遍。活塞式气动马达在低速情况下有较大的输出功率,它的低速性能好,适宜于载荷较大和要求低速转矩的机械,如起重机、绞车、绞盘、拉管机等。

由于气动马达具有一些比较突出的优点,在某些场合,它比电动机和液压马达更适用。这些特点是:

(1)具有防暴性能,工作安全。由于气动马达的工作介质(空气)本身的特性和结构设计上的考虑,能够在工作中不产生火花,故可以在易燃易爆场所工作,同时不受高温和振动的影响,并能用于空气极潮湿的环境,而无漏电危险。

(2)马达的软特性使之能长时间满载工作而温升较小,且有过载保护的性能。

(3)可以无级调速。控制进气流量,就能调节马达的转速和功率。额定转速为每分钟几十转到几十万转。

(4)具有较高的启动力矩。可以直接带负载运动。

(5)与电动机相比,单位功率尺寸小,重量轻,适于安装在位置狭小的场合及手工工具上。

但气动马达也具有输出功率小、耗气量大、效率低、噪声大和易产生振动等缺点。

1. 工作原理

图 12-5 所示是叶片式气马达的工作原理图。它的主要结构和工作原理与液压叶片马达相似,主要包括一个径向装有 3～10 个叶片的转子,偏心安装在定子内,转子两侧有前后盖板(图中未画出)。当压缩空气从 A 口进入后分两路:一路进入叶片底部槽中,会使叶片从径向沟槽伸出;另一路进入定子腔,转子周围径向分布的叶片由于偏心,伸出的长度不同而受力不一样,产生旋转力矩,叶片带动转子做逆时针旋转。定子内有半圆形的切沟,提供压缩空气及排出废气。废气从排气口 C 排出,而定子腔内残留气体则从 B 口排出。如需改变气动马达旋转方向,只需改变进、排气口即可。

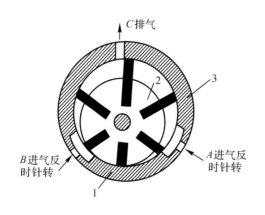

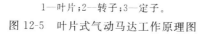

1—叶片;2—转子;3—定子。

图 12-5　叶片式气动马达工作原理图

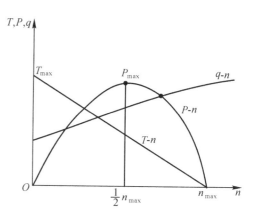

图 12-6　气动马达特性曲线

2.特性曲线

图 12-6 所示是在一定工作压力下作出的叶片式气动马达的特性曲线。由图可知,气动马达具有软特性的特点。当外加转矩 T 等于零时,即为空转,此时速度达到最大值 n_{max},气动输出的功率等于零;当外加转矩等于气动马达的最大转矩 T_{max} 时,马达停止转动,此时输出功率等于零;当外加转矩等于最大转矩的一半时,马达的转速也为最大转速的 1/2,此时马达的输出功率 P 最大,以 P_{max} 表示。

实训 10　气缸和气动马达拆装

1.实训目的

(1)熟悉常用气缸和气动马达的结构组成,学会正确的拆装方法。

(2)理解常用气缸和气动马达的结构特点,进一步理解其工作原理、性能特点和应用。

2.实训要求和方法

(1)首先按照先外后内的顺序拆卸,并按零件标号进行顺序摆放,最后按先内后外的顺序正确安装。

(2)注意零件之间的连接关系及结构特点。

(3)每次实训后,由指导老师给出思考题作为本次实训的报告内容。

3.实训内容

(1)拆装气缸。

(2)拆装气动马达。

本章小结

气缸和气动马达是气动系统的执行元件。本章主要讲述了气液阻尼缸、薄膜式气缸和冲击式气缸、叶片式气动马达、活塞式气动马达和齿轮式气动马达等。

思考与练习

12-1　简述常见气缸的类型、功能和用途。

12-2　试述气—液阻尼缸的工作原理和特点。

12-3　简述冲击气缸是如何工作的。

12-4　选择气缸应注意哪些要素?

本章资源

第 13 章 气动控制元件

【本章内容提要】

本章主要介绍各种气动控制元件的结构特点、工作原理。与液压传动不同的是,控制元件不仅包括普通的气动控制阀,还包括用于完成一定逻辑功能的气动逻辑元件等。

【基本要求、重点和难点】

基本要求:理解和掌握气动压力、流量、方向阀等控制元件工作原理。

重点:通过本章学习,对压力、流量、方向阀等气动控制元件的组成和基本特点有较全面而深刻的了解。

难点:气动逻辑控制元件的原理与应用。

在气压传动系统中,气动控制元件是控制和调节压缩空气的压力、流量和方向的各种控制阀,其作用是保证气动执行元件(如气缸、气动马达等)按设计的程序正常地进行工作。

13.1 压力控制阀

1. 压力控制阀的作用及分类

气动系统不同于液压系统,一般每一个液压系统都自带液压源(液压泵);而在气动系统中,一般来说由空气压缩机先将空气压缩,储存在贮气罐内,然后经管路输送给各个气动装置使用。而贮气罐的空气压力往往比各台设备实际所需要的压力高些,同时其压力波动值也较大。因此需要用减压阀(调压阀)将其压力减到每台装置所需的压力,并使减压后的压力稳定在所需压力值上。

有些气动回路需要依靠回路中压力的变化来实现控制两个执行元件的顺序动作,所用的这种阀就是顺序阀。顺序阀与单向阀的组合称为单向顺序阀。

所有的气动回路或贮气罐为了安全起见,当压力超过允许压力值时,需要实现自动向外排气,这种压力控制阀叫安全阀(溢流阀)。

2. 减压阀(调压阀)

图 13-1 所示是 QTY 型直动式减压阀结构图。其工作原理是:当阀处于工作状态时,调节手柄 1、压缩弹簧 2 和 3 及膜片 5,通过阀杆 6 使阀芯 8 下移,进气阀口被打开,有压气流从左端输入,经阀口节流减压后从右端输出。输出气流的一部分由阻尼管 7 进入膜片气室,在膜片 5 的下方产生一个向上的推力,这个推力总是企图把阀口开度关小,使其

输出压力下降。当作用于膜片上的推力与弹簧力相平衡后,减压阀的输出压力便保持一定。

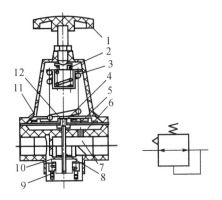

1—手柄;2,3—调压弹簧;4—溢流阀座;5—膜片;6—膜片气室;7—阻尼管;8—阀芯;9—复位弹簧;10—进气阀口;
11—排气孔;12—溢流孔。

图 13-1　QTY 型减压阀结构图及其职能符号

当输入压力发生波动时,如输入压力瞬时升高,输出压力也随之升高,作用于膜片 5 上的气体推力也随之增大,破坏了原来的力平衡,使膜片 5 向上移动,有少量气体经溢流口 12、排气孔 11 排出。在膜片上移的同时,因复位弹簧 9 的作用,使输出压力下降,直到新的平衡为止。重新平衡后的输出压力又基本上恢复至原值。反之,输出压力瞬时下降,膜片下移,进气口开度增大,节流作用减小,输出压力又基本上回升至原值。

调节手柄 1 使弹簧 2、3 恢复自由状态,输出压力降至零,阀芯 8 在复位弹簧 9 的作用下,关闭进气阀口,这样,减压阀便处于截止状态,无气流输出。

QTY 型直动式减压阀的调压范围为 0.05~0.63MPa。为限制气体流过减压阀所造成的压力损失,规定气体通过阀内通道的流速在 15~25m/s 范围内。

安装减压阀时,要按气流的方向和减压阀上所示的箭头方向,依照分水滤气器—减压阀—油雾器的安装次序进行安装。调压时应由低向高调,直至规定的调压值为止。阀不用时应把手柄放松,以免膜片经常受压变形。

3. 顺序阀

顺序阀是依靠气路中压力的作用而控制执行元件按顺序动作的压力控制阀,如图 13-2 所示,它根据弹簧的预压缩量来控制其开启压力。当输入压力达到或超过开启压力时,顶开弹簧,于是 P 到 A 才有输出;反之 A 无输出。

顺序阀一般很少单独使用,往往与单向阀配合在一起,构成单向顺序阀。图 13-3 所示为单向顺序阀的工作原理图。当压缩空气由左端进入阀腔后,作用于活塞 3 上的气压力超过压缩弹簧 2 上的力时,将活塞顶起,压缩空气从 P 经 A 输出,如图 13-3(a)所示。此时单向阀 4 在压差力及弹簧力的作用下处于关闭状态。反向流动时,输入侧变成排气口,输出侧压力将顶开单向阀 4 由 O 口排气,如图 13-3(b)所示。

调节旋钮就可改变单向顺序阀的开启压力,以便在不同的开启压力下,控制执行元件的顺序动作。

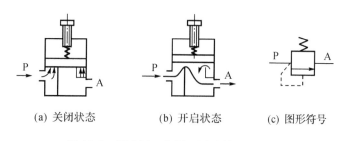

(a) 关闭状态　　　(b) 开启状态　　　(c) 图形符号

图 13-2　顺序阀工作原理图及其职能符号

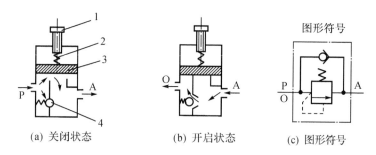

(a) 关闭状态　　　(b) 开启状态　　　(c) 图形符号

1—调节手柄;2—弹簧;3—活塞;4—单向阀。

图 13-3　单向顺序阀工作原理图

4. 安全阀

当贮气罐或回路中压力超过某调定值,要用安全阀向外放气,安全阀在系统中起过载保护作用。

图 13-4 所示是安全阀工作原理图。当系统中气体压力在调定范围内时,作用在活塞 3 上的压力小于弹簧 2 的力,活塞处于关闭状态,如图 13-4(a)所示。当系统压力升高,作用在活塞 3 上的压力大于弹簧的预定压力时,活塞 3 向上移动,阀门开启排气,如图 13-4(b)所示。直到系统压力降到调定范围以下,活塞又重新关闭。开启压力的大小与弹簧的预压量有关。

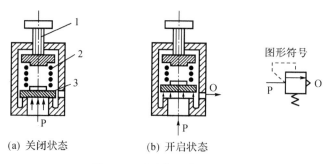

(a) 关闭状态　　　(b) 开启状态

图 13-4　安全阀工作原理图

13.2　流量控制阀

在气压传动系统中,有时需要控制气缸的运动速度,有时需要控制换向阀的切换时间和气动信号的传递速度,这些都需要调节压缩空气的流量来实现。流量控制阀就是通过改变阀的通流截面积来实现流量控制的元件。流量控制阀包括节流阀、单向节流阀、排气节流阀和快速排气阀等。

1. 节流阀

图 13-5 所示为圆柱斜切型节流阀的结构图。压缩空气由 P 口进入,经过节流后,由 A 口流出。旋转阀芯螺杆,就可改变节流口的开度,这样就调节了压缩空气的流量。由于这种节流阀的结构简单、体积小,故应用范围较广。

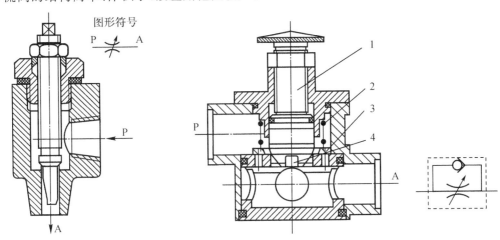

图 13-5　节流阀工作原理图

1—调节杆;2—弹簧;3—单向阀;4—节流口。

图 13-6　单向节流阀的结构原理图

2. 单向节流阀

单向节流阀是由单向阀和节流阀并联而成的组合式流量控制阀,如图 13-6 所示。当气流沿着一个方向,例如 P 向 A 流动时,经过节流阀节流;反方向流动,即由 A 向 P 时单向阀打开,不节流。单向节流阀常用于气缸的调速和延时回路。

3. 排气节流阀

排气节流阀是装在执行元件的排气口处,调节进入大气中气体流量的一种控制阀。它不仅能调节执行元件的运动速度,还常带有消声器件,所以也能起降低排气噪声的作用。

图 13-7 所示为排气节流阀工作原理图。其工作原理和节流阀类似,靠调节节流口 1 处的通流面积来调节排气流量,由消声套 2 来减小排气噪声。

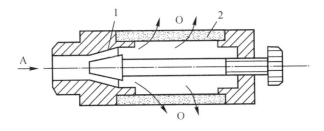

1—节流口;2—消声套。

图 13-7　排气节流阀工作原理图

4.快速排气阀

图 13-8 所示为快速排气阀工作原理图。进气口 P 进入压缩空气,并将密封活塞迅速上推,开启阀口 2;同时关闭排气口 O,使进气口 P 和工作口 A 相通,如图 13-8(a)所示。图 13-8(b)所示是 P 口没有压缩空气进入时,在 A 口和 P 口压差作用下,密封活塞迅速下降,关闭 P 口,使 A 口通过 O 口快速排气。

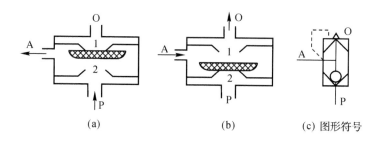

(a)　　　　　　　　(b)　　　　　(c) 图形符号

1—排气口;2—阀口。

图 13-8　快速排气阀工作原理

　　快速排气阀常安装在换向阀和气缸之间。图 13-9 所示为快速排气阀应用回路。它使气缸的排气不用通过换向阀而快速排出,从而加速了气缸往复的运动速度,缩短了工作周期。

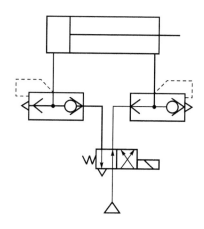

图 13-9　快速排气阀应用回路

13.3　方向控制阀

1.方向控制阀的分类

　　方向控制阀是气压传动系统中通过改变压缩空气的流动方向和气流的通断,来控制执行元件启动、停止及运动方向的气动元件。

　　根据方向控制阀的功能、控制方式、结构方式、阀内气流的方向及密封形式等,可将方向控制阀分为几类。见表 13-1。

表 13-1　方向控制阀的分类

分类方式	形　式
按阀内气体的流动方向	单向阀、换向阀
按阀芯的结构形式	截止阀、滑阀
按阀的密封形式	硬质密封、软质密封
按阀的工作位数及通路数	二位三通、二位五通、三位五通等
按阀的控制操纵方式	气压控制、电磁控制、机械控制、手动控制

下面介绍几种典型的方向控制阀。

2. 气压控制换向阀

气压控制换向阀是以压缩空气为动力切换气阀,使气路换向或通断的阀类。气压控制换向阀的用途很广,多用于组成全气阀控制的气压传动系统或易燃、易爆以及高净化等场合。

(1)单气控加压式换向阀

图 13-10 所示为单气控加压式换向阀的工作原理。即图 13-10(a)所示是无气控信号 K 时的状态(即常态),此时,阀芯 1 在弹簧 2 的作用下处于上端位置,使阀 A 与 O 相通,A 口排气。图 13-10(b)所示是在有气控信号 K 时阀的状态(即动力阀状态)。由于气压力的作用,阀芯 1 压缩弹簧 2 下移,使阀口 A 与 O 断开,P 与 A 接通,A 口有气体输出。

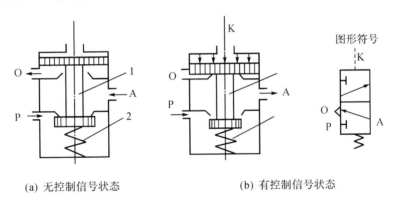

(a) 无控制信号状态　　　　　　　(b) 有控制信号状态

1—阀芯;2—弹簧。

图 13-10　单气控加压截止式换向阀的工作原理图

图 13-11 所示为二位三通单气控截止式换向阀的结构图。这种结构简单、紧凑、密封可靠、换向行程短,但换向力大。若将气控接头换成电磁头(即电磁先导阀),则可变气控阀为先导式电磁换向阀。

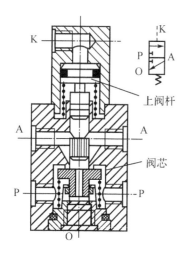

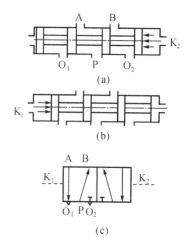

图 13-11　单气控截止式换向阀的结构图　　　　图 13-12　双气控滑阀式换向阀的工作原理图

（2）双气控加压式换向阀

图 13-12 所示为双气控滑阀式换向阀的工作原理图。图 13-12（a）所示为有气控信号 K_2 时阀的状态，此时阀停在左边，其通路状态是 P 与 A、B 与 O 相通。图 13-12（b）所示为有气控信号 K_1 时的状态（此时信号 K_2 已不存在），阀芯换位，其通路状态变为 P 与 B、A 与 O 相通。双气控滑阀具有记忆功能，即气控信号消失后，阀仍能保持在有信号时的工作状态。

（3）差动控制换向阀

差动控制换向阀是利用控制气压作用在阀芯两端不同面积上所产生的压力差来使阀换向的一种控制方式。

图 13-13 所示为二位五通差压控制换向阀的结构原理图。阀的右腔始终与进气口 P 相通。在没有进气信号 K 时，控制活塞 13 上的气压力将推动阀芯 9 左移，其通路状态为 P 与

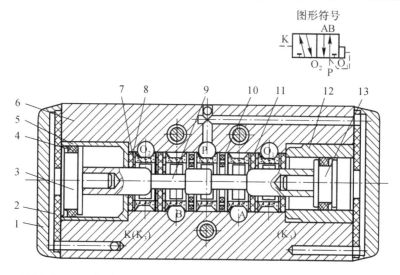

1—端盖；2—缓冲垫片；3,13—控制活塞；4,10,11—密封垫；5,12—衬套；6—阀体；7—隔套；8—挡片；9—阀芯。

图 13-13　二位五通差压控制换向阀结构原理图

A、B 与 O 相通。A 口进气、B 口排气。当有气控信号 K 时,由于控制活塞 3 的端面积大于控制活塞 13 的端面积,作用在控制活塞 3 上的气压力将克服控制活塞 13 上的压力及摩擦力,推动阀芯 9 右移,气路换向,其通路状态为 P 与 B、A 与 O 相通,B 口进气、A 口排气。当气控信号 K 消失时,阀芯 9 借右腔内的气压作用复位。采用气压复位可提高阀的可靠性。

3. 电磁控制换向阀

电磁换向阀是利用电磁力的作用来实现阀的切换以控制气流的流动方向。常用的电磁换向阀有直动式和先导式两种。

(1)直动式电磁换向阀

图 13-14 所示为直动式单电控电磁阀的工作原理图。它只有一个电磁铁。图 13-14(a)所示为常态情况,即激励线圈不通电,此时阀在复位弹簧的作用下处于上端位置。其通路状态为 A 与 T 相通,A 口排气。当通电时,电磁铁 1 推动阀芯向下移动,气路换向,其通路为 P 与 A 相通,A 口进气,见图 13-14(b)。

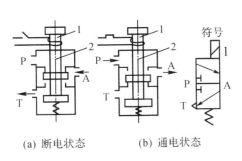

(a) 断电状态　　(b) 通电状态

1—电磁铁;2—阀芯。

图 13-14　直动式单电控电磁阀原理图

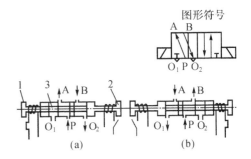

1、2—电磁铁;3—阀芯。

图 13-15　直动式双电控电磁阀原理图

图 13-15 所示为直动式双电控电磁阀的工作原理图。它有两个电磁铁,当线圈 1 通电、2 断电时,如图 13-15(a)所示,阀芯被推向右端,其通路状态是 P 与 A、B 与 O_2 相通,A 口进气、B 口排气。当线圈 1 断电时,阀芯仍处于原有状态,即具有记忆性。当电磁线圈 2 通电、1 断电时,如图 13-15(b)所示,阀芯被推向左端,其通路状态是 P 与 B、A 与 O_1 相通,B 口进气、A 口排气。若电磁线圈断电,气流通路仍保持原状态。

(2)先导式电磁换向阀

直动式电磁阀是由电磁铁直接推动阀芯移动的,当阀通径较大时,用直动式结构所需的电磁铁体积和电力消耗都必然加大,为克服此弱点可采用先导式结构。

先导式电磁阀是由电磁铁首先控制气路,产生先导压力,再由先导压力推动主阀阀芯,使其换向。

图 13-16 所示为先导式双电控换向阀的工作原理图。当电磁先导阀 1 的线圈通电,而先导阀 2 断电时,如图 13-16(a)所示,由于主阀 3 的 K_2 腔进气,K_2 腔排气,使主阀阀芯向右移动。此时 P 与 A、B 与 O_2 相通,A 口进气、B 口排气。当电磁先导阀 2 通电,而先导阀 1 断电时 E 见图 13-16(b),主阀的 K_2 腔进气,K_1 腔排气,使主阀阀芯向左移动。此时 P 与 B、A 与 O_1 相通,B 口进气、A 口排气。先导式双电控电磁阀具有记忆功能,即通电换向,断电保持原状态。为保证主阀正常工作,两个电磁阀不能同时通电,电路中要考虑互锁。

先导式电磁换向阀便于实现电、气联合控制,所以应用广泛。

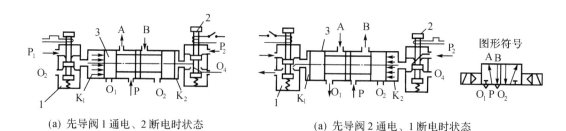

(a) 先导阀 1 通电、2 断电时状态   (a) 先导阀 2 通电、1 断电时状态

图 13-16 先导式双电控换向阀工作原理图

4. 机械控制换向阀

机械控制换向阀又称行程阀,多用于行程程序控制,作为信号阀使用。常依靠凸轮、挡块或其他机械外力推动阀芯,使阀换向。

5. 人力控制换向阀

这类阀分为手动及脚踏两种操纵方式。手动阀的主体部分与气控阀类似,其操纵方式有多种形式,如按钮式、旋钮式、锁式及推拉式等。

6. 时间控制换向阀

时间控制换向阀是使气流通过气阻(如小孔、缝隙等)节流后到气容(储气空间)中,经一定的时间使气容内建立起一定的压力后,再使阀芯换向的阀类。在不允许使用时间继电器(电控制)的场合(如易燃、易爆、粉尘大等),用气动时间控制就显出其优越性。

7. 梭阀

梭阀相当于两个单向阀组合的阀。图 13-17 所示为梭阀的工作原理图。

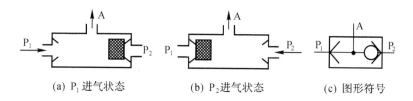

(a) P_1 进气状态   (b) P_2 进气状态   (c) 图形符号

图 13-17 梭阀的工作原理图

梭阀有两个进气口 P_1 和 P_2,一个工作口 A,阀芯 1 在两个方向上起单向阀的作用。其中 P_1 和 P_2 都可与 A 口相通,但这时 P_1 与 P_2 不相通。当 P_1 进气时,阀芯 1 右移,封住 P_2 口,使 P_1 与 A 相通,A 口进气,见图 13-17(a)。反之,P_2 进气时,阀芯 1 左移,封住 P_1 口,使 P_2 与 A 相通,A 口也进气。当 P_1 与 P_2 都进气时,阀芯就可能停在任意一边,这主要看压力加入的先后顺序和压力的大小而定。若 P_1 与 P_2 不等,则高压口的通道打开,低压口则被封闭,高压气流从 A 口输出。

梭阀的应用很广,多用于手动与自动控制的并联回路中。

13.4 气动逻辑元件

气动逻辑元件是一种以压缩空气为工作介质,通过元件内部可动部件的动作,改变气流流动的方向,从而实现一定逻辑功能的流体控制元件。气动逻辑元件种类很多,按工作压力分为高压、低压、微压三种。按结构形式分类,主要包括截止式、膜片式、滑阀式和球阀式等几种类型。本节仅对高压截止式逻辑元件做一简要介绍。

1.气动逻辑元件的特点

(1) 元件孔径较大,抗污染能力较强,对气源的净化程度要求较低。

(2)元件在完成切换动作后,能切断气源和排气孔之间的通道,因此无功耗气量较低。

(3)负载能力强,可带多个同类型元件。

(4)在组成系统时,元件间的连接方便,调试简单。

(5)适应能力较强,可在各种恶劣环境下工作。

(6)响应时间一般为几毫秒或十几毫秒。响应速度较慢,不宜组成运算很复杂的系统。

2.高压截止式逻辑元件

(1)"是门"和"与门"元件

图 13-18 所示为"是门"元件及"与门"元件的结构图。图中,P 为气源口,A 为信号输入口,S 为信号输出口。当 A 无信号时,阀芯 2 在弹簧及气源压力作用下上移,关闭阀口,封住 P→S 通路,S 无输出。当 A 有信号时,膜片在输入信号作用下,推动阀芯下移,封住 S 与排气孔通道,同时接通 P→S 通路,S 有输出。即元件的输入和输出始终保持相同状态.

当气源口 P 改为信号口 B 时,则成"与门"元件,即只有当 A 和 B 同时输入信号时,S 才有输出,否则 S 无输出。

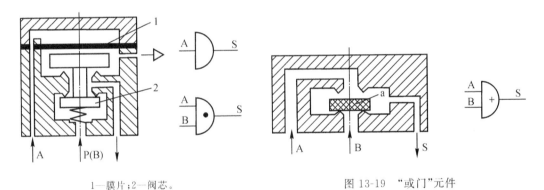

1—膜片;2—阀芯。

图 13-18　"是门"元件和"与门"元件

图 13-19　"或门"元件

(2)"或门"元件

图 13-19 所示为"或门"元件的结构图。当只有 A 信号输入时,阀片 a 被推动下移,打开上阀口,接通 A→S 通路,S 有输出。类似地,当只有 B 信号输入时,B→S 接通,S 也有输出。显然,当 A、B 均有信号输入时,S 定有输出。

(3)"非门"和"禁门"元件

图 13-20 所示为"非门"及"禁门"元件的结构图。图中,A 为信号输入孔,S 为信号输出孔,P 为气源孔。在 A 无信号输入时,膜片 2 在气源压力作用下上移,开启下阀口,关闭上阀口,接通 P→S 通路,S 有输出。当 A 有信号输入时,膜片 2 在输入信号作用下,推动阀芯 3 及膜片 2 下移,开启上阀口,关闭下阀口,S 无输出。显然此时为"非门"元件。若将气源口 P 改为信号 B 口,该元件就成为"禁门"元件。在 A、B 均有信号时,膜片 2 及阀芯 3 在 A 输入信号作用下封住 B 孔,S 无输出;在 A 无信号输入,而 B 有输入信号时,S 就有输出,即

A 输入信号起"禁止"作用。

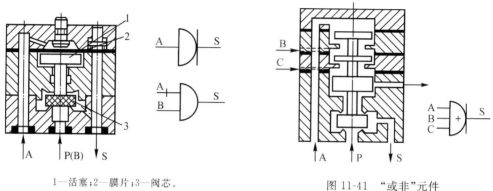

1—活塞;2—膜片;3—阀芯。

图 11-40　"非门"和"禁门"元件

图 11-41　"或非"元件

（4）"或非"元件

图 13-21 所示为"或非"元件工作原理图。P 为气源口,S 为输出口,A、B、C 为三个信号输入口。当三个输入口均为无信号输入时,阀芯在气源压力作用下上移,开启下阀口,接通 P→S 通路,S 有输出。三个输入口只要有一个口有信号输入,都会使阀芯下移关闭阀口,截断 P→S 通路,S 无输出。

"或非"元件是一种多功能逻辑元件,用它可以组成"与门""或门""非门""双稳"等逻辑元件。

（5）双稳元件

记忆元件分为单输出和双输出两种。双输出记忆元件称为双稳元件,单输出记忆元件称为单记忆元件。下面介绍双稳元件。

图 13-22 所示为"双稳"元件原理图。当 A 有控制信号输入时,阀芯带动滑块右移,接通 P→S_1 通路,S_1 有输出,而 S_2 与排气孔 O 相通,无输出。此时"双稳"处于"1"状态,在 B 输入信号到来之前,A 信号虽消失,阀芯仍总是保持在右端位置。当 B 有输入信号时,则 P→S_2 相通,S_2 有输出,S_1→O 相通,此时元件置"0"状态,B 信号消失后,A 信号未到来前,元件一直保持此状态。

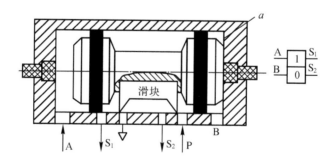

图 13-22　"双稳"元件

3. 逻辑元件的应用

每个气动逻辑元件都对应于一个最基本的逻辑单元,逻辑控制系统的每个逻辑符号可以用对应的气动逻辑元件来实现,气动逻辑元件设计有标准的机械和气信号接口,元件更换方便,组成逻辑系统简单,易于维护。

但逻辑元件的输出功率有限,一般用于组成逻辑控制系统中的信号控制部分,或推动小功率执行元件。如果执行元件的功率较大,则需要在逻辑元件的输出信号后接大功率的气控滑阀作为执行元件的主控阀。

实训 11　气动控制阀拆装

1. 实训目的

(1)熟悉常用气动控制元件的结构组成,学会正确的拆装方法。

(2)理解常用气动控制元件的结构特点,进一步理解其工作原理、性能特点和应用。

2. 实训要求和方法

(1)首先按照先外后内的顺序拆卸,并按零件标号进行顺序摆放,最后按先内后外的顺序正确安装。

(2)注意零件之间的连接关系及结构特点。

(3)每次实训后,由指导老师给出思考题作为本次实训的报告内容。

3. 实训内容

(1)拆装吸气阀。

(2)拆装排气阀。

(3)拆装减压阀。

本章小结

在气压传动系统中,气动控制元件是控制和调节压缩空气的压力、流量和方向的各类控制阀,其作用是保证气动执行元件(如气缸、气动马达等)按设计的程序正常地进行工作。本章主要讲述了顺序阀、减压阀、安全阀等压力控制阀,节流阀、单向节流阀、排气节流阀和快速排气阀等流量控制阀,差动控制换向阀、气压控制换向阀、先导式电磁换向阀、机械控制换向阀、人力控制换向阀、时间控制换向阀、延时阀、脉冲阀、梭阀等方向控制阀的结构和工作原理。

思考与练习

13-1　气动方向控制阀有哪些类型? 各自具有什么功能?

13-2　减压阀是如何实现减压调压的?

13-3　分析"气动三大件"的作用和原理。

13-4　简述活塞式空气压缩机的工作原理。

13-5　梭阀的作用是什么? 一般用于什么场合?

第 14 章 气动基本回路

【本章内容提要】

本章主要介绍气动基本回路的组成、工作原理和结构特点。

【基本要求、重点和难点】

基本要求：理解和掌握气动基本回路的组成、工作原理和性能以及在实际气压系统中的应用。

重点：通过本章学习，对压力、速度、换向等气动基本回路的工作原理以及安全保护、气液联动和往复动作回路的工作原理及组成有一个较全面而深刻的了解。

难点：气液联动的工作原理和组成。

气压传动系统和液压传动系统一样，也是由不同功能的基本回路所组成的。熟悉常用的气动基本回路是分析和设计气压传动系统的基础，本章主要讲述气动基本回路的工作原理和特点。

14.1 压力控制回路

1. 气源压力控制回路

如图 14-1 所示的气源压力控制回路用于控制气源系统中气罐的压力，使之不超过调定的压力值和不低于调定的最低压力值。常用外控溢流阀或用电接点压力表来控制空气压缩机的转、停，使贮气罐内压力保持在规定的范围内。采用溢流阀结构简单，工作可靠，但气量浪费大；采用电接点压力表对电机及控制要求较高，常用于对小型空压机的控制。

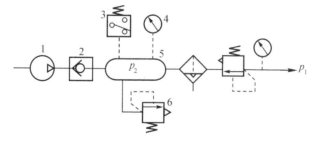

1—空压机；2—单向阀；3—压力开关；4—压力表；5—气罐；6—安全阀。

图 14-1 气源压力控制回路

2. 工作压力控制回路

为使气动系统得到稳定的工作压力,可采用如图 14-2(a)所示基本回路。从压缩空气站来的压缩空气,经分水滤气器、减压阀、油雾器供给气动设备使用。调节溢流式减压阀能得到气动设备所需要的工作压力。

若回路中需要多种不同的工作压力,则可采用图 14-2(b)所示的回路。

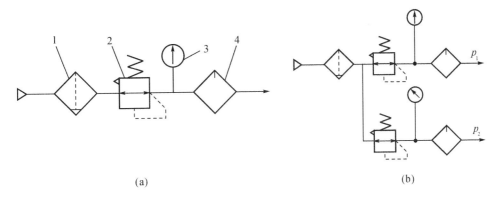

(a)   (b)

1—分水滤气器;2—减压阀;3—压力表;4—油雾器。

图 14-2 工作压力控制回路

3. 高低压转换回路

在气动系统中有时实现高低压切换,可采用图 14-3 所示的利用换向阀和减压阀实现高低压转化输出的回路。

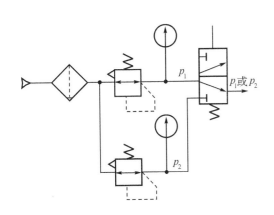

图 14-3 高低压转换回路

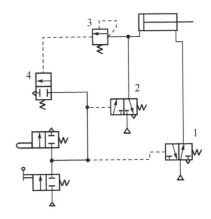

1、2—气控阀;3—顺序阀;4—换向阀。

图 14-4 过载保护回路

4. 过载保护回路

如图 14-4 所示为一过载保护回路。当活塞右行遇到障碍或其他原因使气缸过载时,左腔压力升高,当超过预定值时,打开顺序阀 3,使换向阀 4 换向,阀 1、2 同时复位,气缸返回,保护设备安全。

5. 增压回路

　　一般的气动系统的工作压力比较低,但在有些场合,由于气缸尺寸的限制得不到应有的输出力,或局部需要使用高压的场合,可使用增压回路。图 14-5 所示是采用增压缸的增压回路。

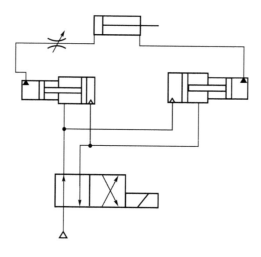

图 14-5　增压回路

实训 12　压力控制回路连接与调试

1. 实训目的

　　理解气动系统中节流阀的作用、压力形成原理及压力阀的调节方法,并与液压传动中压力的形成原理进行比较,在此基础上,掌握如何实现不同的压力控制目的。

2. 实训要求和方法

　　(1)Y1－－－－－－Ⅰ左;Y2－－－－－Ⅰ右;

　　(2)按下(开Ⅰ)按钮,气缸向前伸出;

　　(3)按下(开Ⅲ)按钮,接入调压阀;

　　(4)按下(停Ⅱ)按钮,气缸后退;

　　(5)气缸在运动过程中有相应指示灯显示情况;

　　(6)在运动或停止过程中调整压力;

　　(7)按下(开Ⅰ)按钮,断开调压阀。

3. 实训内容

　　(1)高低压转换回路

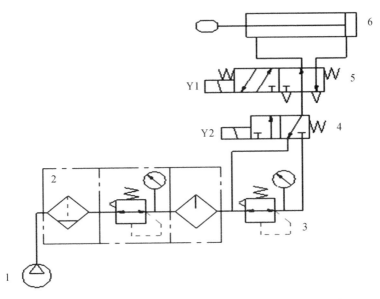

1—空压机;2—气源三联件;3—调压阀;4—单电控二位三通电磁换向阀;

5—单电控二位五通电磁换向阀;6—双作用单出杆气缸。

实训 12 附图 1

利用调压阀 3 和二位三通电磁阀 4 的作用,实现在前进或后退过程中提供不同压力。

(2)差动工作回路

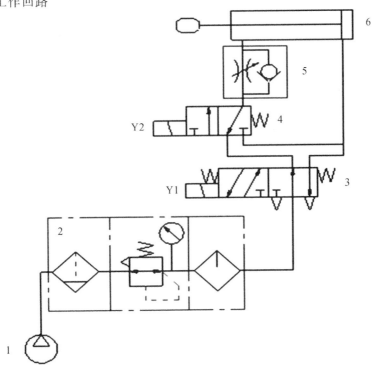

1—空压机;2—气源三联件;3—单电控二位五通电磁换向阀;4—单电控二位三通电磁换向阀;

5—单向节流阀;6—双作用单出杆气缸。

实训 12 附图 2

利用阀 4 实现前进中不同的工作速度。

14.2　速度控制回路

因气动系统使用的功率不大,其调速的方法主要是节流调速。

1. 单作用气缸调速回路

图 14-6 所示为单作用气缸速度控制回路。图 14-6(a)中,由两个单向阀分别控制活塞杆的升降速度。图 14-6(b)中,气缸上升时可调速,下降时通过快速排气阀排气,使气缸快速返回。

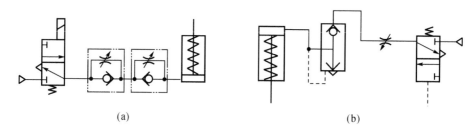

(a)　　　　　　　　　　　　　　　　　　(b)

图 14-6　单作用气缸调速回路

2. 排气节流阀调速回路

图 14-7 所示是通过两个排气节流阀来控制气缸伸缩的速度,可形成一种双作用气缸速度控制回路,以实现双向节流调速。

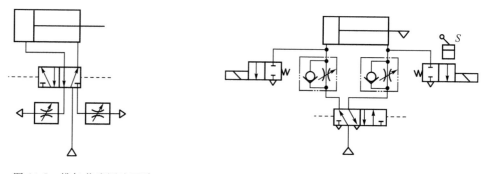

图 14-7　排气节流调速回路　　　　　　　图 14-8　速度换接回路

3. 速度换接回路

图 14-8 所示回路是利用两个二位二通阀与单向节流阀并联,当挡块压下行程开关时发出电信号,使二位二通阀换向,改变排气通路,从而使气缸速度改变。

4. 缓冲回路

由于气动执行元件动作速度较快,当活塞惯性力大时,可采用如图 14-9 所示的缓冲回路。当活塞向右运动时缸右腔的气体经二位二通阀排气,直到活塞运动接近末端,压下机动换向阀时,气体经节流阀排气,活塞低速运动到终点。

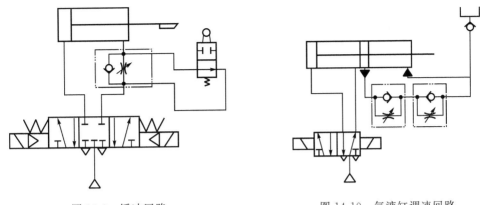

图 14-9　缓冲回路　　　　　　　　图 14-10　气液缸调速回路

5. 气液联动速度控制回路

由于气体具有可压缩性,运动速度不稳定,定位精度也不高。因此在气动调速及定位精度不能满足要求的情况下,可采用气液联动。

图 14-10 所示回路通过两个调节两个单向节流阀,利用液压油不可压缩的特点,实现两个方向的无级调速。

图 14-11 所示回路通过用行程阀变速调节的回路。当活塞杆右行到挡块碰到机动换向阀后开始做慢速运动。改变挡块的安装位置即可改变开始变速的位置。

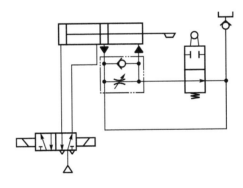

图 14-11　气液缸变速回路

实训 13　速度控制回路连接与调试

1. 实训目的

理解气动系统中节流阀的作用及节流阀调速的调控方法,比较节流阀安装模式的不同对调速结果的影响,掌握双作用气缸变速的工作原理。

2. 实训要求和方法

(1)Y1－－－－－－Ⅰ左;Y2－－－－－－Ⅰ右;

(2)按下(开Ⅰ)按钮,气缸向前伸出;

(3)按下(开Ⅱ)按钮,气缸向后退回;

(4)按下(开Ⅲ)按钮,气缸停止;

（5）气缸在前进和后退过程中有相应指示灯显示；

（6）在运动或停止过程中调速并测定速度。

3. 实训内容

（1）单向调速回路

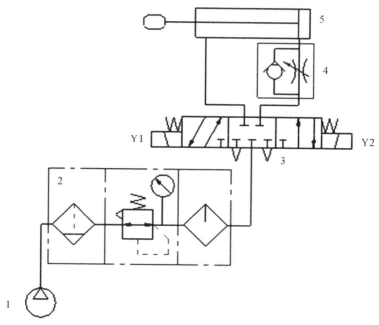

1—空压机；2—气源三联件；3—双电控三位五通电磁换向阀；4—单向节流阀；5—双作用单出杆气缸。

实训 13 图 1

（2）双向调速回路

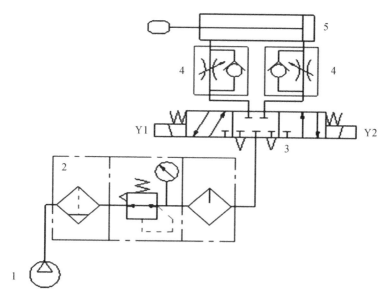

1—空压机；2—气源三联件；3—双电控三位五通电磁换向阀；4—单向节流阀；5—双作用单出杆气缸。

实训 13 图 2

14.3　方向控制回路

1. 单作用气缸换向回路

图 14-12(a)所示为常用的二位三通阀控制回路,当电磁铁通电时靠气压使活塞杆伸出,断电时靠弹簧作用缩回。图 14-12(b)所示为由三位五通阀电气控制的换向回路。该阀具有自动对中功能,可使气缸停在任意位置,但定位精度不高、定位时间不长。

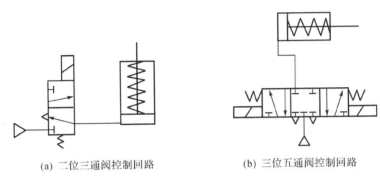

(a) 二位三通阀控制回路　　　　　(b) 三位五通阀控制回路

图 14-12　单作用气缸换向回路

2. 双作用气缸换向回路

图 14-13 所示为二位五通主阀操纵气缸换向,换向阀处在右位时气缸活塞杆伸出,处在左位时气缸活塞杆缩回;图 14-14 所示为三位五通阀控制气缸换向。该回路有中停功能,但定位精度不高。

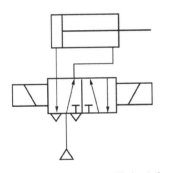 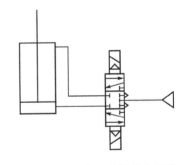

图 14-13　二位五通阀换向回路　　　　　图 14-14　三位五通阀换向回路

实训 14　方向控制回路连接与调试

1. 实训目的

理解气动系统中手动往复控制回路、单次自动往复控制回路、连续自动往复控制回路的实现,体会行程阀、行程开关的作用和工作原理以及双电控二位阀的记忆功能。

2. 实训要求和方法

(1)手动往复控制回路:按下(开 I)按钮,气缸向前伸出,碰到接近开关(PI 下)停止;按下(开 II)按钮,气缸向后退回,碰到接近开关(PI 上)停止;按下(停 I)按钮,气缸任意位置停止。

（2）单次往复控制回路：按下（开Ⅰ）按钮启动，气缸向前伸出，碰到接近开关 SX2（PI 下）返回，运行到位碰到接近开关 SX1（PI 上）停止；按（停Ⅰ）或（停Ⅱ）按钮在任意位置停止。

（3）连续自动往复控制回路：按下（开Ⅰ）按钮启动后，气缸与接近开关 SX1（PI 上），SX2（PI 下）配合，自动实现连续往复运动；按（停Ⅰ）或（停Ⅱ）按钮在任意位置停止。

3.实训内容

往复控制回路原理图：

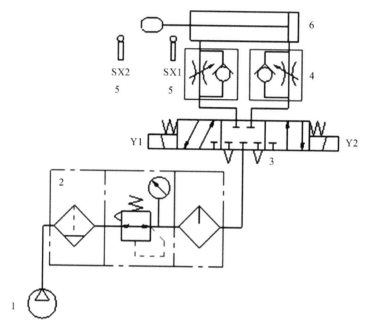

1—空压机；2—气源三联件；3—双电控三位五通电磁换向阀；4—单向节流阀；
5—接近开关；6—双作用单出杆气缸

实训 14 图

14.4　其他基本回路

1.同步控制回路

图 14-15 所示为简单的同步回路，采用刚性零件把 A、B 两个气缸的活塞杆连接起来。

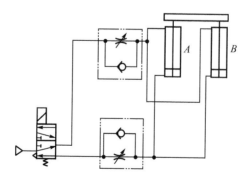

图 14-15　同步动作控制回路

2. 位置控制回路

图 14-16 所示为采用串联气缸的位置控制回路,气缸由多个气缸串联而成。当阀换向阀 1 通电时,右侧的气缸就推动中侧及右侧的活塞右行到达左气缸的行程的终点。图 14-17 所示为三位五通阀控制的能任意位置停止的回路。

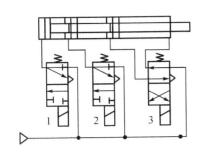

图 14-16　串联气缸位置控制回路

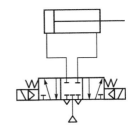

1,2,3　换向阀。

图 14-17　气控阀任意位置停止回路

3. 顺序动作回路

气动顺序动作回路是指在气动回路中,各个气缸按一定程序完成各自的动作。单气缸有单往复动作、二次往复动作、连续往复动作;双气缸及多气缸有单往复及多往复顺序动作。

4. 计数回路

计数回路可以组成二进制计数器。如图 14-18(a)所示的回路中,按下手动阀 1,则气信号经阀 2 至阀 4 的左位或右位控制端使气缸推出或退回。设按下阀 1 时,气信号经阀 2 至阀 4 的左端使阀 4 换至左位,同时使阀 5 切断气路,此时气缸向外伸出;当阀 1 复位后,原通入阀 4 左控制端的气信号经阀 1 排空,阀 5 复位,于是气缸无杆腔的气经阀 5 至阀 2 左端,使阀 2 换至左位等待阀 1 的下一次信号输入。当阀 1 第二次按下后,气信号经阀 2 的左位至阀 4 的右控制端使阀 4 换至右位,气缸退回,同时阀 3 将气路切断。待阀 1 复位后,阀 4 右控制端信号经阀 2,阀 1 排空,阀 3 复位并将气导至阀 2 左端使其换至右位,又等待阀 1 的下一次信号输入。因此,第 1、3、5、…次(奇数)按阀 1,则气缸伸出;第 2、4、6、…次(偶数)按阀 1,则气缸退回。

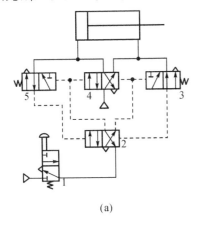

(a)

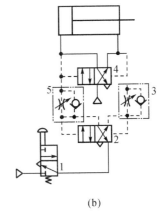

(b)

(a)1—手动换向阀;2,3,4,5—气控换向阀;

(b)1—手动换向阀;2,4—气控换向阀;3,5—单向节流阀。

图 14-18　计数回路

图 14-18(b)的计数原理与图 14-18(a)类似。不同的是按阀 1 的时间不能太长,只要使阀 4 切换就放开,否则气信号将经阀 5 或阀 3 通至阀 2 左或右控制端,使阀 2 换位,气缸反行,使气缸来回振荡。

5. 延时回路

图 14-19 所示为延时回路。图 14-19(a)所示是延时输出回路。当控制信号切换阀 4 后,压缩空气经阀 3 向气容 2 充气。当充气压力经延时升高至使阀 1 换位时,阀 1 才有输出。图 14-19(b)中,按下阀 8,则气缸在伸出行程压下阀 5 后,压缩空气经节流阀 3 到气容 6 延时后才将阀 7 切换,气缸退回。

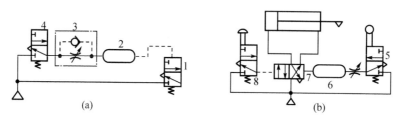

(a)　　　　　　　　　　　　(b)

1,4—气控换向阀;2,6—气容;3—单向节流阀;5—行程阀;7—换向阀;8—手动换向阀。

图 14-19　延时回路

实训 15　气动顺序动作回路连接与调试

1. 实训目的

理解气动系统中顺序动作回路的实现方法,掌握用行程阀、行程开关如何与 PLC 继电输出单元、延时单元等配合来调整系统的方法。

2. 实训要求和方法

(1)单次自动顺序动作

Y1－－－－Ⅰ左;Y2－－－－Ⅰ右;Y3－－－－Ⅱ左;Y4－－－－Ⅱ右;

SX1－－－－PI 上;SX2－－－－PI 下;SX3－－－－PII 上;SX4－－－－PII 下;

按下(开Ⅰ)按钮,缸 1 向前伸出,压下 SX2(PI 下)后,缸 2 向前伸出,压下 SX4(PII 下)后,缸 1 后退,压下 SX1(PI 上)后,缸 2 后退,压下 SX3(PII 上),缸 1 伸出,关闭按确认。

按下(开Ⅱ)按钮,气缸 1 伸出,压下 SX2(PI 下)后,缸 2 伸出,压下 SX4(PII 下)后,气缸 1 后退,压下 SX1(PI 上)后,缸 2 后退,压下 SX3(PII 上),缸 1 伸出,压下 SX2(PI 下),缸 2 伸出压下 SX4(PII 下)停止。

(2)连续顺序动作

按下(开Ⅰ)按钮启动,气缸 1 向前伸出,压下 SX2(PI 下)后,缸 2 向前伸出,压下 SX4(PII 下)后,缸 1 后退,压下 SX1(PI 上)后,缸 2 后退,压下 SX3(PII 上),气缸 1 向前伸出。

按(停Ⅰ)或(停Ⅱ)按钮后,双缸运动停止。

或者,按下(开Ⅱ)按钮启动,气缸 2 向前伸出,压下 SX4(PII 下)后,缸 1 后退,压下 SX1(PI 上)后,缸 2 后退,压下 SX3(PII 上)后,气缸向前伸出。

3. 实训内容

参考气动回路原理图:

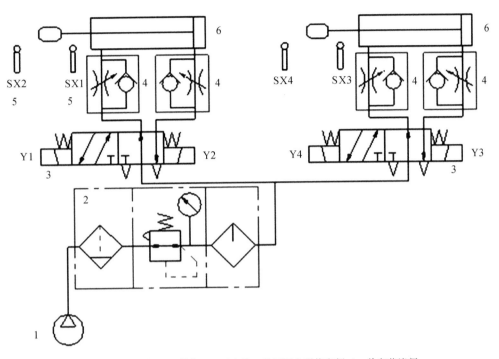

1—空压机;2—气源三联件;3—双电控二位五通电磁换向阀;4—单向节流阀;
5—接近开关;6—双作用单出杆气缸

实训 15 图

本章小结

本章主要讲述了压力控制回路、流量控制回路、方向控制回路以及同步控制、位置控制、顺序动作、计数回路、延时回路等其他基本回路的组成和工作原理,并给出气动回路实例加以分析。

思考与练习

14-1　简述常见气动压力控制回路及其用途。
14-2　试说明排气节流阀的工作原理、主要特点及用途。

本章资源

第 15 章　气动系统实例

【本章内容提要】

本章主要介绍气动系统实例,具体阐述气动回路的分析方法和实际应用。

【基本要求、重点和难点】

基本要求:读懂气压传动基本回路,理解气动系统实例的分析方法。

重点:通过本章学习,能分析气动机械手、气液动力滑台、走纸张力气控以及气动计量气动系统实例,为设计气动回路打好基础。

难点:气动机械手的工作流程分析。

气压传动技术是实现工业生产自动化和半自动化的方式之一,其应用遍及国民经济生产的各个领域。

15.1　气动机械手气压传动系统

自动化生产线机械手是在自动化生产过程中使用的一种具有抓取和移动工件功能的自动化装置,它是在机械化、自动化生产过程中发展起来的一种新型的提高操作安全性的装置。它可以确保产品质量的稳定性、一致性与均匀性,节约材料和能源,提高产品的竞争力,还可以用于高温、噪声、粉尘、有毒、辐射、危险等环境下的工作,从而减轻工人劳动强度,提高劳动生产率。机械手广泛应用于机械行业的组装和加工工件的搬运、装卸,在各种机床上的使用更是普遍。

目前,气压传动控制回路在自动化生产线机械手应用广泛,其多执行机构的多自由度气动回路设计的方法也是多种多样,各有利弊。因此,研究更简易、稳定的多自由度机械手全气动控制系统是很有必要的。

以四自由度工业机械手作为参考模型,按照一定的动作顺序要求进行回路设计,如图 15-1 所示。它由 A、B、C、D 四个气缸组成,能实现手指夹持松开、手臂伸缩、立柱升降、回转四组动作。根据实际的工作情况设计工作流程如下:按下按钮→立柱缸收回下降→伸缩缸伸出→夹紧缸收回夹紧→伸缩缸收回→旋转缸顺时针旋转→立柱缸伸出上升→夹紧缸伸出松开→旋转缸逆时针旋转→立柱缸收回下降。

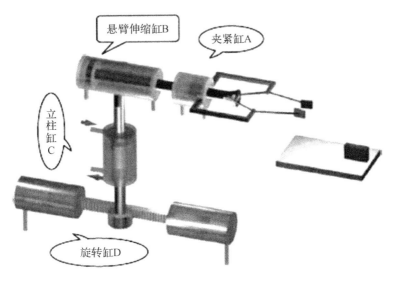

图 15-1　气动机械手结构

下面结合图 15-2 来说明气动机械手的工作循环：

为简化符号，方便分析，首先做如下规定：(1)A_1 表示 A 缸活塞杆伸出状态，A_0 表示 A 缸活塞杆缩回状态。(2)a_1、b_1 表示气缸在终点所设置的行程阀被伸出的活塞杆压下所发出的行程信号，同理 a_0、b_0 表示气缸在起点所设置的行程阀被缩回的活塞杆压下所发出的行程信号。根据以上规定，可将工作流程表示如图 15-3 所示。初始状态为：A_1、B_0、C_1、D_0。

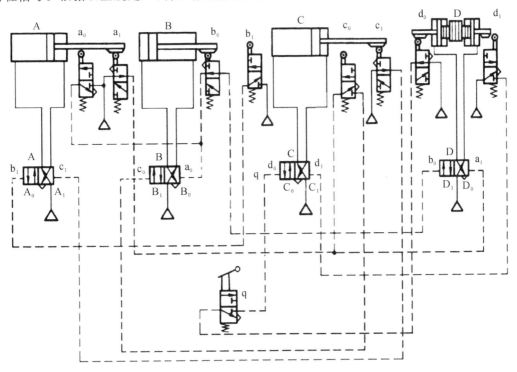

图 15-2　气动机械手气压传动系统

$$— q.a_0 \rightarrow C_0 — c_0 \rightarrow B_1 — b_1 \rightarrow A_0 — a_0 \rightarrow B_0 — b_0 \rightarrow D_1 — d_1 \rightarrow C_1 — c_1 \rightarrow A_1 — a_1 \rightarrow D_0$$

图 15-3　气动机械手工作流程图

1. 按下启动阀 q，主控阀 C 将处于 C_0 位，活塞杆退回，即得到 C_0。

2. 当 C 缸活塞缸上的挡铁碰到 C_0，则控制气将主控阀 B 处于 B_1 位，使 B 缸活塞杆伸出，即得到 B_1。

3. 当 B 缸活塞缸上的挡铁碰到 b_1，则控制气将主控阀 A 处于 A_0 位，使 A 缸活塞杆退回，即得到 A_0。

4. 当 A 缸活塞缸上的挡铁碰到 a_0，则控制气将主控阀 B 处于 B_0 位，使 B 缸活塞杆退回，即得到 B_0。

5. 当 B 缸活塞缸上的挡铁碰到 b_0，则控制气将主控阀 D 处于 D_1 位，使 D 缸活塞杆往右，即得到 D_1。

6. 当 D 缸活塞缸上的挡铁碰到 d_1，则控制气将主控阀 C 处于 C_1 位，使 C 缸活塞杆伸出，即得到 C_1。

7. 当 C 缸活塞缸上的挡铁碰到 c_1，则控制气将主控阀 A 处于 A_1 位，使 A 缸活塞杆伸出，即得到 A_1。

8. 当 A 缸活塞缸上的挡铁碰到 a_1，则控制气将主控阀 D 处于 D_1 位，使 D 缸活塞杆往左，即得到 D_0。

9. 当 D 缸活塞缸上的挡铁碰到 d_0，则控制气经启动阀 q 又使主控阀 C 处于 C_0 位，于是又开始新的一轮工作循环。

15.2　气液动力滑台气压系统

气液动力滑台是采用气液阻尼缸作为执行元件，在机械设备中实现进给运动的部件。图 15-4 所示为其气压传动系统原理图，可完成两种工作循环，分别介绍如下。

1. 快进－工进－快退－停止

当图 15-4 中手动阀 3 处于图示状态时，可以实现该动作循环，动作原理如下：

当手动阀 3 切换到右位时，给予进刀信号，在气压作用下气缸中的活塞开始向下运动，液压缸中活塞下腔的油液经行程阀 6 的左位和单向阀 7 进入液压缸活塞的上腔，实现快进；当快进刀活塞杆上的挡铁 B 切换行程阀 6 后（右位），油液只经节流阀 5 进入活塞上腔，调节节流阀的开度，即可调节气液缸运动速度，所以活塞开始工进；工进到挡铁 C 使行程阀 2 复位时，阀 3 切换到左位，气缸活塞向上运动。液压缸活塞上腔的油液经阀 8 的左位和手动阀中的单向阀进入液压缸下腔，实现快退。当快退到挡铁 A 切换 8，切断油液通道，活塞停止运动。

2. 快进－工进－慢退－快退－停止

当手动阀 3 处于左侧时，可实现该动作的双向进给程序。动作循环中的快进－慢进的动作原理与上述相同。当慢进至挡铁 C 切换阀 2 至左位时，阀 3 切换至左位，气缸活塞开始向上运动，这时液压缸上腔的油液经阀 8 的左位和阀 5 进入活塞下腔，实现慢退（反向进

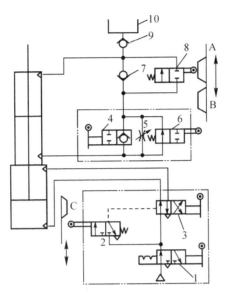

1,3—手动阀；2,4,6,8—行程阀；5—节流阀；7,9—单向阀；10—补油箱。

图 15-4　气液动力滑台气压系统

给；慢退到挡铁 B 离开阀 6 的顶杆而使其复位后，液压缸活塞上腔的油液就经阀 6 左位而进入活塞下腔，开始快退；快退到挡铁 A 切换 8 而切断油路时，停止运动。

15.3　走纸张力气控系统

胶印轮转机为大型高速印刷机械，走纸速度达 2～10m/s。要求在印刷过程中纸张的张力必须基本恒定，遇到紧急情况时能迅速制动，重新运转时又能平稳启动。

气动张力控制系统不仅能使机器在高速运行时，卷筒纸张力不断变化情况下进行稳定的控制，而且能在紧急情况下做到及时刹车，又不使纸张拉断，重新运行时，又能使纸张张力达到原设定值。

图 15-5 所示为胶印轮转机气动张力控制系统原理图。系统正常运行时，走纸张力由减压阀 5 调定，其输出通过开印控制电磁阀 4 和气控阀 1 来控制负载缸 6，负载缸输出的力通过十字架与走纸张力比较后达到平衡。当走纸张力或负载缸内气压发生变化时，浮动辊 10 将产生摆动，使产生的气压变化信号通过传感器 9 输出给放大器 17 进行压力放大，再通过气控阀 2 到放大器 15 进行流量放大，控制气缸 14 调整张力，使压紧铜带对卷纸 12 的压紧力改变，从而改变走纸张力，使浮动辊复位。

机器需要停止时，开印控制电磁阀 4、停机控制电磁阀 3 同时打开，气控阀 1、2 同时换向，负载气缸和张力控制缸内的压力通过减压阀 18 和 19 的调定值急剧上升到设定值，铜带拉力剧增，使高速转动的纸卷筒在几秒内得到制动。

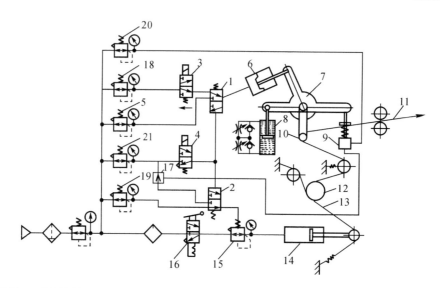

1,2—气控阀;3—停机控制电磁阀;4—开印控制电磁阀;5—张力调整减压阀;6—负载气缸;7—十字架;8—张力传感器;9—传感器;10—浮动辊;11—印刷走纸;12—卷筒纸;13—压紧铜带;14—张力控制气缸;15—流量放大器;16—手拉阀;17—压力放大器;18—停机时负载缸控制压力调整阀;19—停机时张力气缸控制压力调整阀;20—张力传感器气源压力调整减压阀;21—放大器及气控阀工作压力调整减压阀。

图 15-5　胶印轮转机气动张力控制系统原理图

15.4　气动计量系统

1.概述

在工业生产中,经常要对传送带上连续供给的粒状物料进行计量,并按一定质量分装。图 15-6 所示为一套计量装置,当计量箱中的物料质量达到设定值时,要求暂停传送带上物料的供给,然后把计量好的物料卸到包装容器中。当计量箱返回到图示位置时,物料再次落入计量箱中,开始下一次计量。

装置的动作原理如下:气动装置停止工作一段时间后,泄漏气缸活塞会在计量箱重力作用下缩回,因此首先要有计量准备工作,使计量箱达到预定位置。随着物料落入计量箱中,计量箱的质量不断增加,气缸 A 慢慢被压缩。计量箱的质量达到设定值时,气缸 B 伸出,暂停物料的供给。计量缸换接高压气源后伸出把物料卸掉。经过一段时间的延时后,计量缸缩回,为下次计量做好准备。

2.气动控制系统

(1)系统组成

系统组成如图 15-7 所示。

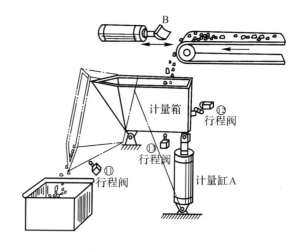

图 15-6　气动计量装置

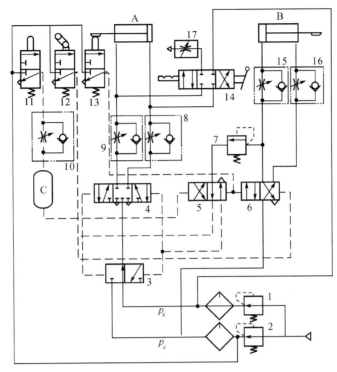

1,2—减压阀;3—高低压切换阀;4—主控换向阀;5,6—气控换向阀;7—顺序阀;8,9,10—单向节流阀;11,12,13—行程阀;14—手动换向阀;15,16—单向节流阀;17—排气节流阀;A—计量缸;B—止动缸;C—气容。

图 15-7　气动计量系统回路图

(2)气动系统动作原理

气动计量装置启动时,切换阀 14 至左位,高压气体经减压阀 1 调节后使计量缸 A 伸出,当计量箱上的凸块通过行程阀 12 的位置时,阀 14 切换到右位,计量缸 A 以排气节流阀 17 所调节的速度下降。当计量箱侧面的凸块切换行程阀 12 后,阀 12 发出的信号使阀 6 换至图示位置,使止动缸 B 缩回。然后把阀 14 换至中位,计量准备工作结束。

随着物体落入计量箱中,计量箱的质量逐渐增加,此时 A 缸的主控阀 4 处于中位,缸内气体被封闭住而进行等温压缩过程,A 缸活塞缸慢慢缩回。当质量达到设定值时,阀 13 切换。阀 13 发出气压信号使阀 6 换至左位,缸 B 伸出,暂停被计量物的供给。切换阀 5 至图示位置。缸 B 伸至行程终点后使无杆腔压力升高,打开阀 7。阀 4 和阀 3 被切换,高压气体进入缸 A,使缸 A 外伸,将被计量物倒入包装箱中。当 A 缸行至终点时,阀 11 动作,经由阀 10 和 C 组成的延时回路延时后,切换阀 5,使阀 4 和阀 3 换向,A 缸活塞杆缩回。阀 12 动作,使阀 6 切换,缸 B 缩回,被计量物再次落入计量箱中。

实训 16　气动传动系统安装调试

1. 实训目的

(1)掌握气动元件的安装与调试。

(2)掌握气压传动系统的安装与调试方法。

2. 实训要求和方法

(1)应注意各种阀的推荐安装位置和标明的安装方向。

(2)逻辑元件应按控制回路的需要,将其成组地安装在底板上,并在底板上开出气路,用软管接出。

(3)移动缸的中心线与负载的中心线要同轴,否则易引起侧向力,使密封件加速磨损,活塞杆弯曲。

(4)各种自动控制仪表在安装前要进行校验。

(5)气动系统在调试前应做好准备工作(熟悉资料、了解元件在设备中的位置、准备好调试工具)。

(6)空载运行一般不少于 2 小时,注意压力、流量、温度的变化。

(7)负载试运行应分段加载,运转一般不少于 4 小时,分别测出有关数据,记入试运转记录。

3. 实训内容

气动机械手。

本章小结

本章主要介绍了气动机械手气压传动系统、气液动力滑台气压系统、走纸张力气控系统、气动计量系统四个气压传动系统的应用实例。通过实例分析,掌握气动系统的设计原理。

思考与练习

15-1 八轴仿形铣加工机床是一种高效专用半自动加工木质工件的机床。其主要功能是仿形加工,如梭柄、虎形腿等异形空间曲面。工件表面经粗铣、精铣、砂光等仿形加工后,可得到尺寸精度较高的木质构件。八轴仿形铣加工机床一次可加工八个工件。在加工时,把样品放在居中位置,铣刀主轴转速一般为 8000r/min 左右。工件转速、纵向进给运动速度的改变,都是根据仿形轮的几何轨迹变化,反馈给变频调速器后,再控制电动机来实现的。该机床的接料盘升降、工件的夹紧松开,粗、精铣,砂光和仿形加工等工序都是由气动控制与电气控制配合来实现的。试分析其工作过程。

八轴仿形铣加工机床使用加紧缸 B(共 8 只),接料盘升降缸 A(共 2 只),盖板升降缸 C,铣刀上、下缸 D,粗、铣缸 E,砂光缸 F,平衡缸 G,共计 15 只气缸。其动作程序为:

启动 → 工件夹紧(B_1) → 托盘降(A_0) → 盖板下 / 铣刀下(D_0) / 平衡缸 → 粗铣(E_0) → 精铣(E_1)

砂光进 → 砂光退 → 铣刀上 → 盖板上 / 托盘升 / 平衡缸 → 工件松开

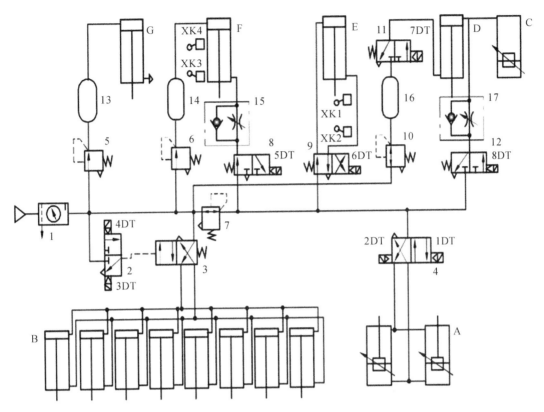

1—气动三联件；2、3、4、8、9、11、12—气控阀；

5、6、7、10—减压阀；13、14、16—气容；15、17—单向节流阀。

题 15-1 图　八轴仿形铣加工机床气控回路图

第16章　气压传动系统的安装调试与故障分析

【本章内容提要】

在实际应用过程中,一个设计合理并按照规范化操作来使用的气动系统,一般来说故障率极低。但是,如果安装、调试、使用和维护不当,也会出现各种故障,以至于严重影响生产。因此,安装、使用、调试和维护的优劣,将直接影响到设备的使用寿命、工作性能和产品质量。所以,气动系统的安装、调试、使用和维护在气动技术中占有相当重要的地位。

【基本要求、重点和难点】

基本要求:掌握各种气动元件的安装方法及注意事项,能够安装气动系统;掌握气动系统的调试方法,能正确调试简单气动系统;了解气动系统的常见故障;掌握气动系统的安装调试,了解气动系统的常见故障的排除方法。

重点:气动元件的安装,气动系统的安装及调试,气动系统的故障诊断与排除。

难点:气动系统的故障诊断与排除。

16.1　气动系统安装与调试

16.1.1　气动系统的安装

1. 管道的安装

(1)安装前要彻底清理管道内的粉尘及杂物。

(2)管子支架要牢固,工作时不得产生振动。

(3)接管时要充分注意密封,防止漏气,尤其注意接头处及焊接处。

(4)管路尽量平行布置,减少交叉,力求最短,转弯最少,并考虑到能自由拆装。

(5)安装软管要有一定的弯曲半径,不允许有拧扭现象,且应远离热源或安装隔热板。

2. 元件的安装

(1)应注意阀的推荐安装位置和标明的安装方向。

(2)逻辑元件应按控制回路的需要,将其成组地装在底板上,并在底板上开出气路,用软管接出。

(3)移动缸的中心线与负载作用力的中心线要同心,否则会引起侧向力,使密封件加速磨损,活塞杆弯曲。

(4)各种自动控制仪表、自动控制器和压力继电器等在安装前应进行校验。

16.1.2　气动系统的调试

1.调试前的准备

(1)要熟悉说明书等有关技术资料,力求全面了解系统的原理、结构、性能和操作方法。

(2)了解元件在设备上的实际位置、需要调整的元件的操作方法及调节旋钮的旋向。

(3)准备好调试工具等。

2.空载运行

空载时运行一般不少于 2 小时,注意观察压力、流量、温度的变化,如发现异常应立即停车检查,待排除故障后才能继续运转。

3.负载试运转

负载试运转应分段加载,运转一般不少于 4 小时,分别测出有关数据,记入试运转记录。

16.1.3　气动系统的使用与维护

1.气动系统使用的注意事项

(1)开车前后要放掉系统中的冷凝水。

(2)定期给油雾器注油。

(3)开车前检查各调节手柄是否在正确位置,机控阀、行程开关、挡块的位置是否正确、牢固,对导轨等外露部分的配合表面进行擦拭。

(4)随时注意压缩空气的清洁度,对空气过滤器的滤芯要定期清洗。

(5)设备长期不用时,应将各手柄放松,防止弹簧永久变形而影响元件的调节性能。

2.压缩空气的污染及预防方法

压缩空气的质量对气动系统性能的影响极大,如被污染,将使管道和元件锈蚀、密封件变形、堵塞喷嘴,使系统不能正常工作。压缩空气的污染主要来自水分、油分和粉尘三个方面,其污染原因及预防方法如下。

(1)水分

空气压缩机吸入的是含水分的湿空气,经压缩后提高了压力,当再度冷却时就要析出冷凝水,它侵入压缩空气中会使管道和元件锈蚀,影响其性能。

预防冷凝水侵入压缩空气的方法:及时排除系统各排水阀中积存的冷凝水,经常注意自动排水器、干燥器的工作是否正常,定期清洗空气过滤器、自动排水器的内部元件等。

(2)油分

这里是指使用过的因受热而变质的润滑油。压缩机使用的一部分润滑油呈雾状混入压缩空气中,受热后引起气化,随压缩空气一起进入系统,将使密封件变形,造成空气泄漏,摩擦阻力增大,阀和执行元件动作不良,而且还会污染环境。

清除压缩空气中油分的方法:较大的油分颗粒,通过除油器和空气过滤器的分离作用使其同空气分开,从设备底部被排污阀排出;较小的油分颗粒,则可通过活性炭的吸附作用清除。

（3）粉尘

大气中含有的粉尘、管道内的锈粉及密封材料的碎屑等进入压缩空气中，将引起元件中的运动件卡死、动作失灵，堵塞喷嘴、加速元件磨损、降低使用寿命，导致故障发生，严重影响系统性能。

预防粉尘侵入压缩机的主要方法：经常清洗空气压缩机前的预过滤器，定期清洗空气过滤器的滤芯，及时更换滤清元件等。

3. 气动系统的日常维护

气动系统日常维护的主要内容是冷凝水的管理和系统润滑的管理。冷凝水的管理方法前面已讲述，这里仅介绍对系统润滑的管理。

气动系统中从控制元件到执行元件，凡有相对运动的表面都需润滑。如润滑不当，会使摩擦阻力增大而导致元件动作不良，密封面磨损会引起系统泄漏等危害。

润滑油的性质直接影响润滑效果。通常，高温环境下用高黏度润滑油，低温环境下用低黏度润滑油。如果温度特别低，克服雾化困难，则可在油杯内装加热器。供油量随润滑部位的形状、运动状态及负载大小而变化。供油量总是大于实际需要量，一般以每 $10m^3$ 自由空气供给 $1mL$ 的油量为基准。

还要注意油雾器的工作是否正常，如果发现油量耗尽或减少，则应及时检修或更换油雾器。

4. 气动系统的定期检修

定期检修的时间间隔通常为三个月。其主要内容如下：

（1）查明系统各泄漏处，并设法予以解决。

（2）通过对方向控制阀排气口的检查，判断润滑油是否适度，空气中是否有冷凝水。如果润滑不良，则考虑油雾器规格是否合适，安装位置是否恰当，滴油量是否正常等。如果有大量冷凝水排出，则考虑过滤器的安装位置是否恰当，排除冷凝水的装置是否合适，冷凝水的排除是否彻底。如果方向控制阀排气口关闭时仍有少量泄漏，则往往是元件损伤的初期阶段，检查后可更换受磨损元件以防止发生动作不良。

（3）检查安全阀、紧急安全开关动作是否可靠。定期检修时，必须确认它们动作的可靠性，以确保设备和人身安全。

（4）观察换向阀的动作是否可靠。根据换向时声音是否异常，判定铁芯和衔铁配合处是否有杂质。检查铁芯是否有磨损，密封件是否老化。

（5）反复开关换向阀，观察气缸动作，判断活塞上的密封是否良好。检查活塞杆外露部分，判定前盖的配合处是否有泄漏。

对上述各项检查和修复的结果做好记录，以作为设备出现故障时查找原因和设备大修时的参考。

气动系统的大修间隔期为一年或几年。其主要内容是检查系统各元件和部件，判定其性能和寿命，并对平时产生故障的部位进行检修或更换元件，排除修理间隔期间内一切可能产生故障的因素。

16.2　气动系统故障分析与排除方法

气动系统主要元件的常见故障及其排除方法见表 16-1 至表 16-6。

表 16-1　减压阀的常见故障及其排除方法

故障现象	原因分析	排除方法
出口压力升高	(1)弹簧损坏 (2)阀座有伤痕或阀座密封圈剥离 (3)阀体中夹入灰尘,阀芯导向部分黏附异物 (4)阀芯导向部分和阀体的 O 形密封圈收缩、膨胀	(1)更换弹簧 (2)更换阀体 (3)清洗、检查过滤器 (4)更换 O 形密封圈
压降过大(流量不足)	(1)阀口通径小 (2)阀下部积存冷凝水,阀内混入异物	(1)使用大通径的减压阀 (2)清洗、检查过滤器
溢流口总是漏气	(1)溢流阀座有伤痕(溢流式) (2)膜片破裂 (3)出口压力升高 (4)出口侧背压增高	(1)更换溢流阀座 (2)更换膜片 (3)参看"出口压力升高"栏 (4)检查出口侧装置的回路
阀体漏气	(1)密封件损伤 (2)弹簧松弛	(1)更换密封件 (2)张紧弹簧或更换弹簧
异常振动	(1)弹簧错位或弹簧的弹力减弱 (2)阀体的中心与阀杆的中心错位 (3)因空气消耗量周期变化而使阀不断开启、关闭,与减压阀引起共振	(1)把错位弹簧调整到正常位置,更换弹簧力 (2)检查并调整位置偏差 (3)改变阀的固有频率

表 16-2　溢流阀的常见故障及其排除方法

故障现象	原因分析	排除方法
压力虽上升,但不溢流	(1)阀内部的孔堵塞 (2)阀芯导向部分进入异物	(1)清洗 (2)清洗
压力虽没有超过设定值,但在溢流口处却溢出空气	(1)室内进入异物 (2)阀座损伤 (3)调压弹簧损坏 (4)膜片破裂	(1)清洗 (2)更换阀座 (3)更换调压弹簧 (4)更换膜片

续表

故障现象	原因分析	排除方法
溢流时发生振动(主要发生在膜片式阀上,启闭压力差较小)	(1)压力上升速度很慢,溢流阀放出的流量多,引起阀的振动 (2)因从压力上升源到溢流阀之间被节流,故阀前部压力上升慢而引起振动	(1)出口处安装针阀,微调溢流量,使其与压力上升量匹配 (2)增大压力上升源到溢流阀的管道口径
从阀体和阀盖向外漏气	(1)膜片破裂(膜片式) (2)密封件损伤	(1)更换膜片 (2)更换密封件

表 16-3 　方向阀的常见故障及其排除方法

故障现象	原因分析	排除方法
不能换向	(1)阀芯的滑动阻力大,润滑不良 (2)O 形密封圈变形 (3)粉尘卡住滑动部分 (4)弹簧损坏 (5)阀操纵力小 (6)膜片破裂	(1)进行润滑 (2)更换 O 形密封圈 (3)清除粉尘 (4)更换弹簧 (5)检查阀操纵部分 (6)更换膜片
阀产生振动	(1)空气压力低(先导型) (2)电源电压低(电磁阀)	(1)提高操纵压力,采用直动型 (2)提高电源电压,使用低电压线圈
交流电磁铁有蜂鸣声	(1)活动铁芯密封不良 (2)粉尘进入铁芯的滑动部分,使活动铁芯不能密切接触 (3)活动铁芯的铆钉脱落,铁芯叠层分开而不能吸合 (4)短路环损坏 (5)电源电压低 (6)外部导线拉得太紧	(1)检查铁芯接触和密封性,必要时更换铁芯组件 (2)清除粉尘 (3)更换活动铁芯 (4)更换固定铁芯 (5)提高电源电压 (6)引线应宽裕
电磁铁动作时间偏差大,或有时不能动作	(1)活动铁芯锈蚀,不能移动;在湿度高的环境中使用气动元件时,由于密封不完善而向磁铁部分泄漏空气 (2)电源电压低 (3)粉尘等进入活动铁芯的滑动部分使运动恶化	(1)铁芯除锈,修理好对外部的密封,更换坏的密封件 (2)提高电源电压或使用符合电压的线圈 (3)清除粉尘
线圈烧毁	(1)环境温度高 (2)快速循环使用 (3)因为吸引时电流大,单位时间耗电多,温度升高 (4)粉尘进入阀和铁芯之间,不能吸引活动铁芯 (5)线圈上有残余电压	(1)在产品规定温度范围内使用 (2)使用高级电磁阀 (3)使用气动逻辑回路,使绝缘损坏而短路 (4)清除粉尘 (5)使用正常电源电压,使用符合电压的线圈切断电源,活动铁芯不能退回粉尘夹入活动铁芯滑动部分清除粉尘

表 16-4　气缸的常见故障及其排除方法

故障现象	原因分析	排除方法
外泄漏（活塞杆与密封衬套间漏气；气缸体与端盖间漏气；从缓冲装置的调节螺钉处漏气）	(1)衬套密封圈磨损 (2)活塞杆偏心 (3)活塞杆有伤痕 (4)活塞杆与密封衬套的配合面内有杂质 (5)密封圈损坏	(1)更换衬套密封圈 (2)重新安装,使活塞杆不受偏心负荷 (3)更换活塞杆 (4)除去杂质,安装防尘盖 (5)更换密封圈
内泄漏（活塞两端窜气）	(1)活塞密封圈损坏 (2)润滑不良,活塞被卡住 (3)活塞配合面有缺陷,杂质挤入密封面	(1)更换活塞密封圈 (2)重新安装,使活塞杆不受偏心负荷 (3)缺陷严重者更换零件,去除杂质
出力不足,动作不平稳	(1)润滑不良 (2)活塞或活塞杆卡住 (3)气缸体内表面有锈蚀或缺陷 (4)进入了冷凝水、杂质	(1)调节或更换油雾器 (2)检查安装情况,消除偏心 (3)视缺陷大小而决定排除故障的方法 (4)加强对空气过滤器和除油器的管理,定期排放污水
缓冲效果不好	(1)缓冲部分的密封圈密封性能差 (2)调节螺钉损坏 (3)气缸速度太快	(1)更换密封圈 (2)更换调节螺钉 (3)研究缓冲机构的结构是否合理

表 16-5　空气过滤器的常见故障及其排除方法

故障现象	原因分析	排除方法
压力过大	(1)使用过细的滤芯 (2)过滤器流量范围太小 (3)流量超过过滤器的容量 (4)过滤器滤芯网眼堵塞	(1)更换适当的滤芯 (2)更换流量范围大的过滤器 (3)更换大容量的过滤器 (4)用净化液清洗(必要时更换)滤芯
从输出端溢出冷凝水	(1)未及时排出冷凝水 (2)自动排水器发生故障 (3)超过过滤器的流量范围	(1)养成定期排水习惯或安装自动排水器 (2)修理(必要时更换) (3)在适当流量范围内使用或更换大容量的过滤器
输出端出现异物	(1)过滤器滤芯破损 (2)滤芯密封不严 (3)用有机溶剂清洗塑料件	(1)更换机芯 (2)更换机芯的密封,紧固滤芯 (3)用清洁的热水或煤油清洗
塑料水杯破损	(1)在有机溶剂的环境中使用 (2)空气压缩机输出某种焦油 (3)空气压缩机从空气中吸入对塑料有害的物质	(1)使用不受有机溶剂侵蚀的材料(如使用金属杯) (2)更换空气压缩机的润滑油,或使用无油的空气压缩机 (3)使用金属杯

续表

故障现象	原因分析	排除方法
漏气	(1)密封不良 (2)因物理(冲击)、化学原因使塑料杯产生裂痕 (3)漏水阀、自动排水器失灵	(1)更换密封件 (2)参看"塑料水杯破损"栏 (3)修理(必要时更换)

表 16-6　油雾器的常见故障及其排除方法

故障现象	原因分析	排除方法
油不能漏下	(1)没有产生油滴下落所需的压差 (2)油雾器反向安装 (3)油道堵塞 (4)油杯未加压	(1)加上文丘里管或换成小的油雾器 (2)改变安装方向 (3)拆卸,进行修理 (4)因通往油杯的空气通道堵塞,需拆卸修理
油杯未加压	(1)通往油杯的空气通道堵塞 (2)油杯大,油雾器使用频繁	(1)拆卸修理 (2)加大通往油杯的空气通孔,使用快速循环式油雾器,油滴数不能减少,油量调整螺钉失效,检修油量调整螺钉
空气向外泄漏	(1)油杯破损 (2)密封不良 (3)观察玻璃破损	(1)更换油杯 (2)检修密封 (3)更换观察玻璃
油杯破损	(1)用有机溶剂清洗 (2)周围存在有机溶剂	(1)更换油杯,使用金属杯或耐有机溶剂油杯 (2)与有机溶剂隔离

实训 17　气压制动系统的安装调试与故障分析

1. 实训目的

(1)熟悉气压制动系统主要部件的作用和原理,加深理解制动系统的工作原理。

(2)学会检查和调整方法。

(3)了解常见故障及其排除方法。

2. 实训要求和方法

(1)准备一般复杂程度的气动设备 1 套(根据各个学校的具体情况选用其他设备),常用拆装调试工具 1 套。

(2)熟悉气压制动系统的总体布置,分析工作原理。

(3)每次实训后,由指导老师给出思考题作为本次实训的报告内容。

3. 实训内容

(1)汽车制动系统的常见故障及其排除方法。

(2)实验时,可人为设置几个故障,观察现象并排除。

本章小结

本章主要讲述了气动系统（管道、元件）的安装、气动系统的调速以及气动系统的使用和维护，气动系统主要元件（减压阀、溢流阀、方向阀、气缸、油雾器、过滤器）的常见故障及其排除方法。

全书参考动画

常用液压与气动
元(辅)件图形符号

部分习题参考答案

参考文献

[1] 陈淑梅.液压与气压传动(英汉双语)[M].北京:机械工业出版社,2008.

[2] 丛庄远,刘震北.液压技术基本理论[M].哈尔滨:哈尔滨工业大学出版社,1989.

[3] 董林福,赵艳春.液压与气压传动[M].北京:化学工业出版社,2006.

[4] 官忠范.液压传动系统[M].北京:机械工业出版社,2004.

[5] 雷天觉.新编液压工程手册[M].北京:北京理工大学出版社,1998.

[6] 李慕洁.液压传动与气压传动[M].北京:机械工业出版社,1989.

[7] 林建亚,何存兴.液压元件[M].北京:机械工业出版社,1988.

[8] 路甬祥.液压气动技术手册[M].北京:机械工业出版社,2002.

[9] 马振福等[M].北京:机械工业出版社,2020.

[10] 潘楚滨.液压与气压传动[M].北京:机械工业出版社,2010.

[11] 上海第二工业大学液压教研室.液压传动及控制[M].上海:上海科学技术出版社,
1990.

[12] 孙如军,王慧,李振武.液压与气压传动[M].北京:清华大学出版社,2010.

[13] 王积伟.液压传动[M].北京:机械工业出版社,2006.

[14] 王庭树,余从晞.液压及气动技术[M].北京:国防工业出版社,1988.

[15] 许福玲,陈尧明.液压与气压传动[M].北京:机械工业出版社,2017.

[16] 张玉莲,黄方平,郑雄胜,等[M].杭州:浙江大学出版社,2012.

[17] 章宏甲,黄谊.液压传动[M].北京:机械工业出版社,2010.

[18] 章宏甲.液压与气压传动[M].北京:机械工业出版社,2003.

[19] 赵波,王宏元.液压与气动技术[M].北京:机械工业出版社,2009.

[20] 周士昌.液压系统设计图集[M].北京:机械工业出版社,2004.

[21] 左健民.液压与气压传动[M].北京:机械工业出版社,2017.

[22] 左健民.液压与气压传动学习指导与例题集[M].北京:机械工业出版社,2017.

[23] Proceedings of the 44th National Conference on Fluid Power, 1992. Madison:
Omnipress,1992.

[24] Vehicle Hydraulic Systems and Digital/Electrohydraulic Controls,1991. SAE SP-
882,ISBN 1-56091-174-3